国家示范性高职院校建设项目成果

中国名菜

主　编　李保定

副主编　张　勇

参　编　马军卫

主　审　刘志全

机 械 工 业 出 版 社

本书以我国地方名菜制作为出发点，分别介绍了蔬菜类名菜、水产类名菜、鱼类名菜、肉类名菜、禽类名菜、豆制品类名菜及其他名菜等内容。各类名菜分别从菜品简介、质量标准和工艺关键等方面进行描述，重点突出名菜佳肴原料的搭配和制作过程，图文并茂，浅显易学。对于地方名菜的选择，在考虑代表性、广泛性的同时，既突出烹饪制作知识，又体现实际操作技能。

本书可作为高职高专烹饪工艺与营养专业的教学用书，也可作为酒店管理、导游等相关专业的参考用书。

为方便教学，本书配备电子课件等教学资源。凡选用本书作为教材的教师均可登录机械工业出版社教材服务网 www.cmpedu.com 免费下载。如有问题请致信 cmpgaozhi@sina.com，或致电 010-88379375 联系营销人员。

图书在版编目（CIP）数据

中国名菜/李保定主编. —北京：机械工业出版社，2010.12（2024.8 重印）

国家示范性高职院校建设项目成果

ISBN 978-7-111-32721-9

Ⅰ. ①中… Ⅱ. ①李… Ⅲ. ①菜谱—中国—高等学校：技术学校—教材

Ⅳ. ①TS972.182

中国版本图书馆 CIP 数据核字（2010）第 243942 号

机械工业出版社（北京市百万庄大街 22 号　邮政编码 100037）

策划编辑：徐春涛　　责任编辑：徐春涛

封面设计：张　静　　责任印制：张　博

中煤（北京）印务有限公司印刷

2024 年 8 月第 1 版第 11 次印刷

184mm×260mm · 13.25 印张 · 400 千字

标准书号：ISBN 978-7-111-32721-9

定价：33.00 元

序

　　三载寒暑，数易其稿，我院国家示范性高职院校建设成果之一——工学结合的系列教材终于付梓了，她就像一簇小花，将为我国高职教育园地增添一抹春色。我院入选国家示范性高职院校建设单位以来，以强化内涵建设为重点，以专业建设为龙头，以精品课程和教材建设为载体，与行业企业技术、管理专家共同组建专业团队，在课程改革的基础上，共同编著了30余部教材，涵盖了我院的机电一体化技术、电子信息工程技术、汽车检测与维修技术、烹饪工艺与营养四个专业的30余门专业课程。在保证知识体系完整性的同时，体现基于工作过程的基本思想，是本批教材探讨的重点。

　　本批教材是学院与行业企业共同开发的，适应区域、行业经济和社会发展的需要，体现行业新规范、新标准，反映行业企业的新技术、新工艺、新材料。教材内容紧密结合生产实际，融"教、学、做"为一体，力求体现能力本位的现代教育思想和理念，突出高职教育实践技能训练和动手能力培养的特色，注重实用性、先进性、通用性和典型性，是适合高职院校使用的理论和实践一体化教材。

　　本批教材由我院国家示范性重点建设专业的专业带头人、骨干教师与相关行业企业的技术、管理专家合作编写，这些同志大都具有多年从事职业教育和生产管理一线的实践经验，合作团队中既有享受国务院政府特殊津贴的专家、河南省"教学名师"，又有河南省教育厅学术技术带头人、国家技能大赛优胜者等。学院教师长期工作在高职教育教学一线，熟悉教学方法和手段，理论方面有深厚功底，行业企业专家具有丰富的实践经验，能够把握教材的广度和深度，设定基于工作过程的教学任务，两者结合，优势互补，体现"校企合作、工学结合"的主要精髓。相信这批教材的出版，将会为我国高职教育的繁荣发展做出一定贡献。

河南职业技术学院院长　　**王爱群**

前　言

　　餐饮收入是实现酒店、宾馆年度经营目标的重要内容之一，酒店、宾馆的特色也多以销售的名菜佳肴为标志，因此，培养学生掌握具有代表性的中国地方名菜知识和操作技能尤显重要。基于中国名菜品种繁多和我国土地广袤、民族众多及其饮食文化差异等因素，本书在编写过程中，作了如下尝试：

　　（1）本书主要供烹饪工艺与营养专业（中餐方向）使用，在教学中，应结合本专业毕业生的就业去向，有侧重地选择名菜品种进行教学。

　　（2）中国名菜是由我国各地方名菜组成，受地域文化、饮食习惯及社会经济等因素的影响，表现出明显的地方性。而现代餐饮经营以兼收并蓄、彰显地方风味为特征，在编写过程中，我们以"立足地方名菜，集中特色佳肴"为指导思想，突出地方名菜的普适性和代表性，更好地为在校学生和烹饪爱好者服务。

　　（3）本书以国家示范院校建设为契机，以烹饪原料分类为主线，突出烹饪操作技能，将理论和实践有机地融为一体，为学生实现"做中学、学中做"积累经验。

　　本书由河南职业技术学院李保定副教授任主编，张勇任副主编。河南职业技术学院马军卫负责图片的搜集整理工作。河南职业技术学院刘志全副教授担任主审。

　　本书在编写过程中参考和借鉴了国内外众多专家和学者的最新成果，河南职业技术学院陈佳平副教授在全书完稿后给予了一些有益的修改意见，在此一并感谢。由于时间仓促，水平有限，书中错误之处敬请各位专家学者、广大同仁和烹饪爱好者批评指正。

　　注：书中有些名菜如"金钱鹿肉"、"白烧鹿筋"、"五丝驼峰"等所用原料涉及国家保护
　　　　的珍稀野生动物，入菜时必须采用人工养殖的原料。

编　者

目 录

中国名菜

中国名菜

第一章 概　述

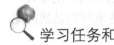

学习任务和目标

- 学习中国名菜，了解中国菜肴发展过程，掌握中国菜肴的组成和特点。
- 查阅不同时期中国菜肴所用餐具、设备的异同，传承祖国优秀饮食文化。
- 增强与人交流和沟通能力，了解地方菜肴发展趋势。

中国菜肴的发展过程

中国菜肴源于火的发明和使用，形成于夏商周，发展于秦汉魏晋南北朝，兴盛于两宋，繁荣于明清，辉煌于当代。

1．源于火的发明和使用

当人类还处于原始文明阶段，食物主要是生食。自从使用火以后，原始的熟食阶段便开始了。那时的烹饪手段是烧、烤，到了农耕文明初期，即是"石上燔谷"。陶器的发明和使用，实现了人类由生食到熟食的跨越，在中国烹饪史上具有划时代的意义。

2．形成于夏商周

四千多年前，夏启在阳翟（今河南省禹州市）为诸侯设宴，史称"钧台之享"，这大概是我国最早的宴会了。商代丞相伊尹精于烹饪，据《史记·殷本纪》记载，伊尹"负鼎俎，以滋味说汤，致于王道"，被后人尊称为烹调始祖。到了周代，烹饪技法增多，主要有煮、蒸、烤、炙、炸、炒等。此时石磨的出现，是谷物初加工方法的一次飞跃。周代"八珍"是指 8 种珍贵菜肴的烹饪方法，或专为周天子准备的宴饮美食。据《周礼·天官》记载，"八珍"即淳熬、淳母、炮豚、炮牂、捣珍、渍、熬、肝膋。总之，这一时期的烹饪技法为中国烹饪技艺的形成奠定了基础。

3．春秋战国

春秋战国群雄并立，社会动荡，连年征战，但农业生产技术发展迅速，学术思想异常活跃。这一时期烹饪理论成绩卓著，如《吕氏春秋·孝行览第二》，其中有关于"五味调和"的记载："调和之事，必以甘、酸、苦、辛、咸。先后多少，其齐甚微，皆有自起。鼎中之变，精妙微纤，口弗能言，志弗能喻……"由"调"致"和"，掌握各种原料的先天物性，"齐之以水、火，精辨先后多少，须乎四季自然，济其不及，以汇其过。"五味调和，以和为本，以味为核心，以养为目的。"五味调和"理论的形成，是先民们对长期饮食实践的经验总结，尤其是儒家思想的饮食审美意识的反映。而对饮食"和谐"至高境界的无尽追求，迄今仍是指导我们饮食审美实践和认识的无穷魅力所在。

4．发展于秦汉魏晋南北朝

在先秦五谷、五畜、五菜、五果、五味的基础上，汉魏六朝的食料进一步扩充。汉代张骞出使西域后，从阿拉伯等地引进了茄子、大蒜、西瓜、黄瓜、扁豆、刀豆等，增加了素食品种；同时从西域引进芝麻后，人们学会了榨油技术。《齐民要术》记载了黄河流域的31种蔬菜，以及温室育苗生产技术；用牛、羊、獐、兔、鱼、虾、蚌、蟹等10多种原料制成的肉酱品；主食中米制品增加；菌耳、花卉、药材、香料、蜜饯等原料也都引起厨师的重视。《史记》记载了酒、醋、豆腐、黑饴糖稀、琥珀饧、煮脯等的生产方法。更重要的是猪肉取代牛、羊、狗肉的位置，成为肉食品中的主角。

5．隋唐宋元时期

百废待兴促发展，南北分野呈特色。这一时期，我国菜肴的发展先后经历了隋、唐、五代、宋、辽、夏、金、元等朝代，特别是两宋时期的烹饪达到兴盛阶段。据《东京梦华录》记载，北宋汴京（今河南省开封市）烹饪原料有明确的进货途径，"常达千担"。元代，为了满足大都（今北京市）的粮食供应，海运、漕运每年两次；有时国内原料品种不足，还需进口。北宋有"香料胡椒船"，就是专门到东南亚、印度等地运载辛香类调料和其他物品的。元代与我国有贸易关系的国家和地区达140余个，进口货物220余种，其中胡椒、茴香、豆蔻、丁香等数量较多。这一时期名厨辈出，如谢讽、膳祖、张手美、刘娘子、王立、宋五嫂等。唐宋时期，地方菜肴出现了"胡食"（指西北少数民族菜肴，阿拉伯菜肴）、"北食"（指豫菜、鲁菜）、"南食"（指苏菜、杭菜）、"川味"（指巴蜀、云贵）、"素食"（指佛菜、道斋）等风味名馔。

6．明清时期

明清两朝，经济发展，物质充裕，烹饪迅猛发展，饮膳理论研究硕果累累。

（1）烹饪原料丰富。明代，从国外引进的蔬菜和农作物有笋瓜、洋葱、四季豆、苦瓜、甘蓝、油果花生、马铃薯、玉米、番薯等达百种以上。清代，又引进辣椒、番茄、芦笋、花菜、凤尾菇、朝鲜蓟、西兰花、抱子甘蓝等，蔬菜品种达到130种左右。名品菜肴有燕窝、鱼翅、海参、鱼肚等，出现了"山八珍"、"水八珍 、"禽八珍"、"草八珍"等精品原料。

（2）餐具流光溢彩。明朝宣德、成化、嘉靖、万历瓷器，有白釉、彩瓷、青花、红釉等精品，富丽堂皇。皇帝专用的餐具称官窑。"制瓷名都"景德镇，一跃而成为"天下四大镇"之一。清代制瓷更上一层楼，康熙年间的郎窑瓷，形制多样，并有多色混合的"窑变"，堪称一绝。明清的金银玉牙餐具更为豪奢，有金鲤跃龙门盘、金飞鹤壁虎盘、金八仙庆寿酒盘、金松竹梅大葵花盘、金草兽松鹿花长盘，无不美轮美奂。清代慈禧太后所用的金银餐具，镶嵌玉石珍宝，篆刻着诗文书画，有很高的艺术观赏价值，为古代工艺品的杰作。

（3）烹饪工艺规范。明清菜点制作已形成对烹饪原料的鉴别、选择、加工、切配、调味和火力控制等多方面的成就。《醒园录》中总结了川菜烹调规程，《饮食章》对鲁菜工艺亦有评述。袁枚在《随园食单》的"须知单"和"戒单"中阐述了原料的选择和鉴别。如"凡物各有先天，如人各有资禀"、"物性不良，虽易牙烹之亦无味也"，切配要符合"四时之序"、"清者配清，浓者配浓，柔者配柔，刚者配刚"，求其一致，方能有"和合之妙"。调味遵循

"五味调和,全力治之";"相物而施";"一物各施一性,一碗各成一味",火候掌控因菜而异,武火、文火或武文交替运用。袁枚还提出纯净、俭朴、自然、天成的饮食观,尤为重视原料质地和菜品风味的检测。这些说明当时的烹饪已由量变转为质变,开始走向繁荣时期。

(4) 名厨名菜。明代,御厨、官厨、肆厨(酒楼餐馆的厨师)、俗厨(民间厨师)、家厨和僧厨众多。宋诩所著的《宋氏养生部》是一部官府食书,记述了作者从母亲那里学会不少名菜,特别是做烤鸭,整理出 1 010 种菜品。南通的抗倭英雄曹顶,在刀切面上有一手绝活儿。名师潘清渠将412种名菜编成了《饕餮谱》一书。清初名厨更多,有董小宛、陶方伯夫人、余媚娘、朱二嫂、陈麻婆、曾懿等。袁枚在《厨者王小余传》中描述了江南名厨王小余,烹制菜肴选料"必亲市场",掌控火候时"雀立不转目",调味"未尝见染指之试"(即不用手指去尝),真正做到了"谨审其水火之齐"、"万口之甘如一口"。晚清,又涌现出"狗不理包子"的创始人高贵友,"佛跳墙"的创始人郑春发,"叫化鸡"的创始人米阿二,"义兴张烧鸡"的创始人张炳,"散烩八宝"的创始人肖代,"皮条鳝鱼"的创始人曾永海;另有"抓炒王"王玉山,鲁菜大师周进臣、刘桂祥,川菜大师关正兴、黄晋龄,粤菜大师梁贤,苏菜大师孙春阳,京菜大师刘海泉、赵润斋,等等。鱼肉禽蛋类名菜有水晶肴蹄、蟹粉狮子头、五元神鸡、钟祥蟠龙、软熘黄河鲤鱼焙面、李鸿章杂烩等名菜。山珍类名菜有龙虎斗、蜗牛脍、飞龙汤、炸全蝎、雪梨果子狸、一品燕菜等奇馔异食。宫廷名菜有八宝奶猪火锅、燕窝炒炉鸭丝、樱桃肉山药、驴肉炖白菜、煨羊肉乌叉等营养美味。民间名菜有台鲞煨肉、云南鸡棕等风味名食。寺观名菜有桑门香(酥炸桑叶)、萝卜丸、魔芋豆腐、金针银耳神仙汤等素食精品,还有"五套禽"、"罗汉斋"、"松鼠鱼"、"紫菜苔炒腊肉"、"虫草金龟"、"烤鸭"等。这一时期成就最为突出的是宫廷菜、官府菜、寺观菜和市肆菜。明代宫廷菜以汉菜为主,偏于苏皖风味;清代是满汉合璧,偏重于京辽风味。官府菜有宫保菜(丁宝桢)、鸿章菜(李鸿章)、梁家菜(梁启超)、谭家菜(谭宗浚)等。孔府菜以儒家文化为主,菜式为齐鲁风味,兼收各地之长,反映了清代"圣人菜"的风貌。寺观菜分为大乘佛教菜和全真道观菜两支,大同小异。市肆菜中鲁、苏、川、粤四大地方菜风味已形成,鄂、京、徽、豫、闽、浙、滇诸菜稳步发展;新兴的满族菜、朝鲜族菜、蒙古族菜和回族菜等,也纷纷打入市场,出现百花齐放的局面。

(5) 宴席。宴席发展到明清已日趋成熟,展示出中华饮食民俗风情。最著名的是全羊席和满汉全席。前者用羊 20 头左右,可以制出 108 道食馔;后者由满族茶点与汉族大菜组成,以燕窝、鱼翅、烧猪、烤鸭四大名珍为主,汇集四方异馔和各族美味,菜式多达一二百道,一般要分三日九餐吃完,烹饪技法偏重烧烤。

(6) 烹饪成果。明清两朝膳补食疗研究成果丰硕,如《食物八类本草》、《养生食忌》、《随息居饮食谱》等。各类医食书籍中,影响最大的是李时珍的《本草纲目》和童岳荐的《调鼎集》,尤其是后者,集古食珍之大成。此时还出现了袁枚、李渔两位烹饪评论家。

7. 辉煌于当代

(1) 政府高度重视。1949 年 10 月 1 日,中华人民共和国中央人民政府在北京饭店举行了盛大的国庆晚宴,被称为"开国第一宴"。20 世纪 60 年代,我国烹饪改变了几千年来以师带徒的传艺方式,出现了专门的职业学校,将我国烹饪教育列入正规学校教育。

(2) 成立机构,创刊烹饪杂志。1949 年 10 月,食品工业部正式成立,负责规划和管理全

国食品工业生产和发展等事务。1956年公私合营后，全国各地纷纷举办各种饮食展览会、烹饪技艺展览会等，对恢复和发展传统的饮食文化和中国菜肴起到了宣传和推动作用。1957年1月，《食品工业》杂志月刊创刊。"文革"期间，我国的烹饪行业也受到了影响。1977年6月，《中国食品科技》创刊，1978年6月，《人民日报》发表题为《主食品需要大大改革》的文章，引起了对国人吃饭问题的普遍重视，国家开办中等教育，开设烹饪专业。1980年3月，《中国烹饪》创刊，这一时期，在国家大政方针的指导下，全国各省相继开办中等职业技术教育（技校），开展烹饪专业人才培养工作。1982年4月，《食品周报》在北京创刊，各省市、自治区纷纷设立食品工业协会和烹饪协会，中国烹饪走上了正规发展轨道。国家各有关部门相继设立了工人技术考评委员会，开展对中式烹调师（红案厨师、白案面点师）的考评工作。

（3）整理典籍，促进职业教育发展。中国商业出版社于20世纪80年代相继整理出版了一批涉及饮食内容的著作，有《周易》、《尚书》、《诗经》、《吕氏春秋》、《千金食治》、《随园食单》等近百种并附译注。各地出版的烹饪刊物、烹饪书籍，包括菜谱、研究论文及烹饪教材不计其数，烹饪专业的职业教育，从职业中学、技工学校、中专，到专科、应用型本科院校应运而生。扬州大学甚至已开始招收烹饪专业的研究生，一些经济发达的省份或高等院校建立了烹饪研究所，将中国烹饪提高到科学研究的新阶段。

（4）大赛不断，促进交流。中央电视台及各省市烹饪协会多次举办烹饪大赛，促进烹饪事业的发展。各地方风味菜肴在传统烹饪的基础上，强调合理烹调、科学调配与加工，注重口味，最大限度地保存原料中的营养素，使中国菜肴既具有良好的色、香、味、形、器、质的特色，又符合平衡膳食、安全卫生的要求，有利于消化和人体吸收。通过举办烹饪大赛，形成了中国菜肴的评价体系。

（5）倡导平衡膳食，提高全民意识。1986年2月，中国营养学会在总结我国传统饮食模式的基础上，向全国百姓推荐了成人合理膳食构成指标。1997年，中国营养学会常务理事会通过了《中国居民膳食指南》。2007年，卫生部委托中国营养学会组织专家，修订了《中国居民膳食指南》。《中国居民膳食指南》以先进的科学证据为基础，密切联系我国居民膳食营养的实际，对各年龄段的居民合理摄取营养，避免因不合理的膳食带来疾病具有普遍的指导意义。中国菜肴的制作不仅要达到《中国居民膳食指南》内容的要求，还要创新烹饪技法，使名菜不断涌现，从而推进我国烹饪事业的发展。

总之，随着我国经济的发展，各级烹饪研究机构的成立，烹饪教育的不断发展和完善，烹饪科技的应用，我国菜肴烹饪技法将会更加迅速地发展和提高，各地方风味佳肴将百花齐放，争奇斗艳，我国烹饪的百花园将更加灿烂。

中国名菜的组成

中国名菜是由全国各地方名菜组成的，按照我国行政区域的划分方法，将其划分为：东北名菜，包括辽宁、吉林、黑龙江地方名菜。华北名菜，包括北京、天津、山东、河北、山西、内蒙古自治区地方名菜。西北名菜，包括陕西、甘肃、宁夏、青海、新疆地方名菜。华东名菜，包括江苏、上海、浙江、安徽、江西、福建、台湾地方名菜。华中名菜，包括湖北、湖南、河南地方名菜。华南名菜，包括广东、广西壮族自治区、海南、香港、澳门地方名菜。西南名菜包括云南、贵州、西藏自治区、四川、重庆地方名菜。素菜名菜是指用植物原料或

植物的加工制品制作成的菜肴。

中国名菜的特色

1. 用料广泛，选择严谨

中国菜肴制作用料广博，即天上飞的、海里游的、地上跑的、山里长的（不含国家禁止食用原料）、蔬菜瓜果、腌腊制品、风干制品等烹饪原料，无一不囊括在内。而每一类原料所含品种繁多，即便是一个品种又因产地、加工、烹制、调味不同富于变化，其名菜佳肴品种数不胜数。例如，阳澄湖的蟹、金华的火腿、黄河的鲤鱼等；清明节前后的鲫鱼最肥，春天的韭菜最好，烹制"红烧肉"需要选择五花肉等。从夏代的"钧台之享"到周代的"八珍"，再到清代的"满汉全席"，可谓精彩纷呈，美不胜收。袁枚在《随园食单》中的记述"买办之功居四、司厨之功居六"，精辟论述了原料选择、鉴别是中国菜肴烹制的前提条件，堪称是重中之重。本书列举的地方名菜佳肴，对主料、配料、调料的选择以及合理搭配也证明了这些内容。

2. 刀工技术精湛

中国菜肴的刀工技艺享誉海内外。孔子的"食不厌精，脍不厌细"体现了中国菜肴刀工精细的思想基础。孟子的母亲，切韭以寸为段，孟子观而不解，问其道理，孟母曰："修身正德。"上述两则内容的观点是一致的，通俗地说，就是将在日常烹饪切割中的规格道理，纳入了修身正德的道德规范之中。烹调师手握一把菜刀，在砧礅上将烹饪原料切成片、丝、丁、条、块、粒、末、茸等基本形状，长、宽、厚、粗细均匀，整齐划一。刀法有直刀法、平刀法、斜刀法、花刀法，细分为切、剁、砍、批、排、剞、削、拍、敲等。花刀有麦穗花刀、荔枝花刀、蓑衣花刀等。形状有马牙段、骰子丁、象眼块、骨牌块、滚刀块、绿豆丁、劈柴块、雪花片、柳叶片等，都有一定的加工标准。栩栩如生的鸟兽花草等美丽的图案和形象，更加显示了刀工技艺的独特之处，体现了中国烹饪不但具有高超的技术水平，而且讲究艺术造型。例如，"油爆爽脆"、"菊花鱼"、"松鼠黄鱼"、"扣三丝"、"涮羊肉"、"清炖蟹粉狮子头"等名菜；雕刻品种有菊花、大莲花、月季花、康乃馨、梅花、凤凰、孔雀等；花色拼盘有"龙凤呈祥"、"百鸟朝凤"、"松鹤延年"、"雄鹰展翅"等品种，造型逼真、多姿多彩，令人目不暇接、不忍下箸，体现了中国菜肴在刀工、刀法上精彩绝伦的高超技艺。

3. 讲究调味

在五味调和思想的指导下，中国菜肴调味遵循内外多种因素兼顾的调和法则。内在因素主要遵循因人而调和；外在因素依据地域、环境、因事、季节而调和。因人调味主要依据个体的口味特点和身体对味觉的需求进行，即"食无定味，适口者珍"。据《礼记·内则》记载"凡和，春多酸，夏多苦，秋多辛，冬多咸，调以滑甘"，应遵循四季变化而调和。环境、因事、因人多种因素交叉，调味有一定的内外关联性。调味之法，相物而施，还要根据原料本身的属性加以调和扬长避短，既要突出本身鲜美的滋味，还要运用调味料对有腥膻气味的原料进行合理调和，做到有味使之出，无味使之入。基本味型有酸、辣、苦、甜、咸，在此基础上，加以各种调料，相互配合，形成了多种多样的复合味型，如咸甜味、酸辣味、鱼香味等。在了解菜肴味型特征之后，要掌握好调料调配的比例、下料先后顺序、调味时机，

只有做到观鼎中之变、一丝不苟，才能使菜肴美味达到地方菜肴预期的特色效果。

4．注重火候

中国菜肴在烹制过程中最注重火候的掌控和运用，燃料、调料、传热介质的不同，使中国菜肴风味多样且独具特色，火候的大小、用时的长短是关系到菜肴是否成功的关键所在。"五味三材，九沸九变，火为之纪。"烹制菜肴掌控火候时，要根据原料的性质、菜肴的标准和特点，控制火力的大小、时间的长短，或时疾时徐，或先疾后徐，或旺火速成，或微火徐进，务必达到"必以其胜，无失其理"，适时、适质、适度的要求。《吕氏春秋》中记载："鼎中之变，微妙微纤，口弗能言，志弗能喻。若射御之微，阴阳之化，四时之数。"

5．配料严谨，四季分明

中国菜肴在主料、配料选择和搭配上有着鲜明的特色，包括数量多寡、形状大小都有较为严格的要求，从而体现主料、配料之间相生、相克、相辅、相成的作用，以期达到最佳组合，有利于突出菜肴的风味特色和有益于人体健康。《周礼·天官·冢宰》中记载："凡会膳之宜。牛宜秫，羊宜黍，豚宜稷，犬宜粱，雁宜麦，鱼宜菰。"主料、配料搭配一般遵循质地相近的搭配、形状相近的搭配、营养互补的搭配、色彩相异的搭配规律。

6．烹饪技法多样

中国烹饪技法之多，为世界之最。烹饪技法是形成菜肴特色的重要手段，在灵活运用常用烹饪技法的基础之上，驾驭烹饪传热工具，掌控火力大小、强弱和时间的长短，综合运用多种烹饪技法，熟知菜肴主料、配料的性能和质地，是做好中国菜肴的基本能力。常用烹饪技法有炒、炸、熘、蒸、烩、煮、汆、烹、爆、焖、烧、烤、煎、扒、涮、贴、蜜汁、挂霜、拔丝等，同时也包括冷菜制作的卤、腌渍、拌、炝、熏等。

7．讲究盛装器皿

古诗云"葡萄美酒夜光杯"，足见美食与美器的唇齿关系。袁枚有"煎炒宜盘，汤羹宜碗，参错其间，方觉生辉"的精辟论断，说明了两者相互促进、协调发展的道理。中国菜肴盛装器皿非常讲究，而且器皿多样、外形美观、质地精良、色彩艳丽，盛装器皿有陶器（形状各异）、瓷器（精致细巧）、金属器皿（铁、铜、不锈钢、银）、木器、漆器、玻璃、竹器、蚌壳等，款式和造型多姿多彩、美轮美奂，为中国菜肴增添了绚丽的色彩，以美器衬托美食，使美食与美器达到完美的统一与和谐。

8．精于制汤

"唱戏的腔，厨师的汤"，一句纯朴的谚语，道出了中国菜肴的天机。汤分为"奶汤"、"清汤"两类，也有头汤、清汤、白汤、毛汤之说。"奶汤"用于白扒、白煨、白炖等烹饪技法；"清汤"用于清炖、清汆、清蒸等技法。追本溯源，制汤之始，由先秦时期的"肉羹"方法演变而来，到南北朝时期，提取汤汁已成为独立的烹饪技术。据《齐民要术》记载，当时已有"雉汁"、"鸡汁"、"肉汁"之分。《易牙遗志》记载了提清汁法：将生青虾加少许酱油剁成泥，溷在"原汁"中，使汤锅从一面沸起，撇去浮沫与渣滓，如此三四次，待汤没有一点杂质而清澈见底时即成。从此便有了"原汁"、"清汁"之分。此法与现在的制作清汤工艺一脉相承。

第二章 蔬菜类名菜

学习任务和目标

- 了解蔬菜类名菜的菜品知识和工艺流程，为餐饮经营奠定基础。
- 掌握蔬菜类名菜主料选择要求、配料搭配、调料比例及用量标准。
- 关注蔬菜类名菜的制作过程，并比较各种烹饪技法之异同。

白扒猴头

"白扒猴头"是吉林传统名菜。猴头蘑又名猴头菌、刺猬菌、山伏菌，曾被誉为"八珍"之一。猴头蘑体圆，似拳头大小，菌盖有圆筒须刺，须向上如猴毛，根略尖如嘴，似头形，多生长在深山老林的柞、胡桃、桦树等干枯部位及腐本上，喜欢低温。新鲜的猴头为白色，干后为褐色。采摘后如不及时加工，就会变质腐烂。北京食品研究所分析，100克干猴头含蛋白质 26.3 克，比香菇高出一倍，含 16 种氨基酸。以猴头为主要原料的药物对治疗胃炎、十二指肠溃疡、胃窦炎等有显著的效果。

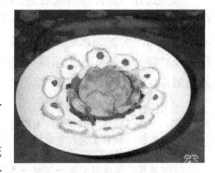

主　　料：猴头蘑 200 克。
配　　料：玉兰片 1 片，火腿 1 片，香菇 1 片，菜心 1 棵，牛奶 100 克。
调　　料：精盐 4 克，绍酒 10 克，味精 2 克，大葱半棵，姜 1 块，蛋清 2 个，淀粉 25 克，猪油 150 克，高汤 100 克。
烹饪技法：扒。
工艺流程：治净猴头蘑→焯水→上浆→再蒸→拼摆入锅垫→扒制→调味→成菜。
制作方法：
（1）把猴头杂质去净用开水余一下捞出装碗，兑入高汤上笼蒸 30 分钟，下笼挤干水，将蛋清和淀粉和成浆，倒入猴头搅匀，放到油盘里上笼蒸 10 分钟，取出备用。
（2）将配料均切成大柳叶片；菜心用开水烫一下，捞出备用。
（3）将锅垫用碱水涮净，把配料摆在垫内，放入葱段、姜块备用。
（4）将炒勺放在火上，放入猪油烧至 120℃，倒入牛奶，随即兑入高汤搅匀，把锅垫下入锅内，放入蒸好的猴头蘑，兑入调料找好口味，移到小火上，扒 20 分钟，用漏勺托出锅垫，拣出葱姜，扣在盘里，把菜心摆上。把锅内的汁加少许调料调好口味，勾流水芡，浇到盘里即可。
质量标准：汁浓味鲜，白绿相间，口感嫩软，明汁亮芡。
工艺关键：原料要码摆整齐，先从中间摆一行，再摆两边成马鞍桥形；将猴头内的泥沙洗净；扒制时要不断晃勺，并淋入明油。

红焖猴头

"红焖猴头"是山西名菜，以山西特产垣曲猴头蘑为主料制成。相传此菜原属山西榆次、安邑等地富商巨贾们常食菜肴，故称庄菜。明清时期，太原、平阳、蒲州以及泽、路、祁等商贾、官员们食用此菜已很普遍，后引入饮食市场。

主　　料：干猴头蘑2个。

配　　料：火腿20克，香菇20克，玉兰片30克，猪肥膘肉11克。

调　　料：精盐3克，绍酒5克，酱油10克，味精2克，葱结10克，姜片10克，葱丝15克，姜丝10克，湿淀粉20克，鲜汤500克，熟猪油40克。

烹饪技法：煮、蒸。

工艺流程：选料→煮制→余水→加工→蒸制→调味→再蒸→浇汁→成菜。

制作方法：

（1）将干猴头蘑入开水锅煮片刻，去掉污垢，洗净根柄，入开水汆5~6次后，入凉水泡发24小时，再入开水中泡发3小时后取出，摘去老毛，削去老根，洗净入盆，加姜片、葱结、鲜汤，上笼蒸透。

（2）将猴头蘑片成薄片，火腿、香菇、玉兰片切成薄片；取一扣碗，把火腿、香菇、玉兰片摆在碗里，再把猴头片摆在上面，呈马鞍形，肥肉切片。

（3）炒锅置旺火上，下热猪油烧热，放入葱丝、姜丝煸香，加绍酒、酱油、精盐、肥肉煸炒几下，倒在猴头蘑上，上笼蒸透，拣去葱、姜、肉片，滗去汤，扣在盘里。原汤烧沸后勾芡，浇在猴头蘑上即成。

质量标准：造型美观，口味咸鲜，鲜味突出，质地软烂。

工艺关键：猴头蘑一定要涨发透，蒸至软烂入味。

猴头过江

"猴头过江"是吉林传统名菜。相传，从花果山来的猴群糟蹋地里的庄稼和山坡上的果木，有两位青年人用一对雌雄宝剑，杀了两只猴子并将其脑袋割下挂在树枝上以示警戒，使众猴远避，从此两个猴头永远长在了树上。野生的猴头蘑是两个长在一起，又称"对脸蘑"、"鸳鸯蘑"。"猴头过江"为工艺菜，鲜嫩的小猴头菇，内装三鲜馅，熟后置于汤盆内，随着汤汁晃动似群猴过江而得名。

主　　料：猴头蘑12个。

配　　料：鸡胸肉100克，大虾肉100克，水发海参100克。

调　　料：精盐5克，白胡椒粉1克，葱姜汁10克，味精3克，鸡蛋清5个，清汤500克。

烹饪技法：蒸。

工艺流程：治净猴头蘑→切配→蒸制→酿馅→再蒸→浇汁。

制作方法：

（1）将鸡胸、海参、虾肉剁成末儿，加精盐、味精、绍酒、葱姜汁、白胡椒粉、蛋清拌匀成馅；猴头蘑片成薄片，放清汤内加少许精盐、味精蒸至入味，然后在根部酿入馅心。

（2）将鸡蛋清4个加清汤150克，放精盐2克搅匀，倒入盘中，用慢火蒸约10分钟成芙蓉底；将填放馅心的猴头蘑上笼蒸约10分钟取出，摆在芙蓉底上。

（3）锅中加上清汤烧开，加精盐、味精烧开，撇去浮沫，浇在菜品上。

质量标准：汤鲜味美，清澈透底，色泽鲜艳，爽口悦目。

工艺关键：猴头蘑不可过大，以直径3厘米为宜；芙蓉底用慢火徐徐蒸，火大、时间长易出蜂窝状，可在调制时加少许凉开水，使芙蓉底质感更佳；汤汁的数量以没过猴头蘑的一半为宜。

鸭腿猴头蘑

"鸭腿猴头蘑"是黑龙江名菜，以猴头蘑和鸭腿为主料，采用蒸、炸、炖技法制成。

主　　料：水发猴头蘑 250 克。

配　　料：鸭腿 10 只，熟芝麻 10 克。

调　　料：精盐 5 克，绍酒 10 克，葱 10 克，姜 10 克，味精 3 克，鸡汤 250 克，熟猪油 500 克，熟鸡油 20 克。

烹饪技法：蒸、炸、炖。

工艺流程：治净猴头蘑→切配→调味蒸制→拼摆→浇汁→成菜。
　　　　　治净鸭腿→腌制→炸制→炖制→蘸芝麻→拼摆→成菜。

制作方法：

（1）将猴头蘑洗净，控净水分，抹刀切成片，毛朝下放在大碗中，加入精盐、味精、绍酒、葱、姜、蒜，添鸡汤，上屉蒸至酥烂，出笼屉控净汤汁，取出葱姜，扣入盘中间，浇入白汁，淋上熟鸡油。

（2）鸭腿洗净放入盆中，加精盐、白糖、绍酒腌制入味。

（3）炒勺内放入熟猪油，烧至 160℃时，放入鸭腿炸至金黄色捞出，放入砂锅中，添入鸡汤，加精盐、味精炖至酥烂，取出蘸上芝麻，摆在猴头蘑四周即成。

质量标准：猴头蘑清鲜软嫩，鸭腿酥烂醇香，口味鲜美。

工艺关键：猴头蘑片制时宜薄不宜厚；鸭腿必须炖至酥烂。

酒醉彩云猴头黄瓜香

"酒醉彩云猴头黄瓜香"是黑龙江名菜，曾在首届全国烹饪名师技术表演鉴定会上获奖。以黑龙江特产猴头蘑为主料，配鸡肉茸和黄瓜香，采用煨、汆、蒸法烹制而成。

主　　料：水发猴头蘑 300 克。

配　　料：鸡肉茸 250 克，黄瓜香 50 克，虾脑 25 克。

调　　料：精盐 6 克，绍酒 10 克，白糖 5 克，葱 10 克，姜 10 克，味精 3 克，湿淀粉 30 克，熟鸡油 15 克。

烹饪技法：煨、汆、蒸。

工艺流程：治净猴头蘑→切片→码味→焯水→蒸制→制鸡茸→抹鸡茸→蒸制→切成云状→拼摆→浇汁→成菜。

制作方法：

（1）将猴头蘑片成薄片，用精盐煨制入味，然后将根部抹上鸡肉茸，放入沸水锅中汆透捞出，码入碗内，加鸡汤、精盐、绍酒、味精上屉蒸烂取出。

（2）鸡肉茸一半放入碗内，加上蛋清、精盐、味精调成白色鸡茸。另一半鸡茸放入碗内，加虾脑、精盐、味精调成红色鸡茸。取鱼盘抹上底油，将白鸡茸铺在底层，红鸡茸铺在上层抹平，然后上屉蒸熟取出，切成"彩云"形，再将焯好的黄瓜香点缀在"彩云"上。

（3）蒸好的猴头蘑扣入盘中间，将鸡茸"彩云"围在猴头蘑的外边。

（4）炒勺内加鸡汤、精盐、味精、绍酒烧开，用湿淀粉勾芡，淋入熟鸡油即成。

质量标准：清淡滑润，酒香味浓，咸鲜可口。

工艺关键：猴头蘑片要沸水下锅，再沸即捞出，口感脆嫩；"彩云"制作要精细。

烩松茸

"烩松茸"是黑龙江传统名菜。明代，松茸就被视为佳品，当时一两（1 两=0.05 千克）松

茸就能换一升米（1 升米为现在的 1.25 斤米）。松茸在日本是进献天皇的珍品。我国民间有"海里鲱鱼籽，地上好松茸"的说法。松茸蘑每年秋季采摘，鲜食或盐渍。肉质细嫩，味道鲜美，因富含松菇酸、杜皮盐酸而有柔和的特殊香味，宜鲜食，味美异常，食后余香满口。烹饪技法有烧、扒、炖、蒸、炒等，如"五彩松茸蘑"、"清沥松茸蘑"、"白扒松茸蘑"等。

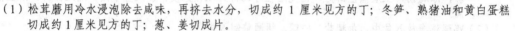

主　　料：松茸蘑 150 克。

配　　料：海米 15 克，熟猪肉 50 克，黄白蛋糕 50 克，冬笋 25 克。

调　　料：精盐 5 克，酱油 15 克，米醋 10 克，胡椒粉 3 克，味精 1 克，葱 25 克，姜 10 克，湿淀粉 30 克，熟猪油 25 克，芝麻油 10 克。

烹饪技法：烩。

工艺流程：治净松茸蘑→浸漂→切配→烩制→调味→勾芡→成菜。

制作方法：

（1）松茸蘑用冷水浸泡除去咸味，再挤去水分，切成约 1 厘米见方的丁；冬笋、熟猪油和黄白蛋糕切成约 1 厘米见方的丁；葱、姜切成片。

（2）锅内放入底油，烧至 150℃时，放入葱、姜、酱油炝锅，添入鲜汤，加上松茸蘑、海米、熟猪肉、冬笋、黄白蛋糕、精盐、味精、酱油、米醋烧开后，撇去浮沫，用湿淀粉勾米汤芡，再加入米醋和胡椒粉，淋上芝麻油，装入大碗内即成。

质量标准：色彩艳丽，鲜美异常，清香不腻，酸辣可口。

工艺关键：加米醋和胡椒粉时，汤不宜太浓，保持鲜香；操作要迅速，保证清鲜脆嫩；芡汁不能厚，呈半流状。

龙江素烩

"龙江素烩"是黑龙江风味名菜，选用黑龙江特产山菇、黄花菜、猴头蘑、木耳等原料烩制而成。

主　　料：山菇 50 克，猴头蘑 50 克，黄花菜 50 克，香菇 50 克，口蘑 50 克，木耳 50 克，花菇 50 克，元蘑 50 克。

调　　料：精盐 5 克，葱 10 克，姜 10 克，味精 2 克，熟猪油 50 克，清汤 50 克。

烹饪技法：烩。

工艺流程：选料→焯水→清汤烩制→码盘成形→炝锅制汁→勾芡→浇汁→成菜。

制作方法：

（1）将泡发好的山菇、黄花菜、口蘑、木耳、花菇、元蘑、猴头蘑、香菇分别放入沸水中焯透捞出，控净水分，然后放入清汤内加调料烩制。

（2）将烩制好的原料，按色泽分别码在圆盘内呈风车形状，再将黄花菜摆放中间。

（3）炒勺内放底油，加入葱、姜炝锅，添上清汤烧沸后，取出葱、姜，再加入各种调味品调好口味后，用湿淀粉勾薄米汤芡，烧开后淋入明油，浇在原料上即成。

质量标准：形状整齐，美观大方，口味清淡。

工艺关键：用鲜汤将原料烩透；摆盘时，要色泽相间，造型美观；淋芡要均匀。

香酥菜卷

"香酥菜卷"是黑龙江名菜。此菜选择头刀韭菜为主要原料。韭菜旧时又称为"起阳草"，是我国特有的蔬菜之一，已有三千多年的历史。韭菜含有多种维生素和钙、磷、铁等多种矿

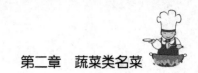

物质。中医学认为，它具有健胃提神、温补肝肾、助阳固精、温中下气、活血化淤等功效。韭菜春、夏、秋三季常青，温室栽培目前已普遍推广，因而可常年供人食用，但人们最喜欢吃的还是春季的初韭，即通常所指的自然生长的头刀韭菜。

  主   料：韭菜50克，豆腐皮100克。
  配   料：冬笋20克，水发木耳15克，胡萝卜15克，葱丝10克。
  调   料：精盐6克，味精2克，干淀粉1.5克，面粉10克，色拉油750克（约耗40克）。
  烹饪技法：炸。
  工艺流程：原料切丝→码味→豆腐皮卷菜→裹干粉→油炸→切段→摆盘。
  制作方法：
  （1）将冬笋、木耳、胡萝卜分别切细丝，加精盐、味精上底味。
  （2）将豆腐皮放在案板上，撒上面粉，放上韭菜、冬笋、木耳、胡萝卜、葱丝，卷成2厘米粗的管形，裹上干淀粉。
  （3）锅内放油，烧至180℃时，将卷好的菜卷逐根放入，炸至外皮呈金黄色捞出。
  （4）将炸好的菜卷切成4厘米长的段，整齐地摆在盘内即成。
  质量标准：色泽金黄，外焦里嫩。
  工艺关键：主料选择初春自然生长的头刀韭菜；炸制时，要掌握好油温。

美味人参汤

  "美味人参汤"是吉林传统名菜。人参是吉林省特产，素有东北"三宝"之称。人参在古代有许多雅号，如神草、王精、地精、土精、黄精、血参、人微等。"百草之王"则是由满语翻译来的。满族人将其叫做"奥尔厚达"，"奥尔厚"是草类总称，"达"是首领、头人。制作的名菜有"人参炖鸡"、"三鲜人参汤"、"人参炖山鸡"。现代药理学家认为：服用人参有助于改善人体脏器，特别是循环、神经和内分泌的功能；有助于改善人体的免疫状态和对自然环境的适应能力。因此，人参对于久病体衰或老年人脏器功能衰退、内分泌和免疫功能低下，可起到一定程度的防护作用，从而有利于健康和延长寿命。

  主   料：人参25克。
  配   料：鸡脯肉100克，熟火腿50克，鸡蛋50克。
  调   料：精盐1克，白糖3克，绍酒10克，味精2克，干淀粉10克，鲜汤1 000克，葱姜水5克。

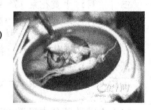

  烹饪技法：炖。
  工艺流程：治净人参→切片→蒸制→炖制→调味→成菜。
  制作方法：
  （1）把人参清洗干净，切成薄片，放进汤碗里，加少许鲜汤，盖上盖，蒸熟取出。
  （2）将鸡脯肉切坡刀片，用鸡蛋清、精盐上浆，拍上干淀粉待用；火腿切薄片。
  （3）炒锅放火上，放鲜汤烧开，放上浆鸡片余熟捞出。
  （4）原锅刷洗干净，放入蒸好的人参汤汁，烧开，加入火腿片及各种调料烧开，撇去浮汁，鸡片、人参片，用火炖透出锅后，倒入汤碗内即成。
  质量标准：色泽洁白，鲜嫩柔软，营养丰富。
  工艺关键：人参洗净切片均匀，要蒸透；制作时，要掌握好时间、火候；余制鸡片时，水不要大开。

油爆黄瓜香

  "油爆黄瓜香"是黑龙江风味名菜。黄瓜香学名荚果蕨，为多年生蕨菜，草本植物，因有

黄瓜早期之清香而得名黄瓜香。《诗经》："陟彼南山，言采用其蕨"。陆游在《饭罢示邻曲》中说："蕨芽珍嫩压春蔬"。长则展开如凤尾，高三四尺，其茎嫩时采取，以灰汤去涎滑，晒干作蔬，味甘滑，亦可醋食，因其具有清香适口、风味异殊等特点，被誉为"林海山珍"。

主　　料：盐渍黄瓜香 150 克，猪里脊肉 150 克。
配　　料：胡萝卜 30 克。
调　　料：精盐 4 克，味精 3 克，米醋 10 克，葱 5 克，姜 5 克，白糖 10 克，蛋清 1 个，湿淀粉 30 克，熟猪油 500 克。
烹饪技法：油爆。
工艺流程：治净黄瓜香→焯水→切配→猪肉上浆滑油→爆制→调味→成菜。
制作方法：
(1) 将黄瓜香用清水浸泡脱盐，去梗只留头部，倒入沸水中焯一下，捞出过凉装盘。胡萝卜洗净，切圆扁丁，放入沸水中焯熟过凉。葱姜切小豆瓣片。
(2) 将猪里脊肉切成 1 厘米见方的丁，加上湿淀粉、蛋清，精盐抓均匀。
(3) 炒勺内放入熟猪油，烧至 120℃时，放入猪里脊肉丁滑散，再加入黄瓜香和胡萝卜丁，倒入漏勺，控去余油。
(4) 取一小碗，放鲜汤少许，加精盐、味精、米醋、白糖、湿淀粉兑成汁。
(5) 炒勺内放底油，加入葱姜炝锅，倒入猪里脊肉丁、黄瓜香和胡萝卜丁，用兑好的汤汁爆制，出勺装盘即可。
质量标准：色泽鲜艳，脆嫩爽口。
工艺关键：刀工整齐，成菜美观；旺火热油，动作迅速。

黄花素鱼翅

"黄花素鱼翅"是山西名菜。相传清朝末年，曾任吏部尚书的李殿林，非常爱吃黄花菜，他是大同县西册田乡大王村人，为官一向清廉，家中绝少山珍海味，常吃黄花菜做的"素鱼翅"。此事传到光绪帝那里，责他奢侈，李殿林一方面为己分辩，一方面让厨师献上几道用黄花菜做的"鱼翅"，光绪帝品尝以后，不仅消除了对他的误会，反而对他更加器重了。

主　　料：干黄花菜 175 克。
配　　料：玉兰片 3 片，水发香菇 1 个。
调　　料：精盐 5 克，料酒 20 克，酱油 35 克，味精 2 克，葱段 10 克，鸡油 125 克，姜片 10 克，花椒 15 粒，鲜汤 750 毫升，绿豆粉 500 克（装袋）。
烹饪技法：扒。
工艺流程：选料→洗净→造型→拍粉→槌打→炸制→氽制→扒制→调味→成菜。
制作方法：
(1) 黄花菜放盆内用温水泡 20 分钟，发软后用凉水淘几次，挤干水分，放案板上，将老叶去掉，择取菜心，用大针将黄花菜挑成细丝，掐掉老柄，每六七个用菜叶缠根部成一撮放在案板上；用绿豆粉袋拍匀，反复抖几次，再用手拿住一把，用小擀杖捶，捶罢再抖，连续 3 次，菜发散不黏时，放在盘内。
(2) 炒锅置火上，添入清油，烧至 150℃，逐把下锅炸制，炸成浅黄色捞出，倒出余油；换锅添入开水，将菜下锅，氽透捞出，沥去水分，放在盘内。
(3) 将锅垫刷净，放在扒盘内，上衬冷湿布一块。香菇雕刻成形，放在中间，玉兰片横搭三角，将黄花菜根朝里，由里向外，排成圆形，中间稍高，用盘扣住。
(4) 将锅放火上，添入鸡油，油热时，将葱、姜下锅，炸黄捞出，加入鲜汤、精盐、味精、料酒等调料；将锅垫放入锅中，滚几滚，移到温火上，扒制 20 分钟，待汁浓菜烂、色黄时，调好味，去掉盘盖，用漏勺托住，扣在扒盘内，余汁浇在菜上即成。
质量标准：造型美观，原汁原味。
工艺关键：大同县黄花菜，颜色金黄，干净无霉，角长肉厚，个大整齐，脆嫩多油，久煮多香。"黄花素鱼翅"炸时逐把下锅，用手掂把，蘸炸定形，再入油锅中炸透。

酿金钱台蘑

"酿金钱台蘑"是山西名菜。台蘑是山西的珍贵特产，因形如"金钱"而名。选用大小一致的台蘑形。火腿选用金华火腿，用10%浓度的热碱水刷洗干净，清水冲去碱味后泡6小时，在旺火上足气蒸熟，去皮、去骨，取瘦肉配制此菜。

主　　料：干台蘑50克。
配　　料：猪肥膘肉75克，鸡芽肉100克，熟火腿25克，绿色蔬菜250克。
调　　料：精盐3克，料酒15克，味精1克，葱姜水15克，富强粉15克，水淀粉15克，鸡汤100克，奶汤150克，蛋清100克，熟猪油75克。
烹饪技法：蒸、煨。
工艺流程：选料→涨发→组配→调味→蒸制→煨制→调味→勾芡→成菜。
制作方法：
(1) 将干台蘑洗去泥沙，摘去须根，开水焖发30分钟后，去掉黑皮待用；把鸡芽肉砸成泥，去净细筋；将猪肥膘砸成泥加入鸡芽肉泥，拌合在一起，放入葱、姜水搅匀；再加入精盐1克、味精0.5克、料酒搅匀，然后顺同一方向把熟猪油、蛋清分多次搅进泥中，最后加入面粉5克，再搅拌均匀；把台蘑撒上少许面粉，逐个将鸡泥抹在台蘑上，呈罗汉鼓肚形；把火腿切成长2厘米、粗0.5厘米的条，镶嵌在鸡泥上呈"金钱"图案形。
(2) 将制好的台蘑摆在汤盘中，加入清汤、精盐1克，上笼用小火蒸3分钟至熟取出；将绿色蔬菜焯水，沥干水分，再用蒸台蘑的原汤煨上味，分成四组，摆在汤盘的四个角上，将奶汤上火，加精盐、味精烧开，勾入水淀粉，浇在台蘑和蔬菜上即可。
质量标准：色泽鲜明，鲜浓适口，质地细嫩，汤汁乳白。
工艺关键：酿好的台蘑，蒸制的时间不能长，防止蒸老；出笼后把原汤倒入炒锅，此汤极鲜，用它煨制绿色蔬菜，味道甚美。

乳汁软炸口蘑

"乳汁软炸口蘑"是内蒙古名菜。此菜是20世纪50年代由内蒙古特级厨师吴明创制。因其选料精，风味佳，颇受消费者欢迎。

主　　料：干口蘑50克。
配　　料：鸡蛋清4个，干淀粉50克，面粉30克，奶油100克。
调　　料：精盐3克，绍酒5克，味精2克，姜汁5克，葱末5克，姜末5克，蒜末5克，淀粉20克，熟猪油500克（约耗75克）。

烹饪技法：软炸。
工艺流程：选料→泡发→腌制→挂糊→炸制→成菜。
制作方法：
(1) 将干口蘑用开水泡1小时，去蒂洗净泥沙，切成3厘米长、1厘米宽的条，加精盐1克、味精1克、绍酒、姜汁腌制。
(2) 将蛋清打成泡沫状，加干淀粉、面粉搅成蛋泡糊。
(3) 将葱末、姜末、蒜末、味精、精盐、湿淀粉加鲜汤制成碗芡。
(4) 炒锅置中火上，下熟猪油，烧至130℃时，用筷子夹住口蘑条，裹匀蛋泡糊，逐条下入油锅内，炸成杏黄色捞出装盘。
(5) 炒锅置旺火上，下熟猪油，倒入碗芡、奶油烧沸后装入碗内，与炸好的口蘑同时上。

质量标准：质地软嫩，色泽杏黄。

工艺关键：口蘑在涨发中，去净沙粒是做好此菜的前提；腌制的时间和投料比例要正确；炸制时防止粘连。

干烧冬笋

"干烧冬笋"是北京名菜。冬笋又名毛笋、竹芽、竹萌，为禾本科植物，主要生长于湖南、湖北、江西、浙江、徽州等地。它的地下茎称为"竹鞭"，粗壮横行于土中，鞭有节，节侧生芽即为竹笋。笋体肥壮，呈圆筒状宝塔形，上尖下圆，中间有节，笋外壳的脉线和壳毛为黄色，笋肉色白或淡黄，质细嫩，味清鲜。鲜笋有冬笋和春笋之分，冬笋是在冬天笋尚未出土时挖掘的，质量最好；春笋则是在春天笋已出土时挖掘的，质量次之。

主　　料：冬笋 350 克。

配　　料：雪里蕻 300 克。

调　　料：精盐 3 克，黄酒 45 克，京葱段 30 克，鲜姜片 10 克，白糖 300 克，味精 5 克，清汤 30 克。

烹饪技法：炸、干烧。

工艺流程：选料→切配→烧制→炸制→调味→成菜。

制作方法：

(1) 将冬笋切成三角块；雪里蕻用冷水泡两次，去其咸味，泡出鲜味，然后切成寸段（选用叶多梗少的）。

(2) 炒锅上火，加入猪油，用葱、姜炝锅，放入笋和雪里蕻煸炒两分钟，加清汤和白糖、精盐、黄酒、味精，用旺火烧约三分钟，倒入漏勺滤净汤汁，拣去葱、姜。

(3) 再放入热油锅内炸约两分钟，使笋变成金黄色，雪里蕻脆而酥，再将油滤去，撒上少许味精，颠翻三秒钟即好。

质量标准：色泽分明，冬笋香嫩，雪里蕻脆酥。

工艺关键：通过浸漂除去冬笋、雪里蕻的异味（也可用焯水的办法处理）。

干煸鲜蘑

"干煸鲜蘑"是北京名菜。此菜运用"干煸"技法烹制而成，口感软嫩干香，是北京普遍流行的风味菜肴。

主　　料：鲜蘑菇 250 克。

配　　料：芥菜 100 克，核桃 50 克，扁豆 100 克，猪瘦肉 200 克。

调　　料：精盐 2 克，料酒 5 克，酱油 25 克，白砂糖 20 克，味精 1 克，大葱 10 克，香油 25 克，花生油 30 克。

烹饪技法：炸、干煸。

工艺流程：选料→洗涤→切配→炸制→干煸→调味→成菜。

制作方法：

(1) 将鲜蘑去根，剞上十字花刀；猪肉、芥菜、葱分别剁成末；核桃仁用开水泡透，剥去黄皮；扁豆择去两头，去筋洗净，然后切成 2.5 厘米长的段。

(2) 炒勺内放入油，烧至 180℃，加入鲜蘑炸至浅黄色时捞出，然后放入核桃仁炸酥，捞在盘中，再将扁豆用油炸熟，捞出。

(3) 炒勺内加入底油烧热，放入肉末煸炒，再加入料酒、精盐和炸好的鲜蘑，一起煸炒出香味，再放入雪菜末、酱油、白糖、葱末、扁豆、味精，稍加翻炒，淋上芝麻油。

(4) 将煸炒好的鲜蘑装在盘子的中间，再将炸好的核桃仁摆在菜的四周即成。

质量标准：此菜呈黄、绿、褐三色，鲜蘑软嫩，桃仁酥香。

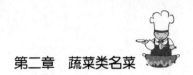

工艺关键：剞花刀要求做到均匀；炸制时控制好油温。

干炸素黄鱼

"干炸素黄鱼"是北京名菜。此菜为全素原料，加工工艺复杂，成菜形态美观。

主　　料：鸡蛋 240 克。
配　　料：豌豆 25 克，冬笋 30 克，口蘑 20 克，干香菇 13 克，油面筋 20 克，面包渣 30 克。
调　　料：精盐 3 克，椒盐 3 克，酱油 10 克，味精 2 克，姜 1 克，芝麻酱 25 克，花生油 40 克，白糖 2 克，蚕豆淀粉 10 克，小麦面粉 20 克。
烹饪技法：蒸、干炸。
工艺流程：选料→制糊→造型→蒸制→挂糊、滚面包渣→炸制→成菜。
制作方法：

（1）将鸡蛋 120 克，磕在碗中，加入面粉、精盐、湿淀粉和少量清水，调成稀糊；将净冬笋、水发香菇、水发口蘑切成细丝；油面筋先用刀破成两半，然后焯水，挤干水分，切成碎块。

（2）炒勺上旺火，舀入花生油，烧至 120℃时，下入姜末、冬笋、香菇、口蘑、油面筋和鲜豌豆，放入白汤 75 毫升、酱油、味精、白糖炒熟。

（3）当汤汁将尽时，淋入 5 克调稀的湿淀粉，搅炒均匀，倒在碗中，掺入芝麻酱和湿淀粉，拌匀成馅。

（4）把鸡蛋 120 克，磕入碗内搅匀，入油锅摊成蛋皮，将馅料放在鸡蛋皮的一半上，摊成约 21 厘米长、6.6 厘米宽、1.2 厘米厚、两头尖的鱼身形状；再将鸡蛋皮的另一边翻折过去，盖在"鱼身"上；鸡蛋皮的边缘用稀糊粘在一起，放在"鱼身"下面，然后进行捏塑，先捏成黄鱼模样。

（5）再把"鱼脊"和"鱼尾"部按扁成背鳍形状，刻上刀纹；在头部刻一个半圆形的"鱼鳃"，用冬笋和香菇做成"鱼眼"粘好。

（6）整条"黄鱼"塑好后，放在抹好的一层油的盘中，上笼蒸约半小时，取出晾凉，将两面抹匀面糊，粘上面包渣。

（7）炒勺上微火，加花生油，烧至 120℃，把"黄鱼"放入，炸成金黄色后捞出；用刀切成 1.5 厘米宽的斜块，在盘中拼摆成鱼形，撒上花椒盐即成。

质量标准：造型逼真，制作精美，营养丰富。
工艺关键：蛋皮制作是关键，不要为造型而做菜。

一品香酥藕

"一品香酥藕"是北京传统名菜。莲藕属睡莲科，主要分布于长江流域和南方各省。藕是莲藕的地下茎的膨大部分，秋、冬及初春均可采挖。藕微甜而脆，十分爽口，可生食也可做菜。藕具有益胃健脾、养血补益、生肌、止泻的功效，是老幼妇孺、体弱多病者的滋补佳珍。

主　　料：莲藕 300 克。
配　　料：猪肉馅 150 克，葱姜水 50 克，鸡蛋 1 个，面粉 60 克，生粉 60 克，吉士粉 50 克。
调　　料：精盐 3 克，料酒 6 克，辣椒酱 100 克，高汤 40 克，胡椒粉 3 克。

烹饪技法：干炸。
工艺流程：选料→切配→制糊→炸制→成菜。
制作方法：

（1）将莲藕去皮洗净，第一刀切至 2/3 处，第二刀切断，依次切好备用。

（2）肉馅中加入辣椒酱、姜水、葱花、胡椒粉、料酒搅拌均匀；取一器皿，加入面粉、生粉、吉士粉、鸡蛋，用水搅拌成面糊。

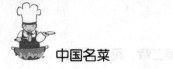

（3）莲藕中夹入肉馅再裹一层面糊，依次做好后入油锅炸至两面金黄色，捞出装盘。

质量标准：酥香可口，营养丰富。

工艺关键：莲藕片厚薄要均匀；酿馅心数量均等；挂糊要均匀。

栗子扒白菜

"栗子扒白菜"是北京名菜。栗子和白菜均为冬季上市的烹饪原料，运用扒制烹饪技法精制而成。

主　　料：白菜 400 克，鲜栗子 100 克。

调　　料：精盐 3 克，料酒 10 克，味精 3 克，玉米淀粉 20 克，大葱 3 克，姜 3 克，熟猪油 50 克。

烹饪技法：白扒。

工艺流程：选料→切配→余制→扒制→调味→勾芡→成菜。

制作方法：

（1）将白菜顺长切成长 7 厘米、宽 1.5 厘米的条。

（2）炒勺置火上，加入清水烧沸，将白菜余热，捞出过凉水，沥干水。

（3）按顺序，阶梯式将白菜码入平盘中。

（4）将勺放置火上，放入猪油、葱、姜末炝勺，烹入料酒、加入高汤、精盐、味精调味。

（5）将白菜轻轻推入勺中，再将栗子按顺序码在白菜周围，扒透入味后，勾芡，大翻勺，打明油（猪油）出勺。

质量标准：色泽鲜艳，原汁原味。

工艺关键：扒菜制作的要点是，火力大小的控制、调味、保持菜品形状的完整性。

奶汁炖蒲菜

"奶汁炖蒲菜"是天津名菜。蒲菜，野生于水泽中，即水生植物蒲草的嫩茎和芽。蒲菜形似菱，其味似笋，肥嫩清鲜，白如象牙。《诗经》中记载："其嫩若何，唯笋及蒲。"

主　　料：净蒲菜 200 克。

调　　料：精盐 1.5 克，牛奶 50 克，葱末 20 克，味精 1 克，绍酒 10 克，姜汁 2.5 克，肉清汤 200 克，湿淀粉 20 克，熟猪油 15 克。

烹饪技法：炖。

工艺流程：选料→治净→切配→焯水→炖制→调味→勾芡→成菜。

制作方法：

（1）将蒲菜洗涤干净，切成长 2.8 厘米的段，焯水，沥去水。

（2）炒锅置旺火上，放熟猪油烧至 150℃时，下葱末爆香，烹入绍酒，加肉清汤、蒲菜、姜汁、精盐、牛奶，待汤沸后，改小火炖 5 分钟，加入味精，淋入湿淀粉勾芡，盛入汤盘内即成。

质量标准：汤色纯白，肥嫩酥烂，滋味淡雅。

工艺关键：炖制时控制好时间和火力。

鸡脯扒胎菜

"鸡脯扒胎菜"是天津名菜。胎菜，天津饮食业对刚上市的小白菜的俗称。我国曾有"九天（三九天）里的青菜（小白菜）赛羊肉"之说。原料虽不高贵，但在小白菜刚上市时，配以鸡脯肉烹制此菜口感甚佳。

主　　　料：净胎菜 500 克，熟鸡脯肉 120 克。

调　　　料：精盐 2.5 克，绍酒 10 克，味精 1 克，牛奶 50 克，葱末 2 克，肉清汤 30 克，湿淀粉 25 克，熟猪油 20 克。

烹饪技法：扒。

工艺流程：选料→洗净→切配→焯水→扒制→调味→勾芡→成菜。

制作方法：

（1）将胎菜逐棵劈为 4 片（菜根相连），切成长 12 厘米的段；另将鸡脯肉顺纤维纹路切成坡刀块。

（2）将胎菜入沸水锅焯水，然后用凉水过凉，排列整齐，沥去水分，放入盘中。

（3）炒锅置旺火上，放熟猪油 12 克烧至 160℃时，下葱末爆香，烹入绍酒、肉清汤、精盐、鸡脯、胎菜（胎菜与鸡脯各占半边），汤沸后，加入牛奶、味精，再沸时，用湿淀粉勾芡，淋入熟猪油，大翻勺，溜入盘中即成。

质量标准：鸡脯和汤汁呈乳白色，胎菜翠绿悦目，清淡爽口。

工艺关键：牛奶不可添加过早，火力不宜过猛。

英公延寿

相传，徐茂公病危，唐太宗李世民为保重臣，毅然剪下胡须为其治病，"英公延寿"由此而来。此菜选用龙须菜、香菇、口蘑蒸制而成，因三种原料都含有抗癌物质，可以养身健体，延年益寿，故取此名。

主　　　料：龙须菜 150 克，香菇 12 个，口蘑 100 克。

调　　　料：精盐 5 克，料酒 2 克，味精 3 克，葱段 5 克，姜片 3 克，鸡清汤 300 克，鸡油 20 克。

烹饪技法：汆、蒸。

工艺流程：选料→切配→汆制→造型→蒸制→调味→浇汁→成菜。

制作方法：

（1）将龙须菜撕去外皮，用刀切成 10 厘米长的段，用鸡汤加精盐汆透，捞出，整齐地摆在鱼形盘的一边；将涨发好的口蘑切成梳子花刀，用鸡汤加精盐汆透捞出，用刀压成鱼鳃状，整齐地摆在盘子的另一边，与龙须菜对称；香菇加鸡汤、精盐，用小火烧透，使其入味，摆在龙须菜与口蘑的交接处。

（2）将装好盘的菜，上笼蒸 5 分钟取出。

（3）炒锅上火，加入底油烧热，将葱段、姜片炸香捞出，加入鸡清汤、精盐、料酒、味精调味，汁沸起时，勾入薄芡，淋入鸡油，浇在盘内即可。

质量标准：色泽明亮，滋味清香。

工艺关键：口蘑、香菇大小须均匀，否则影响菜肴美观；蒸制时间不要太长。

荷花羊素肚

羊素肚又名羊肚菌，明朝潘之恒的《广菌谱》、清朝袁枚的《随园食单》和薛宝辰的《素食说略》均有羊肚菌入馔的记录。

主　　　料：羊肚菌 70 克。

配　　　料：鸡脯肉 60 克，熟火腿末 10 克，青豆 10 克，青菜叶 10 克。

调　　　料：精盐 7 克，料酒 2 克，味精 5 克，胡椒粉 2 克。

烹饪技法：蒸。

工艺流程：选料→制馅→酿制→蒸制→造型→浇汁→成菜。

制作方法：

（1）将羊肚菌淘洗干净，放入开水锅中汆一下，倒入盆内，浸泡 1 小时左右，捞起放入凉水盆中，去掉根头和沙，反复淘洗，去净沙子后，用鸡汤汆透，拍上面粉。将鸡脯肉制成细茸加入精盐、

料酒、味精、胡椒粉搅拌成茸泥，取一半茸泥装在菌凹中，用熟火腿末点缀成荷花瓣形，上笼蒸熟取出，摆放在大盘内，将另一半茸泥摆在盘中间，用青豆点缀做成莲蓬，上笼蒸熟后取出，用青菜叶拼摆成荷叶。

（2）炒锅内加入鸡汤烧开，加精盐、料酒、味精调味，用水淀粉勾薄芡，浇在上面即可。

质量标准：口味鲜醇，形似荷叶。

工艺关键：加工羊肚菌时，要反复清洗，去净泥沙；控制好火力，不要把鸡茸蒸老。

奉化芋艿头

"奉化芋艿头"是浙江名菜。芋艿性甘、辛、平，富含蛋白质、钙、磷、铁、钾、镁、钠、皂角等多种成分，是老少皆宜的滋补品，被称为"秋补素食一宝"。早在20世纪30年代，奉化芋艿就以个大、皮薄、肉白、味鲜而闻名。芋艿入馔其风味独特，备受人们青睐。

主　料：红芋艿头1个（约重600克）。

配　料：熟火腿25克，水发海参25克，虾米25克，熟鸡脯肉25克，鸡蛋黄糕25克，水发香菇25克，水发黄鱼肚25克，青豆25克，胡萝卜5克，糖水樱桃1颗。

调　料：精盐7.5克，黄酒25克，味精1.5克，葱段2克，清汤200克，湿淀粉20克，熟猪油50克。

烹饪技法：蒸。

工艺流程：加工芋艿→切成莲花状→蒸制→造型→配料→切配→烧制→调味→勾芡→浇汁→点缀。

制作方法：

（1）将芋艿洗净，削去皮，切成12瓣莲花形，在刀缝中夹入薄竹片，蒸1小时至芋艿酥熟，放在汤盘中，取出竹片，把每瓣修匀称，然后向四面瓣开，使中心直立，成莲花状。将熟火腿、海参、熟鸡脯肉、鸡蛋黄糕、黄鱼肚、香菇、胡萝卜等配料均切成丁。

（2）炒锅内舀入清汤，加入各配料丁、黄酒、精盐，烧沸，加味精和葱段，勾芡，淋入熟猪油推匀，浇在芋艿上，中心放上一颗红樱桃即成。

质量标准：芋艿酥软，汤汁明亮。

工艺关键：芋艿切成莲花形状，刀深约为芋艿的4/5；刀缝中夹入薄竹片目的是加热定型；勾芡要薄，呈玻璃芡，加入猪油搅匀使芡汁光亮、香润。

炒素蟹粉

"炒素蟹粉"是上海名菜。选用马铃薯、胡萝卜、冬菇等原料，经加工炒制而成，因其口味类似炒蟹粉，口感与形状又接近蟹粉而得名。此菜"蟹"香流溢，色、香、味足以以假乱真，由于是素料、素油烹炒，所以不腥不腻，滋润清鲜，别具特色，堪称素食名肴。

主　料：熟土豆200克，胡萝卜100克。

配　料：熟笋30克，水发冬菇10克，鸡蛋2只，豆苗10克。

调　料：精盐5克，黄酒10克，味精1克，酱油10克，葱白5克，葱段10克，姜米10克，米醋12克，肉清汤150克，花生油120克。

烹饪技法：炒。

工艺流程：熟土豆去皮→制泥→配料加工成形→配素蟹粉→煸炒→调味→装盘。

制作方法：

（1）熟土豆去皮，压成土豆泥；胡萝卜洗净去皮，煮熟后，剁成萝卜泥，放在纱布里挤干水；冬菇去蒂洗净，与熟笋、葱白都切成细丝；鸡蛋磕入碗内搅匀，放入土豆、胡萝卜、冬菇、笋丝、葱白、姜末5克搅匀，即成"素蟹粉"。

（2）炒锅置旺火上，放入花生油100克，烧到180℃时，下素蟹粉煸炒2分钟，加入花生油、精盐、味精搅匀，再加入豆苗（或时令蔬菜），翻拌几下，放入黄酒、米醋、姜末搅拌几下即成。

质量标准：色泽鲜明，酥软肥嫩，味鲜可口，形似蟹粉。

工艺关键：土豆泥、萝卜泥要细，配比得当；冬菇、熟笋与葱白搭配合理；"素蟹粉"要炒透，调味料用量得当，形与味均似蟹粉。

鼎湖上素

　　"鼎湖上素"是广州"菜根香素菜馆"的名菜。始于清末，原是鼎湖山庆云寺的素斋菜。传说该寺一位老和尚，为了满足一些上山游览贵客的需要，特选用"三菇"（北菇、鲜菇、蘑菇）、"六耳"（雪耳、黄耳、石耳、木耳、榆耳、桂耳）及发菜、竹荪、鲜笋、银针、榄仁、白果、莲子、生筋等珍贵原料，用芝麻油、绍酒、酱料等调味，逐样煨熟，再排列成十二层，成山包形上碟。其层次分明、鲜嫩爽滑、富有营养，色香味俱佳，列入素斋中最高上素。20世纪30年代，广州六榕寺的"榕荫园"曾经营过此菜。开设在六榕寺附近的"西园酒家"老板，曾往鼎湖山庆云寺寻找善烹素菜的老和尚，并派人拜他为师，便把"鼎湖上素"变为菜馆名菜。经老板大肆宣传，一时吸引了不少食客，声誉大噪。后来"菜根香素菜馆"的"鼎湖上素"，因其用料与制法更加考究，多年来一直名扬天下。

主　　料：水发冬菇100克，水发蘑菇100克，净鲜菇100克，水发榆耳100克，水发黄耳100克，水发竹荪100克，白菌100克，鲜莲子100克，笋肉100克，菜心（即菜蕊顶部7厘米长）100克，水发银耳50克，银芽50克，水发桂花耳30克。

调　　料：精盐12克，绍酒35克，生抽15克，白糖4克，老抽5克，味精33克，淀粉30克，植物油125克，素上汤1800克。

烹任技法：煨、焖。

工艺流程：选料→初加工→切配→煨制→焖制→成菜。

制作方法：

（1）将笋肉切成叶形或者其他植物图案形，即为笋花。

（2）用沸水将莲子滚过，脱去莲子衣，捅去莲心洗净待用。

（3）用清水分别将冬菇、蘑菇、鲜菇、银耳、桂花耳、榆耳、黄耳、白菌、竹荪、笋花滚过，沥干水。

（4）将冬菇、蘑菇同放在锅内，加入植物油20克，精盐1克、味精3克、白糖1克、素汤200克、绍酒5克，用中火煨制15分钟，捞出备用。

（5）炒锅置火上，加入植物油30克，烹入绍酒10克、素汤800克、精盐3克、味精15克，然后加入鲜菇、榆耳、黄耳、白菌、竹荪、笋花、鲜莲子等一起煨制2分钟，使其入味，捞出沥去水。另起锅上火，加入植物油15克，烹入绍酒5克、素汤300克、精盐2克、味精5克，先煨银耳，再煨制桂花耳，煨后沥去水。

（6）炒锅内放入植物油40克，放入绍酒15克、素汤500克、精盐1克、味精10克、白糖3克、生抽15克，然后放入冬菇、鲜菇、蘑菇、榆耳、黄耳、白菌、竹荪、笋花、鲜莲子等，用中火焖透备用。

（7）在炒锅中放入植物油10克，放入银芽，用猛火煸炒至刚熟，捞出备用。

（8）取大碗1个，按白菌、冬菇、竹荪、鲜菇、黄耳、鲜莲子、蘑菇、笋花、榆耳的次序，从碗底向上，依次分层排在碗壁上，每种原料排一圈。将银芽和剩余原料一同放入碗内填满，然后把碗覆盖于碟上，取起碗，桂花耳放于顶部，银耳围伴于底部边缘。

（9）取另一炒锅加入植物油10克，菜心、精盐2克、素汤，用猛火煸炒至刚熟，将菜心围伴于银耳边缘。

（10）加热原汁，适当地补充素汤及调味料，用湿淀粉勾芡，加包尾油，将芡汁淋于菜肴上即成。

质量标准：层次分明，色彩典雅，清香可口，清鲜爽滑。

工艺关键：原料在煨制前，要用清水滚去异味；干货原料在烹制前要涨发好，菇蒂要切去，榆耳要刮净毛，黄耳要洗涮干净；注意掌握不同原料的质地要求和火候；在碗内拼摆后填入剩余原料时，要填满填实；芡汁不能太稀，浇汁要均匀。

四菇临门

"四菇临门"是台湾名菜。在台湾，野生和人工栽培的菌菇品种颇多，此菜选用四菇合烹，以高汤为辅助，突出菌菇特有的清香味。食用菌菇类原料以其独特的香气和鲜味备受人们青睐，其含有大量人体所需的氨基酸、维生素、无机盐和酶类，特别是所含的特殊物质具有重要的药用价值，被誉为"素中之肉"，可以增强人体免疫力，促进抗体的形成，具有防癌抗癌的作用。

主　　料：干香菇20克，新鲜平菇50克，金针菇50克，草菇50克。
配　　料：黄瓜半条，猪肉200克，胡萝卜10克，绿叶菜10克。
调　　料：精盐7克，味精1克，淀粉10克，高汤750克，芝麻油10克。
烹饪技法：烩。
工艺流程：香菇泡软、去蒂批片→黄瓜去皮切片→猪肉切片、上浆→原料分别烫熟、摆放碗中→装饰料烫熟、装饰→高汤烧沸→调味→高汤倒入碗中。
制作方法：
（1）香菇泡软、去蒂，切成大薄片；黄瓜去皮切长片（约4.5厘米长）；猪肉切片（长5厘米、宽2厘米），用精盐2克、淀粉上浆。
（2）清水烧沸，分别投入黄瓜、金针菇、平菇、草菇、香菇、肉片分别烫熟捞出，摆放在大汤碗中；胡萝卜片、绿叶菜烫熟铺在菜上点缀；高汤烧沸，加入精盐、味精，淋入芝麻油，倒入大碗内。
质量标准：半汤半菜，汤味鲜美，菜料丰富，香味浓郁。
工艺关键：香菇、肉片切配大小均匀；预熟处理分别进行；烫熟原料应整齐摆放在碗中，相互间隔，高汤应缓缓倒入碗中，不冲散碗中摆放的料形，诸料相得益彰。

牡丹燕菜

"牡丹燕菜"原名"洛阳燕菜"，又称"素燕菜"，是豫西地方特色名菜，迄今已有一千多年的历史。因主料萝卜丝酷似水发后的燕窝细丝，故称燕菜。此菜始于武则天时期，用白萝卜配以山珍海味，精制成羹，原为宫廷佳肴，后流传于民间，是洛阳水席二十四菜之首（洛阳水席有八冷菜、四大菜、八中菜、四压桌菜，除冷菜外全都带汤上席，故称"水席"）。1973年，周恩来总理陪同外宾到洛阳参观时，席中此菜摆放了一朵牡丹花，周总理风趣地说："洛阳牡丹甲天下，菜中生花了。"从此，该菜又称"牡丹燕菜"。

主　　料：大白萝卜1000克。
配　　料：水发海参250克，水发鱿鱼250克，熟鸡肉250克，熟火腿25克，水发蹄筋15克，水发玉兰片15克，生鸡脯肉100克，水发海米15克，红老蛋糕100克，绿老蛋糕100克。

调　　料：精盐10克，味精3克，绍酒5克，清汤1000克，鸡蛋清2个，湿淀粉15克，干淀粉250克，熟猪油15克。
烹饪技法：蒸。
工艺流程：选料→治净→切细丝→浸漂→拍粉→蒸制→上味→再蒸制→造型→调味→成菜。
制作方法：
（1）将白萝卜（白色中心部分）切成6厘米长、2毫米粗的细丝；放入清水中浸泡半小时捞出沥干水，再用干淀粉拌匀，摊在笼屉上蒸5分钟，取出晾凉；再放入清水中抖散，捞出沥干水，撒上精盐 4 克拌匀，再上笼蒸 5 分钟，取出放在大品锅内即成素燕菜。

（2）将海参、鱿鱼、玉兰片、熟鸡肉和蹄筋均片成约 5 厘米长、1 厘米宽的薄片，分别入沸水中焯水；火腿切成长方形片；把海米与片好的配料，分别间隔相对地码在品锅内的素燕菜上。

（3）将生鸡脯肉剁砸成泥，加精盐 2 克、蛋清、湿淀粉、清汤 100 克搅打上劲，再加热猪油 5 克，搅匀后放在小碗内。将红蛋糕切成花瓣（将每一片蛋糕片折叠），插在鸡糊上，做成牡丹花形，绿蛋糕做成叶片，上笼蒸透后取出置于品锅中央。

（4）炒锅置旺火上，下清汤 900 克、精盐 4 克、绍酒、熟猪油、味精，汤沸后盛入品锅中。

质量标准： 汤汁清澈，味咸鲜，质柔嫩；牡丹花色彩鲜艳，造型逼真，萝卜丝形似燕窝。

工艺关键： 白萝卜选用洛阳当地所产为佳；切丝后，最好三蒸三漂，每蒸一次最好晾干再蒸；配料应分别处理、加工，再组拼造型。

罗汉全斋

“罗汉全斋”又名“罗汉菜”。相传此菜始于唐宋时期，当时佛教盛行，寺庙众多，并且均自设膳房、自办素菜和筵席，佛门称之为“素斋”或“斋菜”。罗汉菜选用上等原料烹制，并以佛门得道成仙的罗汉定名，一般用料在 10 种以上，所以称之为“罗汉全斋”。历代帝王将相和名人，在佛门用素斋时，均点此菜，因而闻名全国。

主　　料： 干发菜 20 克，熟栗子 50 克，水发木耳 25 克，鲜蘑菇 50 克，冬笋 50 克，干香菇 20 克。

配　　料： 素鸡 50 克，黄花菜 25 克，鲜白果 25 克，菜花 25 克，胡萝卜 25 克。

调　　料： 黄酒 2 克，花生油 50 克，酱油 30 克，姜 2 克，白砂糖 2 克，味精 2 克，香油 25 克。

烹饪技法： 烩。

工艺流程： 选料→切配→焯水→炒制→烩制→调味→勾芡→成菜。

制作方法：

（1）发菜用冷水漂洗干净，挤干水；水发香菇、鲜蘑菇、熟冬笋、胡萝卜分别切成骨牌块。

（2）菜花切栗子块；白果拍碎；黄花菜切成 3.3 厘米段；素鸡切成薄片。

（3）菜花、白果、胡萝卜分别焯水，沥干水。

（4）炒锅置旺火，下油烧至 160℃，将（发菜除外）全部原料下锅煸炒，加入酱油、姜末、白糖、味精、黄酒、鲜汤等调料，炒拌均匀，再下发菜，见汤汁沸腾，用湿淀粉勾芡，淋上麻油，出锅装盘。

质量标准： 软滑爽脆，鲜香清甜。

工艺关键： 根据原料性质、质地老嫩、异味轻重，掌握好焯水时间；芡汁不能太稀。

红烧寒菌

“红烧寒菌”是湖南名菜。寒菌又称九月香，俗称松乳菇。寒菌多生长在草木茂盛、寒冷的山丘之地，是一种野生的食用菌类。

主　　料： 寒菌 750 克。

配　　料： 冬笋 100 克，青蒜 15 克。

调　　料： 精盐 2 克，绍酒 10 克，味精 2 克，酱油 3 克，胡椒粉 5 克，湿淀粉 25 克，葱结 10 克，姜片 10 克，芝麻油 15 克，熟猪油 100 克。

烹饪技法： 煨、红烧。

工艺流程： 选料→治净→切配→煸炒→煨制→烧制→调味→勾芡→成菜。

制作方法：

（1）将寒菌蒂去掉洗净，稍大的从中间片开；冬笋切成 3.3 厘米厚的片；青蒜斜切成 1.5 厘米长的段。

（2）炒锅置旺火上，下熟猪油 50 克烧至 160℃时，下寒菌煸炒，加精盐、葱结、姜片继续煸炒，至

寒菌汁液外溢时一起盛入瓦钵中，用小火煨 10 分钟收干水，拣去葱姜待用。

（3）另起锅上火，下熟猪油 50 克烧至 180℃时，下冬笋煸炒至微黄，加入酱油、寒菌、青蒜，烧制大约 1 分钟，加入味精 2 克，用湿淀粉勾芡，淋入芝麻油，盛入盘中，撒上胡椒粉即成。

质量标准：味咸鲜，质爽嫩，色红亮。

工艺关键：此菜运用煸炒、煨、烧三种烹饪技法，可见火功之深厚；煨制时原料入瓦钵之中，其目的是充分入味。

护国菜

"护国菜"是广东名菜。相传公元 1278 年，宋朝最后一位皇帝被元军追杀南逃，于除夕夜逃至潮州，寄宿在一座深山古庙里。庙中僧人听说他是皇帝，对他十分恭敬，看到他一路上疲劳不堪，又饥又饿，便在寺庙后的番薯地里采摘了一些新鲜的番薯叶子，去掉苦味，做成汤菜献上，皇帝品尝后大加赞赏。看到庙中僧人在无米无菜的情况下，想尽一切办法为他制作了这道佳肴，皇帝十分感动，于是就封此菜为"护国菜"。

主　　料：新鲜番薯叶 500 克。

配　　料：火腿片 25 克，草菇 100 克。

调　　料：精盐 5 克，味精 6 克，苏打粉 5 克，淀粉 15 克，鸡汤 720 克，猪油 30 克，鸡油 20 克，麻油 10 克。

烹饪技法：煮。

工艺流程：选料→加工→切配→煮制→调味→勾芡→成菜。

制作方法：

（1）将番薯叶去掉筋络洗净，用 5 000 克开水加入苏打粉，下番薯叶烫 2 分钟捞起，再用清水冲 4 次，然后榨干水分，除去苦味，改刀后待用。

（2）草菇洗净后入鸡油、火腿、鸡汤、精盐 2.5 克，上笼蒸 20 分钟取出，拣出火腿、草菇，沥去原汁备用。

（3）炒锅烧热下猪油 15 克，将番薯叶略炒，投入草菇、原汁，加鸡汤 700 克、精盐 2.5 克，烧沸后，用湿淀粉勾芡，加熟猪油 15 克，麻油 10 克，将 80% 的汤汁倒入汤碗内，20% 留在锅内，再加鸡汤 20 克、火腿，淋在菜汤上即可。

质量标准：色泽如翡翠，清香味美，软滑可口。

工艺关键：余番薯叶时若没有苏打粉，可用少量的碱水替代；若无番薯嫩叶，可按下列次序选料替代：苋菜嫩叶、菠菜嫩叶、通菜嫩叶、君达菜嫩叶。

冬瓜盅

"冬瓜盅"是广东名菜。"冬瓜盅"的主要用料是鸭肉、火腿、干贝、冬菇、田鸡、蟹肉、虾仁等。若用香菇、木耳等菌类制作又称"普度冬瓜盅"；若用鸡汤、鸡肉、干贝和山珍类制作并在冬瓜的圆口上插"夜来香"，则又称为"夜香冬瓜盅"。

主　　料：冬瓜（带皮）500 克。

配　　料：水发冬菇 30 克，火腿茸 50 克，蟹肉 200 克，鸭肉 300 克，虾仁 40 克，鲜莲 30 克，丝瓜 5 克，干贝 5 克。

调　　料：精盐 6 克，白糖 5 克，黄酒 25 克，胡椒粉 10 克，味精 6 克，水菱粉 15 克，二汤 750 克。

烹饪技法：蒸。

工艺流程：选料→切配→雕刻图案→余水→装入配料→调味→蒸制→成菜。

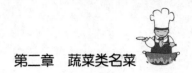

制作方法：

（1）将带皮冬瓜对切开，在瓜口合适的位置切成斜角边，并刻成锯齿状，挖去瓜瓤，使其成一个盅状。为使造型美观，冬瓜外皮上可刻上各种美丽的图案，然后下沸水汆透捞出。再放入凉水内漂冷，放入瓷盅内摆稳。

（2）将干贝洗净，将鸭肉、火腿、冬菇、田鸡分别切成丁，将鸭丁、虾仁用水菱粉拌匀，入沸水锅汆熟，捞出洗净后，同冬菇、火腿、干贝一起放入瓜盅内，加入二汤、味精、黄酒、白糖上笼蒸熟取出，然后将丝瓜切成粒与鲜莲下沸水锅汆透捞出；把鸭丁、蟹肉放入瓜盅内，再撒上精盐、胡椒粉、火腿茸，最后在瓜盅外皮上抹上油即成。

质量标准：清淡芳香，清热利水。

工艺关键：瓜皮须保持完好无损；冬瓜水分多、肉厚，滋味不易渗透，上桌时须另跟精盐，同时须备刀叉，以便食时削皮用。

北菇扒双蔬

"北菇扒双蔬"是广东名菜。蘑菇、平菇、草菇和香菇被人们称为四大食用菌。蘑菇的菌直径为2～4厘米，尚未开伞，菌柄短粗，长约2～4厘米，横径达1.5～2厘米时，肉厚脆嫩，香味浓郁，品质最佳。

主　　料：小冬菇300克。

配　　料：白芦笋30克，小芥菜3棵。

调　　料：精盐4克，白糖2克，酱油2克，葱、姜各5克，小苏打0.1克，上汤150克，生粉10克，鸡油5克。

烹饪技法：扒。

工艺流程：选料→治净→蒸制→拼摆成形→浇汁→成菜。

制作方法：

（1）芦笋由罐中取出盛在深碟中，加入上汤，上笼蒸15分钟取出，沥干水，排在盘子的一边。

（2）芥菜去除老叶选取嫩梗，斜切成大片，用滚水加小苏打烫5分钟，捞出后在冷水中多冲洗几次，再用油煸炒，并加入清汤烧5分钟左右，加精盐调味，排列在盘子一端。

（3）将冬菇泡软后，剪下菇蒂，用清汤、油、酱油、白糖、葱、姜上笼蒸15分钟，取出排列在盘子中间。

（4）在锅内加入清汤烧开，放入精盐，用湿淀粉勾芡，淋入鸡油即可。

质量标准：原汁原味，形态美观。

工艺关键：芦笋、冬菇、芥菜要加工干净，熟处理要入味且保持形态完整。

开水白菜

"开水白菜"是四川传统名菜。原四川省名厨黄敬临于清宫御膳房创制。"开水白菜"清鲜淡雅，香味浓醇，色泽嫩黄，柔美化渣，不似珍肴，胜似珍肴。

主　　料：黄秧白菜心500克。

调　　料：精盐2.5克，味精2克，料酒6克，胡椒粉2克，清汤1000克。

烹饪技法：蒸。

工艺流程：选料→整理→焯水→调味→蒸制→成菜。

制作方法：

（1）选用黄秧白菜心将其加工整齐并洗净，放入沸水中煮至断生捞出，再用冷开水漂净。

（2）顺条型放碗内，加入精盐、胡椒粉、料酒、清汤等，上笼蒸。菜心蒸熟取出，用清汤焯两次，

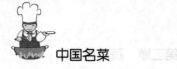

再调以特级清汤即成。

质量标准：汤色清澈，菜质鲜嫩，清香味美。

工艺关键：菜心焯水时，用旺火，水量要多；焯水后要漂至凉透，以保持菜肴颜色；开水——比喻此菜汤清澈如水；若没有黄秧白菜心，其他绿叶菜心均可，制法相同。

干煸冬笋

"干煸冬笋"是四川传统名菜。

主　　料：净冬笋300克。

配　　料：猪肥瘦肉100克，芽菜20克。

调　　料：精盐3克，料酒10克，酱油15克，白糖4克，味精2克，芝麻油10克，熟猪油500克（约耗50克）。

烹饪技法：干煸。

工艺流程：选料→笋初加工→改刀成细条→干煸→调味→成菜。

制作方法：

（1）将冬笋切成厚片，拍松，再切成4厘米长、0.8厘米宽的条；芽菜切成粒；猪肥瘦肉切成绿豆大小的细粒。

（2）炒锅置火上，下熟猪油烧至130℃时，放入冬笋炸至浅黄色捞出。

（3）锅内留油50克，下肉粒炒散至酥香，放入冬笋煸炒至起皱时，再烹入料酒，依次下精盐、酱油、白糖、味精，煸炒几下，最后将芽菜放入锅内，炒出香味，淋入芝麻油起锅即成。

质量标准：色泽淡黄，清香鲜美，脆嫩爽口。

工艺关键：必须用新鲜冬笋，芽菜选用质嫩的部分。

柴把鸡枞

"柴把鸡枞"是云南名菜。鸡枞以昆明市富民县所产品质最佳。鸡枞菌与众不同，出土一两天呈伞状，形似鸡腿，故名鸡枞。

主　　料：鸡枞450克。

配　　料：火腿70克，鸡脯肉50克，蛋黄糕25克，鸡蛋清45克，芹菜40克，面粉10克，红辣椒35克，淀粉20克。

调　　料：精盐5克，味精2克，植物油50克，鸡油15克。

烹饪技法：炸。

制作方法：选料→治净→切配→焯水→捆扎成形→挂糊→炸制→浇汁→成菜。

（1）将选好的鸡枞摘除帽，去泥土，削去皮，洗净，切成长4～5厘米、宽2～3毫米的条；鸡脯肉煮熟；熟火腿、红辣椒、蛋黄糕切成同鸡枞相同的条；芹菜择洗干净，选取芹菜茎，放入沸水中焯水，用冷水过凉后，撕成10根细丝。

（2）用芹菜丝将鸡枞、鸡脯、云腿、蛋黄糕和红辣椒丝捆扎成把，形似柴把，每盘以10把为宜。

（3）用蛋清、面粉、湿淀粉调制蛋清糊，将"柴把鸡枞"挂糊，下入160℃热油中，炸制呈金黄色，在盘内摆放整齐。

（4）炒锅上火，加入汤烧沸，用精盐、味精调味，再用湿淀粉勾芡，淋入鸡油用炒勺推匀起锅，将汁浇在鸡枞上即成。

质量标准：色泽金黄，外脆里嫩，咸鲜回甜。

工艺关键：炸制时，旺火定形，中火炸透，复炸上色。

八宝酿西红柿

"八宝酿西红柿"是著名厨师杨永和于20世纪60年代创制的名菜佳肴。此菜颜色艳丽多彩，汁晶荧亮，质地鲜嫩，味美清爽。

主　　料：西红柿 10 个。

配　　料：熟鸡肉 150 克，冬笋 150 克，海参 150 克，水发银耳 25 克，水发冬菇 20 克，菜花 20 克，玉兰片 20 克。

调　　料：精盐 3 克，姜汁 20 克，葱花 15 克，料酒 30 克，味精 5 克，香油 20 克，鸡油 40 克，淀粉、鸡汤各 3 克。

烹饪技法：蒸。

工艺流程：选料→洗净→切配→制馅→酿制→蒸制→浇汁→成菜。

制作方法：

（1）将西红柿用开水烫一下，去皮，从底部整齐地切下蒂，去心去籽，用清水冲净；菜花、冬菇、玉兰片、银耳焯水，再用冷水过凉。

（2）将海参、冬笋、熟鸡肉焯水，改切成小丁，加入姜汁、葱花、料酒、味精、精盐、香油拌成馅，分装在西红柿内，盖上盖（切下的蒂），光面朝下装在盘内，上笼蒸透（约 5～8 分钟），取出扣在大盘内。

（3）炒锅置旺火上，加入鸡汤、料酒、姜汁、味精烧开，再下入菜花、冬菇、玉兰片、银耳，用水淀粉勾成玻璃芡，淋入鸡油，浇在西红柿上即可。

质量标准：颜色艳丽，汁晶荧亮，质地鲜嫩，味美清爽。

工艺关键：西红柿要烫得轻一些，如果过软将无法定形；海参、冬笋、鸡肉切丁，大小均匀。

清汤竹荪

竹荪又称竹笙，生长在秦岭以南的崇山竹林中。竹荪味道鲜美，口感嫩滑，清香宜人，为高级筵席上的名贵佳肴。

主　　料：竹荪 15 克。

配　　料：豆苗 100 克。

调　　料：精盐 2 克，料酒 20 克，味精 1.5 克，胡椒粉 0.5 克，清汤 1 000 克，香油 5 克。

烹饪技法：氽。

工艺流程：选料→漂洗→切配→焯水→氽制→调味→成菜。

制作方法：

（1）将干竹荪放入小盆内，用温水反复漂洗，洗去其表面附着物，再用温水浸泡 1 小时；选取豆苗嫩尖，用清水洗净备用。

（2）将泡发好的竹荪挤净水，平摊在砧板上，先切去网状的菌盖，再切去筒状的菌身底边，立刀将竹荪划开，切成长 4 厘米、宽 2 厘米的长方形片，再用清水反复漂洗，直至雪白。

（3）炒锅内上火，加入水烧开，将竹荪焯水，沥净水分倒入汤碗内；再将清汤烧开，撇去浮沫，加入精盐、味精、料酒、胡椒粉调味，冲入汤碗内，撒上豆苗，淋入香油即可。

质量标准：汤色清亮，竹荪色白，口感嫩滑，咸鲜清香。

工艺关键：竹荪一定要选用质地优良、色泽洁白、个头整齐的为原料。如竹荪色泽发褐或发黑，泡发时要反复漂洗。加工竹荪的刀口成形有多种方法：一种是将竹荪顶刀切成宽 1 厘米的圆圈状；另一种是将竹荪划开，切成大小一致的菱形块或三角块。若没有豌豆苗，可用青菜心、木耳菜等其他的叶菜类替代。

琥珀冬瓜

"琥珀冬瓜"是河南传统名菜。以冬瓜为主料，用白糖、熟猪油、糖色加清水靠制而成。此菜由宋代的"蜜煎冬瓜"演变而来，因色如琥珀，故而得名。豫菜烹饪大师苏永秀，制作此菜的独到之处，是把冬瓜雕刻成各式各样的水果状，以增强形态的美观。

主　　料：鲜冬瓜 2 500 克。
调　　料：白糖 500 克、糖色 10 克、熟猪油 25 克。
烹饪技法：靠。
工艺流程：冬瓜洗净→造型→焯水→靠制→调味→装盘。
制作方法：
（1）将冬瓜去皮去瓤，切成 1.5 厘米厚、4 厘米长方块，每块雕刻成鲜桃、石榴、佛手等水果形状。
（2）将冬瓜下入沸水锅内焯水，捞出摆在锅箅上，摆成圆形。
（3）炒锅置旺火上，加入清水 1 000 克、白糖，待溶化后撇去浮沫，再加入糖色、熟猪油，将摆好的
　　　冬瓜连锅箅一起放入锅内，用盘子扣住，汤沸后移小火上，靠至汁浓，冬瓜色泽杏黄时，用漏
　　　勺托住锅箅扣入盘内，原汁浇在冬瓜上即成。
质量标准：色如琥珀，糖汁光亮，形态美观，味道甜美，质地软绵。
工艺关键：加工冬瓜的各式形状力求大小均等，以便加热时成熟一致；使用锅箅的优点是菜肴形状
　　　整齐，可以避免原料粑锅；靠制用小火。

水晶山药球

　　"水晶山药球"是安徽名菜。淮山药又名淮山，是山药的一个品种，因产地而得名。既可
入药又可作蔬菜，中医认为山药热胃，具有健脾、厚肠胃、补肺、益肾的功效。山药蒸熟，
加糯米粉做外皮，糯性更足；包馅经过油炸而成为山药球，外皮金黄，馅心香甜润口，猪板
油丁受热后油光发亮，透明似水晶，故称为"水晶山药球"。

主　　料：山药 750 克。
配　　料：猪板油 150 克，炒制糯米粉 150 克，金橘饼 25 克，桂花 10 克，青红丝 10 克。
调　　料：白糖 200 克，芝麻油 1 000 克（约耗 100 克）。
烹饪技法：蒸、炸。
工艺流程：治净山药→蒸制→制泥→制馅→包制成形→炸制→装盘。
制作方法：
（1）山药洗净，蒸烂，去皮，制成泥，掺入炒米粉拌匀；猪板油洗净，去皮膜，制成泥，放入白糖、
　　　金橘饼、青红丝、桂花拌匀成馅心；山药泥分成 24 份，每份包上一份馅心，搓成圆球。
（2）炒锅置小火上，放入芝麻油，烧至 100℃时，将山药球逐个放入油锅，先用小火炸 10 分钟左右
　　　至浮起，再换用中火炸，并用炒勺轻轻压在山药球上回旋转动，待球炸至呈金黄色时，捞出装
　　　盘即成。
质量标准：外色金黄，晶莹剔透，外脆里软，香甜可口。
工艺关键：用山药制成的泥要细腻，掺入炒制的糯粉，添香增黏；馅心中加入猪板油，油炸后溶
　　　化，是成菜后晶莹剔透的主要原因；山药泥包入的馅心数量要均匀，搓成圆球时馅心
　　　要居中；炸制时，先用小火炸，使其内部成熟，然后提高油温，达到外脆、色黄、里
　　　软的效果。

蜜汁鲜桃

　　"蜜汁鲜桃"是河北名菜。主料选用河北深州蜜桃加糖熬制而成。河北深州蜜桃是我国鲜
桃之魁。个头硕大（每只 250 克左右），果形秀美，皮薄肉细，汁甜如蜜，是历代帝王享用
的贡品。《深州县志》记载：汉时"北国之桃，深州最佳"；"深州之桃，饶阳之绣，安平之
绢，皆一境之独胜也"。深州厨师取用蜜桃烹制"拔丝蜜桃"、"水晶桃"、"一品寿桃"等河
北风味菜肴，其中以"蜜汁鲜桃"为最佳。民间有"河北有三宝，冀南棉、深州桃、古原蘑
菇质量高"的谚语。

主　　料：鲜桃 1 000 克。

调　　料：白糖 200 克，山楂糕 30 克。

烹饪技法：蜜汁。

工艺流程：选料→洗净→切配→蜜汁→调味→成菜。

制作方法：

（1）将鲜桃洗净去皮、去核后，切成 4~6 块；山楂糕切成小丁。

（2）炒锅置小火上，放入水 300 克、白糖烧沸，撇去浮沫，下鲜桃块，用慢火熬至汁浓时，撒上山楂糕丁装盘即成。

质量标准：色泽雪白，味甜如蜜，浓香可口，质地软糯。

工艺关键：水与糖比例适当；采用小火将汁收浓，切忌火力过旺，否则原料不易入味，糖色颜色可能会变深，口味发苦，甜味不纯。

挂霜枣泥卷

"挂霜枣泥卷"是山西名菜。此菜选用山西著名的稷山红枣，用挂霜的方法制成。

主　　料：枣泥 75 克。

调　　料：白糖 125 克，蛋清 3 个，精白面粉 125 克，淀粉 75 克，猪板油 100 克，熟猪油 1 000 克（约耗 30 克）。

烹饪技法：挂霜。

工艺流程：选料→切配→制卷→炸制→挂霜→成菜。

制作方法：

（1）将猪板油切成长 6 厘米、宽 2 厘米、厚 0.33 厘米的薄片，每片板油放上一份枣泥为馅心，顺长卷成枣泥卷；面粉放碗中加入开水把面搅烫好，冷却后放入蛋清，加淀粉搅成糊状。

（2）炒锅上火，加入猪油烧至 120℃时，把枣泥卷逐个挂糊，下油锅炸制定形，捞出去掉毛刺，二次下 120℃油锅，炸至内透外焦，呈微黄色捞出。

（3）原锅上火，加白糖 75 克和水，用小火熬化，锅内先起糖沫，待糖熬至由沫子变成透明的大泡时（黄豆粒大的泡），把原料下锅颠翻均匀，使糖汁都挂在主料上时离火，轻翻两次出勺装盘（平盘）呈丘形，撒上白糖，围在枣泥卷四周即可。

质量标准：色泽如霜似雪，冰洁乳白，造型小巧，香甜可口，外焦内脆。

工艺关键：枣泥的加工方法是，取红枣 1 000 克洗净，破开去枣核，入笼蒸烂，过箩去皮留泥，加入香油 750 克上锅炒热，加入白糖 225 克炒沸，再加入面粉 100 克炒熟即可。挂霜是一种难度较大的烹饪技法，熬糖用小火顺一个方向搅动，注意锅内变化，待火候恰到好处时，立即下入主料翻动均匀，随着翻炒糖汁挂在主料上面，瞬间应变成雪白霜状，糖由液体变成固体。这时翻勺要轻，防止脱落。

冰糖湘莲

"冰糖湘莲"是一道甜品。以湘白莲加入冰糖蒸制而成。湘莲是湖南特产，自汉唐起就成为贡品。湘莲有红、白之分，其中白莲圆润洁白，粉糯清香。湖南各地有多种烹制湘莲的方法，以冰糖湘莲最受欢迎。

主　　料：湘白莲 200 克。

配　　料：鲜菠萝 50 克，罐头青豆 25 克，罐头樱桃 25 克，桂圆肉 25 克。

调　　料：冰糖 300 克。

烹饪技法：蒸。

工艺流程：选料→加工→蒸制→调味→成菜。

制作技法：

（1）将莲子去皮、去心，碗内加温水 150 克，上笼蒸烂。

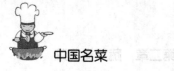

（2）桂圆肉用温水洗净，泡 5 分钟滗去水；鲜菠萝去皮，切成 1 厘米见方的丁。

（3）炒锅置中火上，下清水 500 克，加入冰糖，待冰糖完全溶化，用筛子滤去糖渣，再将冰糖水倒回锅内，加配料上火煮开。

（4）将蒸熟的莲子滗去水分，盛入大汤碗内，再将煮沸的冰糖水及配料一并倒入大汤碗。

质量标准：汤清莲白，味甜、清香、质糯。

工艺关键：蒸莲子时可加入 20 克熟猪油，蒸制后莲子的滋味更佳。

细沙八宝

"细沙八宝"是陕西著名的大众化宴席上的甜品。1989 年曾荣获国家商业部"金鼎奖"。传说商代末年，伯适、冲突等八位贤人投奔武王，号称"周八士"。"周八士"积极参与了消灭殷商的斗争。在庆功宴上，御厨用八种珍品合烹，上面浇有红似火的山楂汁，寓意"周八士火化殷纣王"，被后人称为八宝甜饭，继而演变成"细沙炒八宝"。此菜用江米、细豆沙和八种干果仁制成，不结团、不焦煳，口感香甜、软烂松散，营养丰富，四季皆宜。

主　料：江米 200 克，细豆沙 100 克。

配　料：去核红枣 30 克，核桃仁 20 克，青红丝 10 克，莲子 40 克，青梅 30 克，葡萄干 25 克，百合 20 克。

调　料：白糖 150 克，冰糖 25 克，花生油 125 克。

烹饪技法：煮、蒸、炒。

工艺流程：选料→初加工→煮制→定碗→蒸制→炒制→调味→成菜。

制作方法：

（1）把枣、葡萄干、核桃仁、青红丝、青梅、百合切成丁与莲子同放在抹过油的碗内拌匀。江米淘净，用开水煮至八成熟，倒入笊篱，滗净水后倒入碗中，加入冰糖、白糖、花生油搅拌，投入装有七种料的碗中，抹平抹光，上笼用旺火蒸熟取出，待用。

（2）炒锅上火，加入花生油烧至 120℃时，倒入蒸熟的八种原料，把豆沙加水 100 克拌成糊倒入锅内。用炒勺搅动，颠翻炒锅，加入白糖翻炒，并缓缓淋入清油，炒至起沙、软嫩、不结团、明亮光滑时，出锅装盘，撒上白糖即成。

质量标准：色泽明亮，软散松黏，适口甜香。

工艺关键：上笼蒸时要用旺火；炒制时要不停地翻炒搅动。

炸鲜奶

"炸鲜奶"是广东名菜。此菜选用鲜牛奶加入多种调味料，经煮、炸烹饪技法精制而成。其工艺流程细腻精巧，特色鲜明。

主　料：消毒鲜牛奶 500 克。

调　料：精盐 2.5 克，白糖 150 克，面粉 500 克，淀粉 250 克，蛋白 25 克，黄油 50 克，菠萝香汁 10 克，泡打粉 25 克，发酵粉 5 克，花生油 1 000 克（约耗 40 克），琼脂 10 克。

烹饪技法：煮、炸。

工艺流程：选料→煮制→入冰箱→切配→拍粉→上浆→炸制→成菜。

制作方法：

（1）将牛奶倒入锅中，锅上火，加入菠萝汁、黄油 50 克、白糖 50 克，烧沸后下 100 克水淀粉勾芡，用木铲顺一个方向搅动，待牛奶变稠后倒入刷黄油的方盒内，稍凉后，放入冰箱。

（2）将面粉 500 克、淀粉 50 克、发酵粉 5 克、泡打粉 50 克、精盐 2.5 克、蛋白 25 克、花生油 50 克、清水适量，搅拌均匀，制成脆浆。

（3）炒锅上火，下花生油烧至 160℃时，将牛奶坯切成菱形小块，先蘸上干淀粉，再挂脆浆，下油锅炸至金黄色捞出。

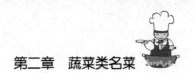

（4）将炸好的鲜奶装盘，撒上白糖即可上桌。

质量标准：外金黄、内洁白，外酥脆、内软嫩。

工艺关键：熬鲜奶要顺一个方向搅动；严格掌握水淀粉与鲜奶的比例，使奶坯软硬适中；将脆浆对好后，静止一会，才可使用；牛奶坯用手勺轻轻推动，避免粘连，使受热均匀，上色深浅一致，复炸使之外焦里嫩；琼脂 10 克，加入水蒸化，兑入奶浆搅匀，然后冷却定型，使奶胚质韧，便于改刀、挂糊，炸后琼脂溶化，鲜奶更显柔软。

玫瑰肉糕

"玫瑰肉糕"是贵州筵席甜菜名肴，是以蕨根加工成淀粉，加上其他原料精制而成。菜品入口绵软，口味香甜。

主　　料：蕨粉 400 克。

配　　料：熟肥肉 100 克，红糖 200 克，酥花生 25 克，核桃仁 25 克，熟芝麻 5 克，玫瑰糖 15 克。

烹饪技法：蜜汁。

工艺流程：选料→洗净→切配→蜜汁→组拼→成菜。

制作方法：

（1）将蕨粉放入盛器加入清水浸泡，除去杂质；熟肥肉切成小丁。

（2）炒锅上火，添少量清水，加入红砂糖熬化，下入泡发好的蕨粉、熟肥肉丁，翻炒至熟，呈深紫色。覆盖于花生、核桃、芝麻之上，趁热按平约 3 厘米厚，冷却后切成 3 厘米见方的块，装入盘中，撒上玫瑰糖即成。

质量标准：油润光亮，入口软绵，口味香甜。

工艺关键：蕨粉一定除净杂质；掌握好熬糖的火候。

八宝酿梨

"八宝酿梨"是四川历史悠久的传统名菜，选用苍溪雪梨，去皮、去蒂、去核，掏空，放入八种馅料，上笼蒸制而成。雪梨是沙梨的一种。四川金川、蓬溪盛产雪梨，闻名海内外。果实特大，呈倒圆锥形或葫芦形，皮色黄褐，果肉雪白，脆嫩汁多，清香味甜。其果汁含可溶性固形物 8.5%～10.7%，富有多种维生素，润肺止咳，老年人最喜食用。

主　　料：雪梨 4 个。

配　　料：净莲子 5 克，糯米 80 克，蜜樱桃 10 克，百合 15 克，蜜瓜条 10 克，苣仁 15 克，蜜橘饼 10 克，冰糖 150 克。

烹饪技法：酿。

工艺流程：选料→洗净→切配→蒸制→组拼→浇汁→成菜。

制作方法：

（1）将雪梨从蒂部切下长 1.5 厘米的一块作"盖子"，掏去梨核和部分梨瓤，削去梨皮，放入稀释后的明矾水内漂 5 分钟捞出，用清水冲洗净。

（2）将糯米、百合、苣仁、莲子分别洗净，上笼蒸熟。瓜条、橘饼、蜜樱桃（留 4 粒形整的备用）均切碎。冰糖 50 克捶碎。以上几种原料拌成八宝馅，放入梨腹中，盖上梨盖，放于蒸碗中上笼用旺火蒸约 1 小时。去掉梨盖，沥去汤汁，将梨翻扣在盘中。将蜜樱桃分别安摆在梨子的脐部。冰糖熬成糖汁，浇在雪梨上即成。

质量标准：色泽美观，甜润爽口。

工艺关键：加工雪梨，要保持梨形完整，若用作药膳，雪梨不可去皮。旺火气足，一次蒸熟，现蒸现吃，亦可晾凉，入冰箱保鲜，随吃随取。

炸酿枣卷

"炸酿枣卷"是福建传统风味菜肴。红枣，闽南民间视为吉祥菜品，"炸酿枣卷"多用于喜庆筵席。颜色红黄，皮香酥脆，馅软甜润，枣香沁脾。

主　　料：红枣150克。
配　　料：鸭蛋1个，猪肥膘肉125克，面粉25克，豆腐皮4张。
调　　料：熟猪油500克（约耗75克），香菜10克，白糖150克。
烹饪技法：炸。
工艺流程：选料→切配→制馅→制糊→卷制→炸制→成菜。
制作方法：
（1）将猪肥膘肉洗净，下入沸水锅余一下捞出，切成小丁；红枣洗净去核，切成小丁，加上白糖与猪肥膘丁，搅拌成馅料，鸭蛋磕在碗里打散，加入面粉搅拌成糊。
（2）将馅料分成10等份，梳理成粗细一致的条状，分别用豆腐皮卷制成"枣卷"，每卷边缘均用蛋面糊粘牢。
（3）炒锅置旺火，下入熟猪油烧至160℃，将枣卷下锅炸8分钟，捞出沥油；再切成小块装盘，香菜择洗干净，镶配盘边即成。
质量标准：颜色红黄，皮香酥脆，馅软甜润，枣香沁脾。
工艺关键：炸枣卷，旺火热油定形，中火温油炸透，改旺火复炸上色。

红袍莲子

"红袍莲子"是豫菜筵席甜菜名肴。将莲子逐个塞入红枣内，整齐地竖直排列在碗内，上笼蒸熟，浇汁而成。

主　　料：大红枣200克，水发莲子100克。
配　　料：橘子瓣100克，红樱桃25克。
调　　料：白糖150克，猪油50克。
烹饪技法：蒸。
工艺流程：选料→切配→蒸制→浇汁→成菜。
制作方法：
（1）红枣洗净，截去两头，将枣核捅出，再把红枣放入50℃的温水中浸泡30分钟，捞出后用刀在枣的中间横切一刀，但不要切断。
（2）将初步加工过的莲子装在碗中，加入适量清水和25克猪油，上笼蒸熟，取出滗去水。
（3）取净碗一个，用猪油10克将碗的内壁抹匀；将莲子逐个塞入红枣内，整齐地竖直排列在碗内，与碗口排平，将白糖50克撒在红枣上，用一张麻纸将碗盖住，上笼蒸15分钟，取出揭掉麻纸，扣在圆盘的中心处，红樱桃、橘子瓣排放在红枣周围。
（4）将蒸红枣的汁滗入炒锅内，放中火上，加入白糖100克、猪油15克，加热待汁浓发亮时起锅，浇在红袍莲子上即成。
质量标准：浓甜适口。
工艺关键：红枣大小要均匀，将莲子逐个塞入红枣内，整齐地竖直排列在碗内，与碗口齐平。

桂花糯米藕

"桂花糯米藕"是江南的传统菜式，菜品色泽红亮，油润香甜。

主　　料：莲藕1000克。

配　　　料：糯米 200 克，网油 2 块。
调　　　料：冰糖 100 克，桂花糖 20 克，蜂蜜 30 毫升，白糖 100 克。
烹饪技法：煮。
工艺流程：选料→切配加工→煮制→蒸制→成菜。
制作方法：
（1）将莲藕洗净，切去一端藕节（藕节留着待用），使莲藕孔露出，再将孔内泥沙洗净，沥干水分，冰糖砸碎待用。
（2）糯米淘洗干净，晾干水分，从莲藕的切口处把糯米灌入，用竹筷子将末端塞紧，然后在切开处将切下的藕节合上，再用小竹签扎紧，以防漏米。
（3）用沙锅（切勿用铁锅，否则会影响质量）摆入灌好米的莲藕，再放入清水，以水没过莲藕为限，在旺火上烧开后转用小火煮制，待莲藕煮到半熟时，加入少许碱面继续煮制，至莲藕变为红色时，取出晾凉。
（4）用一扣碗垫放网油一块，将莲藕削去外皮，切去两头部分，切成 1.5 厘米厚的圆饼扣入碗内，放入白糖、冰糖、蜂蜜、桂花糖，盖上网油上笼蒸制，至冰糖完全溶化时取出，去掉网油渣和桂花渣，翻扣在盘内，然后再去掉面上的网油渣即成。
质量标准：色泽红亮，油润香甜。
工艺关键：填装莲藕时不要填得太实，因为加热会使米熟后膨胀。

夹沙苹果

"夹沙苹果"是湖南风味甜品菜肴，苹果经过加工后，夹入豆沙馅，裹上雪花糊，经过炸制后呈金黄色、酥脆香甜。

主　　　料：苹果 750 克，绿豆 90 克。
辅　　　料：鸡蛋 300 克。
调　　　料：花生油 130 克，白糖 100 克，淀粉（豌豆）25 克，小麦面粉 25 克，赤砂糖 80 克。
烹饪技法：酥炸。
制作方法：
（1）将苹果削去皮后切成两半，剔去中间的籽，切两刀，有一刀相连，每片切 2 毫米厚的片，用盘装上，撒上干淀粉（使每片都蘸上干淀粉）。
（2）将绿豆用开水烫泡后去皮，晾干磨粉、蒸熟，加上熬化的红糖和花生油 30 克揉匀即成。把豆沙馅搓成条，夹入苹果片内。
（3）鸡蛋去黄用清，用筷子打起发泡，加上适量的面粉和干淀粉，调制成雪花糊。
（4）炒锅上火，加入花生油烧至 120℃时，将锅端离火口，将苹果夹逐个裹上雪花糊，下入油锅炸制，锅回放火上，待苹果夹炸至表面凝固时捞出沥油（如此炸完为止）。
（5）食用时，再将花生油烧至 150℃，下入苹果夹，复炸呈金黄色时捞出，装入盘内，撒上糖粉即成。
质量标准：色彩美观，酥脆香甜。
工艺关键：糖粉应选用粉红色糖粉；苹果选用脆性的为宜。

诗礼银杏

"诗礼银杏"是孔府宴中名菜之一。相传，春秋末期的思想家、教育家孔子的府中设有诗礼堂，也是孔子教其子孔鲤学诗习礼的地方。《孔府档案》记载，孔子教其子孔鲤学诗习礼时曰"不学诗，无以言；不学礼，无以立"，事后传为美谈，其后裔自称"诗礼"世家。至第五十三代衍圣公孔治，建造诗礼堂，以表敬意。堂前有银杏树两株，苍劲挺拔，果实丰硕。孔府宴中的银杏，即取此树之果，故名"诗礼银杏"。

主　　　料：白果 500 克。

调　　料：猪油 20 克，白糖 200 克，蜂蜜 30 克，桂花酱 5 克。

烹饪技法：蜜汁。

工艺流程：白果去壳→去皮→煮酥→制蜜汁→装盘。

制作方法：

（1）将白果去壳，用碱水泡一下去皮，再入沸水锅中焯水，去除苦味，再入锅煮酥取出。

（2）炒锅置火上，下猪油烧热，加入白糖，炒制银红色时，加入清水 150 克、蜂蜜、桂花酱，倒入白果加热至汁浓，淋上猪油，装入汤盘中即成。

质量标准：色如琥珀，清新淡鲜，清香甜美，柔韧筋道。

工艺关键：白果必须去皮煮至柔软；烹制时注意火候，既要汤汁浓厚，同时又要避免产生焦苦异味。

复习与思考

一、填空题

1．猴头又名猴头菌、刺猬菌、山伏菌，曾被誉为"八珍"之一。新鲜的为_____，干后为_____。

2．"红焖猴头"是山西名菜，以山西特产_____为主料制成。

3．明代，松茸就被视为佳品，我国民间素有"海里鲥鱼籽，地上好松茸"的说法。茸蘑系白蘑科植物_____的子实体。

4．"香酥菜卷"是黑龙江名菜。此菜选择_____韭菜为主要原料。

5．人参是_____特产，素有东北"三宝"之称。

6．台蘑是_____的珍贵特产，因形如"金钱"而得名。

7．冬笋又名笋、毛笋、竹芽、竹萌，为禾本科植物，主要生长于湖南、湖北、江西、浙江、徽州等地。它的地下茎称为"_____"，冬笋是在冬天笋尚未出土时挖掘，其质量_____；春笋则是在春天笋已出土时挖掘，其质量_____。

8．蒲菜生于水泽中，即水生植物蒲草的嫩茎和芽。食蒲菜始于_____，盛于_____夏初。

9．天津饮食业对刚上市的胎菜俗称为_____。

10．"炒素蟹粉"是上海名菜。选用_____、胡萝卜、_____等原料，经过多种加工合炒而成，因其口味类似炒蟹粉，口感与形状又接近蟹粉而得名。

11．"鼎湖上素"是广州"菜根香素菜馆"的名菜。始于清末，原是鼎湖_____的素斋菜。

12．"牡丹燕菜"原名"洛阳燕菜"，也称"_____"，是豫西地方特色名菜。

13．"开水白菜"是四川传统名菜。由原川菜名厨_____在清宫御膳房所创制。

14．"云南鸡枞"是云南名菜。鸡枞以昆明市_____所产品质最佳。鸡枞菌与众不同，出土一两天呈伞状，形似鸡腿，故名鸡枞。

15．竹荪又称竹笙，生长在_____的崇山竹林中。竹荪味道鲜美，口感嫩滑，清香宜人，为高级筵席上的名贵佳肴。

16．"干煸冬笋"是_____传统名菜。成菜鲜嫩清香，回味悠长，别具风味。

17．"奉化芋艿头"是_____名菜，被称为"秋补素食一宝"。

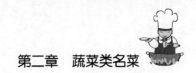

18．"琥珀冬瓜"是河南传统名菜。以冬瓜为主料，用_____、_____、糖色加清水靠制而成。此菜由宋代的"_____"演变而来，因色如琥珀而得名。

19．"水晶山药球"是_____名菜。烹饪技法为_____、_____。

20．"挂霜枣泥卷"是山西名菜。此菜选用山西著名的稷山红枣，用_____的方法制成。

21．"蜜三果"是山东传统名菜。菜品选用_____、_____、_____三种原料。

22．"炸鲜奶"是广东名菜。此菜选用鲜牛奶加入多种调味料，经过_____、_____烹饪技法精制而成。其工艺流程细腻精巧、特色鲜明。

23．"玫瑰肉糕"是贵州筵席甜菜名肴，以_____加工成淀粉，加上其他原料精制而成。菜品入口软绵、口味香甜。

24．"桂花糯米藕"是江南的传统菜式，菜品_____，_____。

25．"夹沙苹果"是湖南风味甜品菜肴，苹果经过加工后，夹入豆沙馅，裹上_____，经炸制后，呈金黄色、酥脆香甜。

二、简答题

1．简述菜肴"花素鱼翅"中黄花菜的加工方法。
2．"酥菜卷"的工艺流程及质量标准是什么？
3．简述"白扒猴头"的制作方法。
4．"烩松茸"的工艺关键是什么？
5．"奶汁炖蒲菜"的质量标准是什么？
6．"鼎湖上素"所用原料有哪些？
7．"罗汉全斋"所用原料有哪些？
8．"炸鲜奶"的质量标准是什么？
9．"琥珀冬瓜"的工艺关键是什么？

第三章　水产类名菜（一）

学习任务和目标

- 学习海鲜类名菜，查阅不同名菜所用主料、配料、调料的产地，能够鉴定其品质的优劣并加以合理运用。
- 了解不同地方名菜的工艺流程、制作方法的差异性，掌握名菜制作的工艺、制作的难点，提高分析问题和解决问题的能力。

扒原壳鲍鱼

鲍鱼，亦称鳆鱼，为海产腹足纲软体动物，含有丰富的蛋白质，是名贵的海产珍品。扒原壳鲍鱼，是山东青岛沿海的一道名菜。此菜将鲍鱼肉制熟后，又分别盛在各个原来的壳内，它的造型美观，是一种造型和盛器双重配合的杰作，原壳原味，面目一新。

主　　料：带壳鲜鲍鱼 12 个。
配　　料：净鱼肉 200 克，火腿肉 25 克，鸡蛋清 2 个，冬笋 25 克，熟青豆 24 粒，湿淀粉 100 克。
调　　料：绍酒 15 克，味精 3 克，葱姜末各 2 克，精盐 25 克，鸡油 25 克，清汤 500 克。
烹饪技法：蒸。
工艺流程：选料→洗净→煮制→蒸制→调味→成菜。
制作方法：
（1）将带壳鲍鱼洗净，放入沸水中稍煮，然后捞出把肉挖出来，片成 0.16 厘米厚的片。冬笋、火腿肉均切成长 3 厘米、宽 1.2 厘米、厚 0.16 厘米的片。
（2）鱼肉洗净剁成泥，放入碗内，加湿淀粉、绍酒、味精、精盐、鸡蛋清、葱姜末，搅拌均匀，倒在大平盘内摊平。
（3）将鲍鱼壳放在含碱 5% 的沸水中，用毛刷或草根刷子刷洗干净，再入开水煮过捞出控干水。
（4）将洗净的鲍鱼壳口朝上，整齐地摆在大平盘上，让其站住坐稳，上笼蒸 5 分钟取出。
（5）炒不内倒入清汤，加精盐、绍酒、火腿、冬笋、青豆。鲍鱼片烧沸撇去浮沫，用漏勺捞出，平放在鲍鱼壳内，锅内汤用湿淀粉勾芡，淋上鸡油，浇在鲍鱼上即成。
质量标准：鲍鱼肉质细嫩，味道鲜美，透明油亮。
工艺关键：沸水煮鲍鱼时，煮的时间不能过长。鲍鱼壳要刷洗干净，不能带有杂质和鲍肉。勾芡时，芡汁要透明，一般以米汤芡。

菊花海参扒鱼翅

"菊花海参扒鱼翅"是河南名菜。此菜是在传统菜肴"扒两样"的基础上改进而成的。开

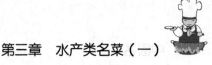

封菊花自宋代以来已闻名于世，故有"菊城"之称。开封商业烹调技校特级烹调师孙世增运用刀工和涨发的技巧，使海参自然卷曲，酷似墨菊，几可乱真。

主　　料：水发鱼翅1 000克，水发刺参10条。
配　　料：菜心5棵，生鸡腿4只。
调　　料：精盐5克，味精3克，绍酒25克，姜汁5克，葱25克，姜25克，高级清汤1 000克，熟猪油150克。
烹饪技法：汆、扒。
工艺流程：选料→切配→汆制→蒸制→扒制→调味→成菜。
制作方法：
（1）将发好的海参一端片去1/3的参肉，然后顺长加工成细条（使另一端相连），再用开水泡发，成为自然的菊花形。鸡腿用热清汤汆透。
（2）炒锅内放高级清汤500克，加入精盐2克，味精1克，绍酒10克，旺火烧开，分别放入水发鱼翅、菊花海参，汆透捞出。
（3）鱼翅放入盆内，加入拍碎的葱姜及鸡腿，添入高级清汤500克，放入精盐3克，味精2克，绍酒15克，姜汁5克，上笼蒸透入味取出，将鱼翅整齐地铺在锅垫上，菊花海参放在上面，用盘压住。
（4）炒锅内下熟猪油，旺火烧热，再添入蒸鱼翅时的原汁汤，将铺好的鱼翅海参带锅垫放入扒制，至汁浓入味，将鱼翅翻扣入盘内，把菊花海参摆放在四周，并以菜心围边。将剩余汤汁用旺火烧浓，调整口味后，浇在上面即成。
质量标准：成菜褐、白两色相烘托，明快醒目，引人食欲。
工艺关键：鱼翅、海参的涨发程度要符合制作菜肴的标准，其涨发优劣影响成菜质量；海参一定要汆透，鱼翅要上笼蒸制，然后摆入锅垫扒制。

组庵鱼翅

"组庵鱼翅"是湖南菜组庵派传统名菜之一。谭延闿曾任湖南督军兼省长、国民政府主席，对饮食之道颇精，其家宴菜在当时很有影响。"组庵鱼翅"由其家厨曹敬臣所创，因制法、风味独特，在湖南颇负盛名，也是高级宴会上的常备佳肴。

主　　料：水发鱼翅2 000克。
配　　料：干贝50克，肥母鸡肉1 500克，猪肘肉1 000克。
调　　料：精盐7克，味精2.5克，胡椒粉1克，绍酒150克，葱结10克，姜片30克，熟鸡油25克。
烹饪技法：汆、煨。
工艺流程：选料→冷水下锅烧两次→入砂锅拼摆→调味→煨制→浇汁→撒胡椒粉→成菜。
制作方法：
（1）将鱼翅下冷水锅，烧开2分钟，再用冷水洗2次，从中撕开；母鸡肉、猪肘肉各切成几大块；干贝瓣去边上老筋，洗净后上笼蒸发，留汤待用。
（2）取沙锅1只，用竹算垫底，铺上猪肘肉、葱结、姜片，放入用白稀纱布包好的鱼翅、鸡块，再加入干贝汤、绍酒、精盐、清水（1 500克），加盖在旺火上烧开，再移至小火上煨约4小时，直至鱼翅软烂。然后离火拣去鸡肉、肘肉和葱、姜，将鱼翅从纱布中取出，摆在大窝盘中。
（3）炒锅置旺火上，放入熟鸡油烧热，倒入砂锅内的原汤，放入味精，烧开成浓汁，浇在鱼翅上，撒上胡椒粉即成。
质量标准：色泽晶莹明亮，翅形完整；味咸鲜，香醇，软糯柔滑。
工艺关键：鱼翅下冷水锅烧制两次，再用冷水洗涤，其目的是去尽腥味；选用砂锅作为传热介质烹制此菜，其方法传统，滋味醇厚；干贝汤在此菜中，起增鲜作用。

扒三丝底鱼翅

"扒三丝底鱼翅"是东北传统名菜。鱼翅胶质丰富、清爽软滑，是一种高蛋白、低糖、低

脂肪的高级食品。鱼翅含降血脂、抗动脉硬化及抗凝成分，对心血管系统疾患有防治功效；鱼翅含有丰富的胶原蛋白，有利于滋养、柔嫩皮肤黏膜，是很好的美容食品。鱼翅味甘、咸，性平，开胃进食，清痰，消淤积，补五脏，长腰力，益虚痨。

主　　料：干鱼翅 100 克，鸡脯肉 100 克，猪瘦肉 100 克，海参 100 克。
配　　料：火腿 15 克，玉兰片 25 克，鸡腿 200 克，肥猪肉 100 克。
调　　料：精盐 5 克，绍酒 15 克，酱油 30 克，味精 2 克，小葱 10 克，辣椒油 5 克，姜 5 克，花椒 5 克，鸡蛋清 25 克，淀粉 30 克，植物油 30 克。
烹饪技法：扒。
工艺流程：选料→治净→泡发鱼翅→蒸制→扒制→调味→勾芡→装盘。
制作方法：
（1）熟火腿、海参洗净切丝；玉兰片泡发洗净切成长 5 厘米、粗 0.33 厘米丝；猪瘦肉切长 5 厘米、粗 0.5 厘米丝；鸡肉切成长 5 厘米、粗 0.5 厘米丝；葱姜洗净，姜切片，葱切段。
（2）鱼翅泡发，治净，装碗内，加葱、姜、花椒、鸡腿、肥肉和汤，上笼屉蒸 1 小时左右取出，拣出葱、姜、花椒、鸡腿、肥肉，滗净汤；将海参、玉兰片用沸水一烫捞出，控净水。
（3）用蛋清、水淀粉、精盐调浆，将猪肉丝、鸡肉丝上浆。
（4）起锅上火，加油烧至 120℃，将猪肉丝、鸡肉丝投入油中滑嫩，待浮起倒出，控净油。
（5）另起锅上火，加油烧热，加猪肉、鸡肉、绍酒、酱油、汤、味精、汤沸，调好口味，用水淀粉勾汁，淋明油，盛碗内；再起锅加汤、调料、汤沸，清除浮沫，调好口味，用水淀粉勾汁，加明油，将一部分浇在三丝底上，用筷子挑动一下，使其渗入其中，扣入盘内。
（6）再将剩余汤汁浇在翅面上，撒上火腿丝即成。
质量标准：明汁亮芡，软嫩可口，咸鲜味浓。
工艺关键：保持鸡肉、瘦肉的洁白，不可污染；煸炒三丝时，勾芡稍浓或使用熘汁。

黄焖鱼翅

"黄焖鱼翅"是著名"谭家菜"的代表之一。清末官僚谭宗浚一生喜食珍馐美味，其子谭瑑青更加讲究饮食。谭瑑青的夫人及女儿谭令茹和家厨兼取各菜之长，在烹调上精益求精，逐渐形成了独特的"谭家菜"，北京名厨彭长海的高徒陈玉亮在 1983 年全国名厨师技术表演鉴定会上，以此菜赢得了广泛赞誉，并获得全国最佳厨师的荣誉称号。

主　　料：水发鱼翅 1 750 克。
配　　料：鸭子 750 克，老母鸡 3 000 克，干贝 25 克，熟火腿 250 克。
调　　料：精盐 15 克，白糖 15 克，绍酒 25 克，葱段 250 克，姜块 50 克。

烹饪技法：黄焖。
工艺流程：选料→洗净→漂洗→熟处理→配制→焖制→调味→成菜。
制作方法：
（1）将鸡、鸭治净，用开水煮透捞出；熟火腿 25 克切细末，干贝去掉硬筋，洗去泥沙，放入小碗内加适量的水上笼蒸烂，将干贝汤滗出备用。
（2）将鱼翅洗净，平码在竹箅上，取一白搪瓷桶，在桶底摆上用两副竹筷子绑成的井字架，上面再垫上一层竹箅子，把鱼翅放在竹箅子上，加清水，用旺火烧开，改用微火煮 2～3 分钟，滗掉水，如此反复两次，再加清水、葱段、姜块，用旺火烧开，改微火煮 4～5 分钟，将水滗掉。
（3）将鸡、鸭及余下的熟火腿码在竹箅子上，再平放在桶内鱼翅上，加清水，上火烧开，撇净浮沫，再放入葱姜块，盖上桶盖，先用旺火烧 15 分钟，再改用微火焖，约焖 6 小时后，取出鸡、鸭、火腿，将桶内的汤滗入炒锅内，再加入蒸好的干贝汤，将炒锅置火上，下精盐、白糖、绍酒，再将鱼翅放入锅内焖 4～5 分钟，取出鱼翅，翻扣在盘内，收稠汤汁，浇在鱼翅上，再将火腿末撒上。
质量标准：色泽金黄透亮，形态完整美观，味鲜美而醇厚，质地柔软糯滑。

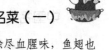

工艺关键：应选用质量上乘的吕宋黄鱼翅（产地菲律宾）；用鸡、鸭来提鲜，要除尽血腥味，鱼翅也要除尽腥味，以使菜肴味道纯正；保持鱼翅的形态完整；需用小火慢慢焖制，以达到汁浓、味厚、质地软糯的品质。

白扒鱼翅

　　"白扒"是豫菜的传统烹饪技法之一。早在清乾隆年间就与闽菜的"红扒"齐名且蜚声于世，号称"南北二扒"。豫菜中的"扒"是将原料整齐地摆放在锅垫上，利用奶汤重油，进行较长时间的火工处理，使汤与油完全融合，被原料充分吸收，以达到"用油不见油"的特殊要求。河南菜有"扒菜不勾芡，功到自然黏"的烹制口诀，可见准确运用火功是制作这类菜肴的关键。开封宋都宾馆特级烹调师陈景和制作的"白扒鱼翅"具有独到之处。

主　　料：水发鱼翅1 000克。
配　　料：菜心100克，水发冬菇50克，火腿50克，净冬笋50克，熟鸡腿2个，熟猪肘肉500克。
调　　料：精盐3克，绍酒2克，味精1克，姜汁5克，奶汤500克，熟猪油200克。
烹饪技法：氽、扒。
工艺流程：选料→加工→氽制→扒制→调味→成菜。
制作技法：
（1）把发好的鱼翅撕成十几根翅针连在一起的大块，用头汤氽去腥味，把锅垫放在10寸盘上，将冬菇、冬笋、火腿切成2毫米厚的片，对称均匀地铺在锅垫上；再把鱼翅翅针向外、均匀地铺在上面；然后再将氽好的鸡腿、肘肉放在鱼翅上面。
（2）炒锅置火上，放入熟猪油200克、奶汤500克、精盐1克、绍酒1克、姜汁2克，将铺好的鱼翅放入，用盘扣住，旺火扒10分钟，改用小火扒至入味，拣去鸡腿、肘肉，用漏勺托住锅垫，扣入扒盘内。
（3）将精盐2克、绍酒1克、姜汁3克、味精1克放入炒锅中，用旺火收汁。扒盘周围放上菜心，将收好的汁浇在扒盘内鱼翅上即成。
质量标准：汤汁浓白，质厚味醇，适口不腻。
工艺关键：氽制鱼翅时，应视鱼翅腥味程度，用头汤可反复氽1～3次；在锅垫上拼摆冬菇、冬笋、火腿、鱼翅、鸡腿、肘肉是扒菜的基本功，其摆放形状的优劣决定菜品成熟后的形态；先用旺火扒制，再转至小火扒至入味是烹制此菜的关键所在；使用锅垫的优点，一是防止原料粑锅，二是菜肴形状完整；"扒菜不勾芡，功到自然黏"，"功"指火候的掌控。

红炖鱼翅

　　"红炖鱼翅"是广东名菜。涨发鱼翅的过程是，先将鱼翅的翅尾用剪刀剪掉3毫米，用清水浸6个小时，入沸水慢火煲至翅皮的沙能洗得出为度。把鱼翅连原水倾倒于盆中浸泡，待水冷至可以下手时用小刀刮洗干净。再入沸水慢火煲至可以脱骨为度。把鱼翅捞起落清水中浸泡，然后拆去鱼翅的硬软骨和翅脚的皮肉等。鱼翅再次入沸水滚过后捞起入盆漂凉，用清水浸泡，12小时后把鱼翅再入沸水滚过，再漂凉，再浸漂于清水中，而后再滚、再漂、再浸泡。在涨发鱼翅整个过程中需要2～3天的时间，这样才能使鱼翅本身有足够的水分和去净臭腥味。

主　　料：洗净翅针1 000克。
配　　料：净老母鸡1 250克，花肉750克，银针100克，排骨500克，火腿丝25克，猪手750克，火腿脚50克，猪皮250克。
调　　料：精盐20克，绍酒100克，生葱20克，生姜50克，酱油30克，糖色5克，胡椒粉1克，

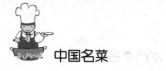

味精 10 克，香菜 50 克，上汤 1 000 克，二汤 3 000 克，麻油 10 克，浙醋 2 小碟。

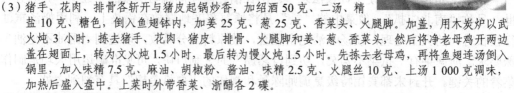

烹饪技法：炖。

工艺流程：选料→治净→煮制→入钵→炖制→调味→成菜。

制作方法：

（1）用炖钵（瓦铛）先落竹筷，加竹箅垫底使用。

（2）用锅下沸水 2 500 克，加入绍酒 50 克、精盐 10 克、姜 20 克、葱 25 克，投入翅针一起滚 5 分钟，拣去葱、姜，把翅捞起装入炖钵内。

（3）猪手、花肉、排骨各斩开与猪皮起锅炒香，加绍酒 50 克、二汤、精盐 10 克、糖色，倒入鱼翅钵内，加姜 25 克、葱 25 克、香菜头、火腿脚。加盖，用木炭炉以武火炖 3 小时，拣去猪手、花肉、猪皮、排骨、火腿脚和姜、葱、香菜头，然后将净老母鸡开两边盖在翅面上，转为文火炖 1.5 小时，最后转为慢火炖 1.5 小时。先拣去老母鸡，再将鱼翅连汤倒入锅里，加入味精 7.5 克、麻油、胡椒粉、酱油、味精 2.5 克、火腿丝、上汤 1 000 克调味，加热后盛入盘中。上菜时外带香菜、浙醋各 2 碟。

质量标准：翅针软滑，香味浓郁。

工艺关键："红炖鱼翅"需要炖制 6 个小时分为三个阶段：前 3 小时武火，是因鱼翅胶质不浓；中 1.5 小时文火，是因鱼翅开始有胶质；后 1.5 小时火力更弱，是因鱼翅胶质大，将近收汁，保持火路似滚似不滚的状态，这样才能保证既够火，又不烧焦；在最后炖鱼翅时，还必须经过一次捞、肃，即即用沸水把翅再滚过（即为捞），然后用少量沸水，加入绍酒、酱油、姜、葱与鱼翅同滚一下（即为肃）。

干烧鱼翅

　　"干烧鱼翅"是四川名菜。采用传统技法"干烧"而成。中国人吃鱼翅的历史，可追溯到明朝。鱼翅是用鲨鱼的鳍干制成的一种名贵海味。按鱼鳍的部位可分为：背鳍、胸鳍、腹鳍、臀鳍、尾鳍，其特点是鱼翅针颜色金黄、明亮、软糯、富于韧性，含有胶质，味清淡、醇厚。鱼翅蛋白质含量很高，可达 83.5%，还含有丰富的矿物质等，为海味珍品。食用时经水煮、泡、焖加工后，最宜扒、烧。

主　　料：水发鱼翅 500 克。

配　　料：菜心 120 克，肥母鸡肉 700 克，火腿 80 克，猪肘 650 克。

调　　料：川盐 4 克，绍酒 100 克，味精 2 克，姜 100 克，葱白段 100 克，芝麻油 20 克，鸡汤 3 000 克，猪化油 100 克，糖色 5 克。

烹饪技法：煮、干烧。

工艺流程：选料→涨发→煮制→干烧→调味→成菜。

制作方法：

（1）鱼翅涨发后，去尽杂质、子骨等，放入锅内，加鸡汤、绍酒，用小火煮 10 分钟捞出，用纱布包上。

（2）将母鸡肉斩成块；猪肘刮洗干净，剖开切成块；火腿切成厚片，放入罐内，再加绍酒、川盐、姜、葱、糖色，下鱼翅包在旺火略烧，再移小火上靠，待靠至翅熟软、汤汁浓稠时提起鱼翅包，解开。

（3）菜心炒断生，盛入大圆凹盘内，将鱼翅放在炒熟的菜心上。随即将鱼翅的原汁用旺火收浓，加入味精、芝麻油浇于鱼翅上即成。

质量标准：色深黄，翅针明亮，柔软爽口，汁稠味浓。

工艺关键：烧鱼翅的汤汁要适量；自然收汁，不能勾芡。

扒海羊

　　"扒海羊"是清真传统名菜。"海"是海八珍的鱼翅，"羊"是羊的头、蹄、下水等，俗称

"羊八件"。"海"、"羊"同烹，是清真饭馆的独创，别具一格。此菜是清真高档筵席上的主菜，有"清真第一大菜"之美誉，菜品颜色金黄，鱼翅软烂，羊八件烹烂味鲜，辛香汁浓，营养丰富，不腥不膻。

主　　料：水发鱼翅 500 克。

配　　料：熟羊肚葫芦头 75 克，熟羊蹄筋 75 克，熟羊脊髓 75 克，熟羊散丹 75 克，熟羊肚板 75 克，熟羊脑 75 克，熟羊肚蘑菇头 75 克，熟羊眼 75 克，香菜段 50 克。

调　　料：酱油 100 克，糖色 15 克，绍酒 25 克，葱段 15 克，姜片 5 克，蒜片 5 克，八角 1 克，味精 5 克，湿淀粉 75 克，鸡鸭汤 500 克，熟鸡油 110 克。

烹饪技法：蒸、煨。

工艺流程：选择鱼翅→治净→蒸制→整形→煨制→调味→勾芡→成菜。

制作方法：

（1）水发鱼翅放大碗内，加入清水，上笼用旺火蒸约 2～3 小时。取出后，用开水烫去腥味，再放入凉水盆内，把鱼翅整理成扇面形，捞出挤去水，翅面朝下，放在盘子里，放入砂锅内加入鸡鸭汤，煨制 3～4 小时，待用。

（2）将熟羊脊髓和熟羊蹄筋均切成长 3.3 厘米的段；熟羊眼睛切成厚 0.17 厘米的片；熟羊脑切成厚 0.33 厘米的片；熟羊散丹、熟羊肚板、熟羊肚葫芦和熟羊肚蘑菇头，均切成长 3.3 厘米、宽 1 厘米的斜块，将以上原料用开水烫过捞出。

（3）炒锅置旺火上，加熟鸡油 50 克烧至 160℃，放入葱段、姜片、蒜片、八角炸一下，等葱段稍微变成黄色时，再倒入绍酒、鸡鸭汤烧开，捞出葱段、姜片、蒜片、八角不用，并舀出一半汤放在另一锅内待用。把以上加工过的羊肚等原料一并放入炒锅内，加入酱油 50 克、糖色 5 克，烧至汤开，改微火煨制 10 分钟。然后，放入味精 2 克，用湿淀粉 30 克调稀勾芡，再淋上熟鸡油 20 克，颠翻一下，倒在盘里垫底。

（4）将另一只盛汤的炒锅用旺火烧开，把鱼翅慢慢从盘子里推入炒锅内，加入酱油 50 克、糖色 10 克，等汤再烧开后煨制 10 分钟。然后，放入味精 2 克并晃动炒锅，用湿淀粉 40 克调稀后勾芡。接着，把熟鸡油 20 克淋在四周，颠翻一下，使翅面朝上，再淋上熟鸡油 20 克，覆盖在羊肚等上面，旁边点缀香菜段即成。

质量标准：菜品美观厚实，扒鱼翅丝金黄，整齐如梳，羊八件醇烂味厚，营养丰富，有很强的滋补作用。

工艺关键：鱼翅放大碗中，加入清水，水要没过鱼翅；鸡鸭油即是将煮鸡鸭的汤锅中浮油撇出，上笼蒸一下，使油与水、杂沫分离，然后，将鸡鸭油放勺中烧熟，加花椒、葱丝、姜丝炸出香味，捞净澄清即可，鸡鸭油有醇厚的本味，清真馆常用作海味菜的明油；鱼翅从盘里推入炒锅，注意不要弄散。

大葱烧海参

"大葱烧海参"是山东名菜。海参又名刺参、海男子、土肉、海鼠、海瓜皮，是一种名贵海产动物，因补益作用类似人参而得名。我国所产的海参中以刺参、乌参、乌元参、梅花参等经济价值较高。海参始见载于三国吴沈莹所撰《临海水土异物志》。元代贾铭《饮食须知》记载："海参味甘咸，性寒滑，患泄泻痢下者勿食。"明代《五杂俎》记载："海参，辽东海滨有之，一名海男子……其性温补，足敌人参，故名海参。"清代《随园食单》中记载："海参无味之物，沙多气腥，最难讨好，然天性浓重，断不可以清汤煨也。"这说明了对海参增味的必要性，并指出了加工方法。《食宪鸿秘》则介绍了糟、酱两种食法。以后记载渐多，如《闽小记》、《本草从新》、《调疾饮食辩》、《清稗类钞》、《调鼎集》等均有所记载。清代后期将海参收入"八珍"之中，列为筵上珍品。海参选用山东沿海盛产的刺参入馔，配以有"葱王"美誉的章丘大葱，精心烹制而成。大葱经油炸呈金黄色时，油被制成葱油，发出特殊的

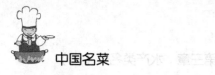
芳香气味。此菜于 1987 年首届鲁菜大奖赛上被评为鲁菜十大名菜之一。

主　　料：水发刺参 500 克。
配　　料：章丘大葱 150 克。
调　　料：精盐 4 克，绍酒 20 克，味精 3 克，酱油 25 克，白糖 15 克，姜 25 克，糖色 3 克，湿淀粉 20 克，高汤 750 克，清汤 200 克，熟猪油 125 克。
烹饪技法；红烧。
工艺流程：选料→切配→熟处理→烧制→调味→勾芡→成菜。
制作方法：
（1）将海参用清水洗净，片成 1.7～2.5 厘米宽的抹刀片，汤勺里放入凉水，下入海参，上火烧开，煮透捞出控净水；葱白切成 4 厘米长的段，姜块用刀拍松待用。
（2）炒勺内放入猪油 125 克，烧至 180℃时下入葱段，炸制金黄色时捞出，留葱油备用。
（3）炒勺内加入清汤、葱、姜、精盐 2 克、绍酒 10 克、酱油 10 克、白糖 5 克和海参，用旺火烧开后，移至微火烧 2 分钟，然后倒入漏勺内控净水，拣去葱姜。
（4）炒勺上火，放入熟猪油 50 克，加入炸好的葱段、精盐 2 克、海参、清汤、白糖、绍酒、酱油、糖色，烧开后移至微火烧 2～3 分钟，汤汁保留 1/3；再上旺火，加入味精，边颠勺边用淀粉勾芡，然后用中火烧透，收汁，淋入葱油，盛入盘中即可。
质量标准：色泽红褐光亮，质地柔软滑润，葱香四溢，经久不散，汁浓郁醇厚。
工艺关键：海参涨发达到质地柔软，保持加工后形态的完整性；烧制时要控制好火力。

虾子大乌参

"虾子大乌参"是上海名菜。海参被视为名贵原料，《本草纲目》记载："海参有补肾、补血和治疗溃疡的作用。"可谓海中人参。清代王士雄《随息居饮食谱》记载：海参"宜同火腿，或猪羊肉煨之。"此菜由大乌参经涨发后，与虾子同烧，诸料赋味，小火烹调，海参质糯入味。

主　　料：水发大乌参 250 克。
配　　料：干虾子 5 克。
调　　料：精盐 3 克，黄酒 15 克，白糖 10 克，味精 1 克，酱油 10 克，葱结 15 克，葱段 10 克，姜末 5 克，炒肉卤 30 克，湿淀粉 15 克，肉清汤 150 克，色拉油 100 克，葱油 60 克。

烹饪技法：红烧。
工艺流程：熬葱油→爆海参→调料→烧制→海参装盘→卤汁勾芡→浇汁→成菜。
制作方法：
（1）炒锅置中火上，放入色拉油烧至 120℃时，放入葱结炸出香味，即成葱油。
（2）炒锅置旺火上烧热，放入色拉油烧至 120℃时，将大乌参皮朝上放在漏勺里，浸入油锅，并用漏勺轻轻抖动，炸到爆裂声减弱微小时，捞出沥油。
（3）随后把锅内热油倒出，锅里留余油 10 克，放入大乌参（皮仍朝上），再加入黄酒、酱油、炒肉卤、白糖、干虾子、肉清汤烧开，加盖，用小火烧 4 分钟左右，再用旺火，用漏勺捞出大乌参，皮朝上平放在长盘里，锅里的卤汁加入味精，用湿淀粉勾芡，边淋葱油边搅拌，把葱油全部搅进卤汁后，撒入葱段，将卤汁浇在大乌参上即成。
质量标准：形如发髻，乌光发亮，酥烂不碎，鲜香味醇。
工艺关键：炸海参的油温不宜过高，目的是烧时容易上色；应掌握火候，小火烧至入味，大火收稠卤汁；勾芡时边淋葱油边搅拌，其目的是卤汁光亮。

贵妃海参

"贵妃海参"是闽台名菜。此菜以鸡翅膀喻贵妃，富有想象力。海参为棘皮动物门海参纲动物的统称，又称海黄瓜，品种繁多，我国南海沿岸产量居多，多为干制品。海参味淡，干品需涨发，多用水发，以保持其原有的风味，烹调重视用高汤、佳料，此菜配以鸡翅增味添滋，为海参菜佳品。

主　　料：海参250克，小型鸡翅膀500克。
配　　料：净笋30克，胡萝卜30克，水发香菇20克。
调　　料：白糖15克，米酒15克，葱10克，姜5克，深色酱油30克，胡椒粉2克，味精1克，水淀粉30克，蚝油15克，高汤750克，色拉油30克。
烹饪技法：煮、焖。
工艺流程：治净海参→煮制→切条→刀工处理鸡翅膀、配料→爆香姜片→爆香原料→调味→焖制→勾芡→淋油→装盘。
制作方法：
（1）海参用水泡软，洗净后加冷水及葱、姜、米酒10克煮5分钟捞出，再用冷水浸凉，横切成两半，再直切粗条；鸡翅膀从关节处切断；笋、胡萝卜、香菇均切片，葱切段，姜切小花片。
（2）炒锅内放入色拉油20克烧热，放入姜片爆香，下入香菇、胡萝卜、笋片、鸡翅膀和海参颠炒，加黄酒、高汤、酱油、白糖、胡椒粉、味精等调料，文火焖制入味，至汤剩1/2时勾芡，放入葱段，淋上热油10克和蚝油出锅装盘。
质量标准：汤味鲜美，油亮气香，参糯鸡酥，色彩丰富。
工艺关键：海参需预熟处理，去净腥味；姜片爆香，增加菜香，油温不宜过高，应用文火焖、煮，以使参糯鸡酥入味；汤汁浓郁，勾薄芡，增加汤汁厚度，菜汤融合，味醇厚。

芙蓉海参

"芙蓉海参"是河南名菜。此菜是以水发海参和鸡蛋清为主要原料制作的一款传统名菜。一般制法是将鸡蛋清蒸成"芙蓉"，然后将烧制好的海参盛在上面，为使这道名菜达到色香味形俱佳的高度，郑州市中华名厨赵继宗悉心探索，反复实验，利用原料的天然色彩，精心拼摆出栩栩如生的"南海晨航"（原名）图案。辽阔无垠的大海，婆娑多姿的椰树，喷薄欲出的红日，扁舟激浪，海鸥翱翔，犹如一幅美丽动人的风景画。此菜曾在1983年全国烹饪名师技术鉴定会上荣获优秀奖。

主　　料：水发海参300克。
配　　料：鸡蛋清10个，香菜25克，红樱桃一枚。
调　　料：精盐4克，味精4克，绍酒4.5克，醋50克，姜末10克，清汤700克。
烹饪技法：蒸。
工艺流程：选料→切配→调味→拼摆成形→蒸制→点缀→再蒸制→成菜。
制作方法：
（1）将清汤盛大碗内晾凉，与鸡蛋清兑在一起，加入精盐3克、味精3克、绍酒2.5克，用筷子搅匀待用。
（2）将海参150克用斜刀片成椰子树叶形，共16片，边上用立刀剞成花边以便定形，再片6片做树干。用精盐1克、味精1克、绍酒2克浸泡10分钟备用。再把海参5克加工成细丝，红樱桃破两半待用。剩下的海参145克用斜刀切碎待用。
（3）将切碎的海参放入鱼盘，浇入蛋清搅成浆状，上笼蒸制（小汽）30分钟后，每隔几分钟放一次汽（防止其形成蜂窝状），待完全凝固成芙蓉状，取出，把切成花边形的海参在盘右边的芙蓉上摆成两颗椰树，海参丝拼成3只小舟和三四只飞翔的海鸥，再上笼蒸透取出。树根处放香菜叶

以示绿茵，左上角放樱桃作初升的朝阳。上桌时带姜末、醋。

质量标准：构思巧妙，设计新颖，做工简洁，意境高雅。

工艺关键：海参涨发后，可先入锅煨入味，再切配加工；蒸"芙蓉"时，火力控制是关键；成品达到表面平整无气泡出现；海参剞花刀后拼摆成两颗椰子树形，其每一刀都可见功夫之深厚；两次蒸制，其作用不同。

红焖海参

"红焖海参"是广东名菜。海参是一种棘皮动物。明朝谢肇淛曰："海参，远东海滨有之，其性温补，足敌人参，故名海参。"分布在我国的海参有 60 多种，可供食用的 20 多种。海参是一种高蛋白、低脂肪、低胆固醇的食品，每 100 克干海参中含蛋白质 76.5 克、脂肪1.1 克、糖 13.2 克、矿物质 3.4 克。故海参不仅是名馔，而且被视为补品。

主　　料：水发海参300克。

配　　料：鸡肉100克，猪肉100克，香菇50克。

调　　料：精盐7克，绍酒25克，白酒10克，酱油20克，甘草5克，葱15克，姜5克，味精5克，湿淀粉30克，二汤500克，熟猪油140克，猪油10克，芝麻油20克。

烹饪技法：焖。

工艺流程：选料→治净→切配→焯水→焖制→调味→勾芡→成菜。

制作方法：

(1) 将海参切成长约 6 厘米、宽约 2 厘米的块。鸡、猪肉也切成块。

(2) 海参放入沸水锅内滚约6分钟捞出。炒锅用中火烧热，下熟猪油15克，放入姜、葱，烹白酒，加二汤、精盐5克，下海参焖约2分钟，倒入漏勺沥去水，去掉姜、葱。

(3) 炒锅洗净，放回火上，下熟猪油50克，放入海参略焖，倒入已用竹箅垫底的砂锅里。炒锅放回火上，下熟猪油50克，放入猪肉、鸡块，烹绍酒，加二汤、酱油、熟猪油、甘草推匀，倒入砂锅里，加盖。用旺火烧沸后，转用小火焖约1小时，再加香菇、虾米再加热约30分钟至软烂。拣去猪肉、鸡块、甘草，捞起海参、虾米放在盘中，将浓缩原汁300克下锅，加入精盐2克、味精，烧至微沸，勾入湿淀粉，最后加入芝麻油和熟猪油25克推匀，淋在海参上即成。

质量标准：软烂爽滑，滋汁浓稠，富有胶质，咸鲜可口。

工艺关键：水发海参：将干海参1 500克放入冷开水中浸约8小时后取出，用中火烧热瓦盆，放入沸水7 500克，食用碱10克，下入海参煲约半小时后端离火口浸泡2小时，擦去表面杂质，用清水浸 2 小时。然后，再放进瓦盆煲半小时，端离火口浸泡半小时，取出剪开肚，洗去肠脏、沙子，再用清水洗去污物，放进锅内加沸水煲至无杂味便成。

家常海参

"家常海参"是四川名菜，具有家常味型的独特风味。海参呈圆筒状，长 10～20 厘米，特大的可达 30 厘米。海参常见于热带、亚热带海洋，在印度—西太平洋区的珊瑚礁内栖息的种类特别多。海参含胆固醇低，脂肪含量相对少，是典型的高蛋白、低脂肪、低胆固醇食物，堪称高血压、冠心病、肝炎等病人及老年人的食疗佳品，常食对治病强身很有益处。

主　　料：水发海参400克。

配　　料：猪肥瘦肉115克，黄豆芽120克。

调　　料：川盐2克，绍酒10克，泡红海椒15克，郫县豆瓣20克，味精3克，葱50克，姜20克，青蒜苗40克，红酱油20克，熟猪油140克，湿淀粉8克，肉汤650克，清汤200克，芝麻油10克。

烹饪技法：煨、红烧。

工艺流程：选料→切配→焯水→煨制→烧制→勾芡→成菜。

制作方法：

(1) 将水发海参洗净，片成上厚下薄的斧棱片；将海参投入清汤煨煮片刻，捞起，倒去汤汁不用；接着依照上法再将海参煨两次，使其入味增鲜以后，捞起沥干。

(2) 猪肉剁成碎粒；青蒜苗切成粗花；黄豆芽掐去根部，洗净，姜、葱拍松。

(3) 炒锅下熟猪油至150℃，放入黄豆芽炒香，加川盐，黄豆芽断生后起锅装盘，垫底。

(4) 再将炒锅洗净，下熟猪油烧至150℃，投入剁细的郫县豆瓣和泡辣椒炒出香味，待油呈鲜红色时，加入清汤烧沸，待出香味时，捞去豆瓣渣，再将海参、肉粒、红酱油放入，烧至亮油喷香时，勾二流芡，速加芝麻油、青蒜苗、味精推匀。再将海参连汁倒在黄豆芽上即成。

质量标准：汁色棕红，咸鲜微辣，海参粑糯，肉馅软酥。

工艺关键：小火长烧制，因海参本身无味，其鲜味全靠鲜汤及调味料；成菜要求现汁现油，汤油汁量又以能使海参味美、有光泽为度。

芙蓉干贝

"芙蓉干贝"是福建名菜。以清新、淡爽为风味特色的"芙蓉干贝"，既无浓妆艳饰，也无繁杂搭配，全凭调汤精美而著称。其菜品清晰、高雅、名贵，适用于高级筵席。干贝为贝类闭壳肌的干制品，又称江瑶柱等，清代周亮工《闽小记》对此有专述，有"海味极品"之誉。

主　　料：水发干贝300克。

配　　料：鸡蛋清8个。

调　　料：精盐4.5克，黄酒7.5克，葱1根，姜1片，鲜牛奶200克，味精10克，高汤250克。

烹饪技法：蒸。

工艺流程：蒸发干贝→调蛋清牛奶→蒸芙蓉→干贝点缀→再蒸→加热调汤→淋汤→上桌。

制作方法：

(1) 水发干贝盛于碗里，加入葱、姜片、黄酒5克、清水250克，蒸30分钟，取出，滗去蒸汁，拣去葱、姜；鸡蛋清放入碗里，搅散，加精盐2.5克、味精7.5克、牛奶调匀，倒入汤盘，成"芙蓉"生坯。

(2) 将"芙蓉"生坯蒸5分钟取出，不待"芙蓉"面完全凝结，将干贝整齐插于面上，再蒸至"芙蓉"面完全凝结，取出。

(3) 炒锅中加入高汤，烧沸，加精盐2克、味精2.5克、黄酒2.5克调匀，淋于芙蓉干贝上，上桌。

质量标准：芙蓉洁白，干贝鲜香，汤清味美，造型雅丽。

工艺关键：蛋清充分搅碎，均匀分散在牛奶中；蒸发干贝时，汽要足，蒸蛋清糕时，汽要小，以免蛋清糕产生气孔；干贝应在"芙蓉"面没有完全凝结时整齐插于面上，使造型有一种若隐若现的感觉；"芙蓉"中淋入汤汁，"芙蓉"微浮于汤中，造型更佳。

油爆鲜贝

"油爆鲜贝"是山东省胶东地区享有盛名的风味名菜。大凡施以"爆"的原料质地多脆嫩，如鸡胗、腰花等，而鲜贝肉质软嫩，运用"油爆"却更胜一筹。

主　　料：鲜贝400克。

配　　料：鲜口蘑25克，冬笋25克，青豆15克。

调　　料：精盐3克，绍酒5克，鸡蛋清1个，葱白10克，鸡油10克，湿淀粉50克，花生油500克，味精2克，清汤75克。

烹饪技法：油爆。

工艺流程：选料→切配→焯水→油爆→调味→成菜。

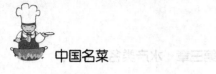

制作方法:

(1) 将鲜贝片成 0.4 厘米厚的圆片;冬笋、鲜口蘑切成 0.3 厘米见方的丁;葱白剖开切丁;青豆放入水中煮熟,碗内加清汤、精盐 2 克、味精、湿淀粉调匀成汁。

(2) 将鲜贝放开水内焯过捞出,放入碗内,加鸡蛋清、湿淀粉 35 克、精盐 1 克,抓匀;炒锅内加花生油,在旺火上烧至 150℃时,将鲜贝下入锅中过油捞出。

(3) 锅内留油 50 克,旺火烧热后放入葱丁、笋丁、鲜口蘑丁和青豆稍炒,烹入绍酒,加鲜贝,再迅速倒入调好的汁,淋上鸡油,急速颠翻,装盘即成。

质量标准:色调和谐,软嫩鲜香,清淡爽口,冬季食用为佳。

工艺关键:油爆的主料分为带味上浆和不带味上浆两种,两种都要用汁勾芡。"油爆鲜贝"属后者,油爆的菜肴多数是白汁,要求旺火速成,汁要完全包裹在菜肴上,菜肴食用完毕后盘中只留有少许余油。

清汤菊花干贝

"清汤菊花干贝"是河南名菜。"干贝"即江珧柱,是江珧(江瑶)闭壳肌的干制品,河南俗称江干。干贝是海味珍品,据《江隣几杂志》载:"四明海物江瑶柱第一,青虾次之。二物无海腥气。"《随身居饮食谱》则说干贝有"补肾,与淡菜同"的食疗价值。

主　　料:干贝 50 克。

配　　料:鸡糊(又叫鸡茸)150 克,火腿茸 15 克,豌豆苗 5 克,去皮荸荠 5 个。

调　　料:精盐 3 克,味精 3 克,绍酒 10 克,清汤 1 000 克。

烹饪技法:蒸。

工艺流程:涨发干贝→洗净→浸泡→蒸制→造型→再蒸制→调味→成菜。

制作方法:

(1) 将干贝用温水淘洗干净,开水泡软,去掉柱筋,将干贝放入碗内,加热水浸没,上笼用旺火蒸烂,将发好的干贝瓣成小块,捻成扇面形,斜插一圈,以此方法再做第二圈。荸荠片成 24 片,逐片放上调制好的鸡糊,抹平。中间撒上火腿茸,放在盘内上笼蒸透成菊花干贝,待用。

(2) 炒锅内添入清汤,加入精盐、绍酒,旺火烧开,撇去浮沫,倒入汤碗内,放进菊花干贝,撒上豌豆苗即成。

质量标准:形态雅致,色泽鲜艳,滋味清醇。

工艺关键:蒸制干贝时可加入 5 克熟猪油,以增加口感;制糊要掌握好软硬程度。

油泡带子

"油泡带子"是广东名菜。油泡是粤菜常用的烹调方法之一,即将主料滑油至熟,捞起去油后,跟着放入料头、烹酒,调入碗芡。带子在北方被称为鲜贝,常见的有两类:一是长带子,属江瑶科贝类的团壳肌;另一种是圆带子,属扇贝科贝类的闭壳肌。

主　　料:鲜带子 400 克,虾子 5 克。

配　　料:菜远 200 克(菜远是广东人对菜心的一种叫法)。

调　　料:精盐 4 克,绍酒 10 克,胡椒粉 0.05 克,蚝油 10 克,葱末 1.5 克,姜末 1.5 克,蒜茸 0.5克,湿淀粉 15 克,上汤 40 克,二汤 50 克,熟猪油 750 克,芝麻油 0.1 克。

烹饪技法:油泡。

工艺流程:选料→治净→切配→油泡→调味→勾芡→成菜。

制作方法:

(1) 将鲜带子洗净,剥去衣膜和枕肉,横刀切成两半。将菜远洗净。将熟猪油、精盐 3 克、芝麻油、味精 2.5 克、胡椒粉、湿淀粉、上汤调匀成碗芡。

(2) 炒锅上火烧热,下熟猪油 15 克,放入菜远,加精盐 1 克、味精 1 克、二汤,炒熟后取出。另起锅上火，以熟猪油搪锅后，再下熟猪油用旺火烧至 180℃，放入鲜带子油泡至刚熟，连油一起倒入油盆上的笊篱内，滤去油。

（3）炒锅放回火上，下熟猪油 25 克、蒜茸、姜末、葱末、虾子，炒匀，下带子，烹绍酒，调入碗芡，迅速炒匀，装盘，以炒熟的菜远伴边即成。

质量标准：红白相间，色彩艳丽，软嫩香滑，清淡爽口。

工艺关键：带子亦可上薄浆，然后再飞水，以保水分不丢失；油温适中，油泡的时间约 10～15 秒，油温过高，或时间过长，皆易脱水，带子收缩变小，质地变柴；做到有芡而不见芡流，色鲜而润滑，不泻油、不泻芡，才能符合油泡菜的要求。

蒜子瑶柱脯

"蒜子瑶柱脯"是广东名菜。江瑶柱在北方被称为干贝，我国沿海均产。唐代韩愈被贬至潮州，在《初南食·贻元十八协律》诗中记载："章举马甲柱，斗似怪自呈，其余数十种，莫不可叹惊。"

主　　料：干贝 250 克，大蒜头 200 克。

配　　料：猪肉皮 25 克。

调　　料：精盐 4 克，白糖 5 克，绍酒 15 克，酱油 10 克，蚝油 10 克，胡椒粉 1 克，水淀粉 20 克，开水 300 克，上汤 250 克，猪油 50 克，麻油 0.5 克。

烹饪技法：蒸。

工艺流程：选料→治净→焯水→定碗→调味→成菜。

制作方法：

（1）将干贝剥去老肉洗净。将大蒜头剥去皮，切去两头洗净，随即下油锅炸至金黄色捞出，然后下开水锅氽一下捞起，与整只干贝分别扣排在瓷碗内。碗内加入精盐、蚝油、白糖、胡椒粉、绍酒、猪油。再加入上汤、开水。将肉皮洗净后放在上面盖好，上笼蒸一个半小时左右取出，滗干原汁，覆在盘内。

（2）炒锅上火加入猪油烧热，烹入绍酒，放入原汁、麻油、酱油，待烧开后用水淀粉勾芡，揭去扣碗，将芡汁浇在上面即成。

质量标准：色淡黄、质软烂，蒜香味浓郁。

工艺关键：蒜一定要炸透，才能出蒜香味；在瓷碗内扣排时，中心先放蒜，外围一圈干贝，如此围上几圈；芡汁用滗出的原汁制作，保持原汁原味的鲜美。

白汁鱼肚

"白汁鱼肚"四川传统名菜。鱼肚为鱼鳔的干制品，有黄鱼肚、鲥鱼肚、鳗鱼肚等，主要产于我国沿海及南洋群岛等地，以广东所产的"广肚"质量最好，福建、浙江一带所产的"毛常肚"仅次于广肚。

主　　料：水发鱼肚 250 克。

调　　料：川盐 5 克，鸡油、料酒、湿淀粉各 25 克，味精 5 克，胡椒粉 3 克，奶汤 250 克，油 100 克。

烹饪技法：炖。

工艺流程：选料→切配→焯水→炖制→调味→勾芡→成菜。

制作方法：

（1）将鱼肚改刀片成 6 厘米长、3 厘米宽、3 厘米厚的片，焯水后，用鲜汤煨过捞起，挤干水。

（2）把炒勺加入油烧热，下奶汤、调料和鱼肚，以中火炖至汁浓时加味精，用湿淀粉勾芡，淋上鸡油。

质量标准：色彩乳白，鱼肚柔糯，味浓鲜香。

工艺关键：鱼肚要发透，去尽油脂；掌握好炖制时间和火候。

鸡茸笔架鱼肚

"鸡茸笔架鱼肚"是湖北传统名菜。以鲴鱼肚、鸡脯肉等烩制而成。笔架鱼肚是湖北石县特产,早在明代洪武二十年(1387 年)即作为贡品,进献宫廷。鱼肚晒干后有拳头大。表面晶莹光洁,对着光亮照看,里面隐约可见淡青色的石首笔架山的图影,故以"笔架"二字命名。

主　　料:笔架鱼肚 400 克。
配　　料:母鸡脯肉 100 克,水发香菇 25 克,鸡蛋皮 1 张,鸡蛋清 2 个。
调　　料:精盐 4 克,白胡椒粉 0.5 克,味精 1.5 克,葱花 2.5 克,姜末 1 克,湿淀粉 50 克,熟猪油 150 克。
烹饪技法:烩。
工艺流程:选料→清洗→切配→烩制→调味→勾芡→撒白胡椒等→成菜。
制作方法:
(1)将鱼肚涨发好,入清水中反复捏挤,洗净后挤干水,斜片成 4.5 厘米长、3.3 厘米宽、0.33 厘米厚的片;香菇去蒂洗净,切成 2.5 厘米见方的块;鸡蛋皮切成细末。
(2)将鸡脯肉剔去筋和皮,洗净制茸,加精盐 2 克、味精 0.1 克、鸡蛋清、清水 100 克和湿淀粉一起搅拌均匀成糊状。
(3)炒锅置旺火上,下熟猪油 50 克烧热,下姜末煸香后加入鸡清汤、鱼肚、香菇、精盐 2 克、味精 1 克烩制 3 分钟,至鱼肚透味时勾玻璃芡,将鸡茸徐徐滑入锅内,待汤汁稠浓时,下熟猪油,起锅装盘,撒上热鸡蛋末、葱花、白胡椒粉即成。
质量标准:鱼肚、鸡茸洁白明亮;鱼肚软如海绵,鸡茸滋润香醇;滋味鲜美。
工艺关键:在清洗鱼肚时,可加入面粉、食碱反复轻轻捏挤,除去油渍和哈喇味;烩制技法在操作时,要掌握好汤汁与主料的比例。

蟹黄扒鱼肚

"蟹黄扒鱼肚"是河南名菜。蟹分海蟹(又叫三疣梭子蟹)、河蟹(又名中华绒螯蟹)两种。每 100 克蟹黄中,海蟹含蛋白质 14 克、脂肪 2.6 克,河蟹含蛋白质 14 克、脂肪 5.6 克。鱼肚属高蛋白,低脂肪原料,有补肾健肺,固精止带,补气填精,滋养筋脉,止血散瘀的功效,凡肺肾虚弱、贫血亏损之人最宜食用。

主　　料:水发鱼肚 500 克。
配　　料:蟹黄 150 克,蒜苗 15 克。
调　　料:精盐 4 克,味精 5 克,绍酒 20 克,湿淀粉 10 克,姜末 5 克,头汤 400 克,熟猪油 150 克。
烹饪技法:余、扒。
工艺流程:选料→切配→余制→拼摆入锅垫→扒制→调味→浇汁→成菜。
制作方法:
(1)将发好的鱼肚,片成 8 厘米长的大坡刀片,用开水余一下,沥净水。锅垫放 10 寸盘上,把鱼肚铺好成三搭头形,用盘扣住。蒜苗切成 5 厘米长的段,备用。
(2)炒锅上火,下入熟猪油,加入头汤 300 克、绍酒 15 克、精盐 3 克,放入铺好的锅垫进行扒制。待菜透入味,揭去盘子,扣入扒盘内。锅内余汁放入味精 2 克、湿淀粉 5 克勾流水芡,待汁收浓,浇在鱼肚上。
(3)另起锅上火,添入熟猪油,下入姜末、蟹黄,添头汤 100 克;加精盐 1 克、味精 3 克、绍酒 5 克,汤沸,放入蒜苗、湿淀粉 5 克勾流水芡,待汁收浓,将蟹黄泼在鱼肚上即成。
质量标准:鲜味绵长,脍炙人口,海味名馔。
工艺关键:鱼肚拼摆成"三搭头"形是豫菜的基本手法,从而确保形状不散;扒制时控制好火候。

洞庭鮰鱼肚

"洞庭鮰鱼肚"是湖南岳阳地区的传统名菜。"岳阳味腴酒家"由周权姐弟创办，早在 20 世纪 30 年代，就以加工洞庭湖水产闻名于同行业。他们烹制的"洞庭鮰鱼肚"软糯胜过蹄筋，味道鲜美。

主　　料：干鮰鱼肚 150 克。

配　　料：火腿膀肉 250 克。

调　　料：精盐 1 克，味精 1 克，胡椒粉 0.5 克，葱结 10 克，姜片 10 克，绍酒 50 克，清汤 700 克，毛汤 200 克，熟鸡油 5 克，熟猪油 25 克。

烹饪技法：烧、烩。

工艺流程：选料→涨发→治净→切配→烧制→调味→烩制→成菜。

制作方法：

(1) 将干鱼肚用冷水浸泡 10 分钟，下冷水锅烧开后一并倒入瓦钵内，加盖涨发，待凉后，再上火烧开后倒入瓦钵内浸泡。将发好的鱼肚用斜刀切成 5 厘米长、3 厘米宽的片，洗净。

(2) 把火腿膀的毛烙净，刮洗干净，在瘦肉一面每隔 1 厘米距离剞横刀，每隔 1.7 厘米距离剞直刀，然后皮朝下盛入瓦钵内，加清水 200 克，上笼蒸 30 分钟，取出滗干水，加鸡清汤 200 克，上笼蒸 30 分钟至软烂时取出，扣入大汤碗里，原汤留用。

(3) 炒锅置旺火上，加熟猪油烧热后，加肉清汤、绍酒、葱结、姜片、精盐、鱼肚片烧开，倒入漏勺沥水，拣去葱、姜。炒锅内放入鸡清汤 500 克，倒入适量的蒸火腿原汤，再放入鱼肚片烩制，倒入盛火腿的大汤碗里，淋入鸡油，撒上胡椒粉即成。

质量标准：鱼肚洁白，火腿色红，鱼肚片形完整；味咸鲜，具腌腊香味，质地软糯。

工艺关键：干鱼肚入冷水浸泡至回软，入瓦钵时冷水下锅，烧开加盖浸泡；火腿若太咸，蒸制时可撒上一些白糖。

鹅掌扒广肚

"鹅掌扒广肚"是广东名菜。鹅掌即家鹅的脚掌，因其肉多，故常为美食佳肴。鹅，头大，喙扁阔，前额有肉瘤。脖子很长，身体宽壮，龙骨长，胸部丰满，尾短，脚大有蹼。食青草，耐寒，合群性及抗病力强。生长快，寿命较其他家禽长。体重 4～15 千克。卵化期一个月。栖息于池塘等水域附近。善于游泳。其主要品种有狮头鹅、太湖鹅等。

鱼肚为鱼鳔干制而成。黄鱼肚分三种，体厚片大者称为"提片"，体薄片小者称为"吊片"，提片和吊片以色泽淡黄明亮者为佳，涨发性好，还有一种"搭片"，是将几块小鱼肚搭在一起成为大片晒干而成的，色泽浑而不明，质量稍差，涨发性不足。

主　　料：鹅掌 16 只，水发广肚 300 克。

配　　料：火腿 25 克，水发草菇 15 只，大肉笋 50 克，菜远 20 只。

调　　料：精盐 3 克，料酒 50 克，白糖 5 克，白酱油 25 克，味精 3 克，火腿汁 20 克，蚝油 10 克，葱姜 50 克，水淀粉 40 克，上汤 300 克，猪油 40 克，鸡油 25 克。

烹饪技法：扒。

工艺流程：选料→洗净→切配→焯水→扒制→调味→勾芡→成菜。

制作方法：

(1) 将水发广肚切成 24 块长 6 厘米、宽 3 厘米的长方块，下锅用冷水滚烧 1～2 次捞出。

(2) 将鹅掌煮熟后洗净拆骨。大肉笋剞上花纹，切成片。火腿劈成薄片。草菇改一刀。

(3) 炒锅上火加油烧热，煸香葱姜，加入料酒、汤，烧 5 分钟后拣去葱姜，随将广肚、鹅掌、笋片、草菇同时下锅，烧 3～4 分钟，倒入笊篱内，沥干水。

(4) 另将菜远滑油后捞出，再下锅加味精和汤，烧透后即捞出，沥干水。

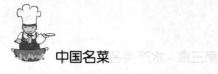

（5）另起锅上火，加入猪油、料酒、精盐、上汤、火腿汁、味精、白酱油、蚝油、白糖、广肚、鹅掌、笋片、草菇，待烧透后，用水淀粉勾芡，加入鸡油盛起装入盆内，菜远围在四边，上面放火腿片即成。

质量标准：颜色淡黄，滋味浓醇，鲜香滑糯，清淡爽口。

工艺关键：火腿汁的制法是将熟火腿 500 克，用盅盛载，加入上汤 1 000 克，入蒸笼蒸约 2 小时至软烂，撇去浮油便成；水发鱼肚余水，每次均需换水，除尽腥味。

晁衡鱿鱼

"晁衡鱿鱼"是陕西名菜。据史料记载，日本人阿倍仲麻吕于唐开元五年（公元 717 年）由日本来到我国长安，入太学读书，改名晁衡，毕业后受到唐玄宗的赏识，在唐代官至安南都护，期间与诗人王维、李白结下深厚友谊，几人常在一起赋诗饮宴，经常把日本使节带来的鱿鱼，与王、李共享。天宝十二年，当他准备随日本第 10 次遣唐使回归故土时，曾发出了"西望长安"的感叹，此菜是在传统菜"鱿鱼卷"的基础上改进而成的。

主　　料：水发鱿鱼 250 克。

调　　料：精盐 5 克，料酒 10 克，醋 10 克，胡椒粉 3 克，味精 3 克，干红辣椒 20 克，葱 10 克，姜 10 克，食用油 1 000 克（约耗 30 克）。

烹饪技法：爆。

工艺流程：选料→治净→切配→过油→爆制→调味→成菜。

制作方法：

（1）将水发鱿鱼切去鱼尾，撕净皮膜，在鱼身里侧剞荔枝花刀，切成长 6 厘米、宽 2.5 厘米的长方块，用清水漂洗干净；干红辣椒、葱、姜切丝备用；取一小碗放入醋、精盐、料酒、胡椒粉、味精、适量鲜汤和湿淀粉搅匀，兑成酸辣汁。

（2）炒锅置旺火上，添入油烧至 180℃，放入鱿鱼炸至自然卷时，倒入漏勺滗油。锅内留底油烧热，放入干红辣椒丝、葱姜丝爆出辣味后，倒入酸辣汁，下入鱿鱼卷，颠翻均匀即可。

质量标准：咸鲜酸辣，脆嫩清香。

工艺关键：剞鱿鱼卷时，要大小均匀一致；过油时，油温要高，速度要快。

炝鱿鱼卷

"炝鱿鱼卷"是河南名菜。炝是豫菜的主要烹调技法之一，就是把加工好的生料用开水稍烫或温油稍滑，控干后加入调味品的烹制方法。炝分为油炝（含葱椒炝）、掸炝（水炝）、生炝三种。"炝鱿鱼卷"是油炝法，是豫菜中刀工与火功并重的一道名菜。剞鱿鱼卷的荔枝形花刀技巧和油炝的火候控制，是厨师技艺水平的标志。

主　　料：水发鱿鱼 500 克。

调　　料：精盐 5 克，味精 3 克，绍酒 10 克，葱丝 2 克，食用碱 50 克，清汤 50 克，芝麻油 10 克，花生油 1 000 克（约耗 50 克）。

烹饪技法：余、炸、炝。

工艺流程：选料→剞花刀→浸泡→余制→炸制→炝制→调味→成菜。

制作方法：

（1）水发鱿鱼顺长一切两半，剞成荔枝花刀，然后切成 5 厘米长、2 厘米宽的条，放入盆内，下入食用碱、温水、放芝麻油 5 克搅匀，浸泡三四个小时，再用清水洗净。重复换水数次，使其排净碱味，然后沥净水，用布擦干。

（2）炒锅置旺火上，加入开水，将鱿鱼片放入，待鱿鱼片卷成筒状后，捞出投入冷水盆中，漂凉，控去水分，即成鱿鱼卷。

（3）另起锅上火，下入花生油，旺火烧至180℃，放入鱿鱼卷，约炸10秒钟，迅速捞出滗油。

（4）再起锅置旺火上，下入葱丝、姜丝、鱿鱼卷、精盐、味精、绍酒、清汤，推转鱿鱼卷，翻锅一次，淋入芝麻油5克，搅匀翻锅即成。

质量标准：刀工精细，造型奇巧，质地脆嫩鲜香，调味清爽利口。

工艺关键：剞荔枝形花刀要掌握好刀距和深浅度；用食用碱浸漂后，一定要漂净碱味；入锅余制后放入凉水中漂凉，炸制时间极短。

佛 跳 墙

"佛跳墙"是福建名菜。相传，清代光绪二年（公元1876年），福州一官员在家宴请布政司周莲，由官员妻子亲自下厨烹制，席中一款菜周莲尝后赞不绝口。之后，周莲携衙厨郑春发登门求教，领悟此菜的烹调奥秘。此菜经郑衙厨改进，口味更佳。1877年，郑春发与人合伙开办"聚春园"菜馆，供应此菜。一天，几位达官贵人造访该店，品菜饮酒，此菜上桌，当坛盖揭开，满堂飘香，令他们陶醉，问此菜何名？郑回答："尚未有名"。于是，有位秀才即兴赋诗道："坛启荤香飘四邻，佛闻弃禅跳墙来……"众人应声叫绝，拍手称奇。由此，"佛跳墙"便成了此菜的正名，声名远扬。此菜选料集海陆动物性原料之佳味20多种，装入绍兴酒坛煨制而成。吃法别有风味，上菜时，将坛中各料盛入大盘，同时配上襄衣萝卜、火腿拌豆芽、冬菇炒豆苗、油辣芥等开胃小菜，用银丝卷、芝麻烧饼佐食。

主　　料：水发鱼翅500克，水发鱼唇250克，水发刺参250克，干鱼肚125克，净母鸡1只（约重1 500克），金钱鲍6个（每个约重15克），水发猪蹄筋250克，净猪蹄尖1 000克，净猪肚（大的）1个，净鸭1只（约重1 500克），净羊肘500克，净鸭肫6个，净火腿腱肉150克，鸽蛋12个，蒸发干贝125克。

配　　料：水发花冬菇200克，净冬笋500克，猪肥膘肉95克。

调　　料：黄酒2 500克，上等酱油75克，葱段95克，姜片75克，桂皮10克，冰糖75克，味精10克，猪骨汤1 000克，色拉油1 000克（约耗250克）。

烹饪技法：煨。

工艺流程：主配料处理→预制入味→第一批原料加调料汤料入酒坛煨→第二批原料入酒坛煨→上桌。

制作方法：

（1）水发鱼翅洗净去沙，整齐排放在竹箅上，下沸水锅，加葱段30克、姜片15克、黄酒100克，煮10分钟取出，入碗内，上置猪肥膘，加黄酒50克，旺火蒸2小时取出鱼翅。

（2）鱼唇切成6.7厘米长、5厘米宽的块，按煮鱼翅的方法煮10分钟取出。

（3）金钱鲍蒸烂取出，洗净，每片劈成2片，剞上十字花刀，放入小盘，加肉骨汤250克、黄酒50克，蒸30分钟，取出。

（4）鸽蛋煮熟，去壳；鸡、鸭分别去头、爪；以上四料各切12块，与净鸭肫一同焯水，净猪肚切成12块焯水后放入烧沸的肉骨汤250克中，加黄酒85克。

（5）水发刺参，每只一切为二；水发猪蹄筋，切成6.7厘米长的段；火腿腱肉盛于碗，加清水150克，蒸30分钟取出，切成1厘米厚的片。

（6）冬笋焯水，每条直切成4块，用刀轻轻拍扁；炒锅油温烧至160℃热时，入鸽蛋、冬笋块略炸捞出，入鱼肚炸至手可折断时捞出，放入清水中浸透取出，切成5厘米长、2.6厘米宽的块。

（7）色拉油50克烧至油温160℃时，入葱段35克、姜片45克熬出香味，放入鸡、鸭、羊肘、猪蹄尖、鸭肫、猪肚块略炒，加酱油75克、味精10克、冰糖、黄酒2 150克、肉骨汤500克、桂皮加盖煮20分钟，去葱、姜、桂皮，捞出，各料盛于盘中，汤汁待用。

（8）取1个中型净绍兴酒坛，坛底垫上1个小竹箅，依次放入鸡、鸭、羊肘、猪蹄尖、鸭肫、猪肚块、花冬菇，将冬笋块、鱼翅、火腿片、干贝、鲍鱼用净纱布包成长方形，摆在鸡、鸭等料上，然后倒入煮鸡、鸭等料的汤汁，用荷叶封住坛口，并倒扣压上1只小碗，装好后，用小火煨2小时后，开盖，速将刺参、猪蹄筋、鱼唇、鱼肚放入坛内，即刻封好坛口，再煨1小时即成，上桌。

质量标准：诸料相合，滋味醇厚，汤清味鲜，香气扑鼻。

工艺关键：水发鱼翅、鱼唇加调料煮的目的是去腥；鱼翅、火腿片、干贝、鲍鱼片用净纱布包成长方形，上菜时拆去纱布包，便于装盘；炸鱼肚时应掌握油温与加热时间，保证鱼肚脆而不僵；应根据原料的不同性质分两次煨，以体现各种原料成菜后的最佳口感；用荷叶封住坛口，并倒扣压上1只小碗，其目的是加热时香味不易溢出，揭盖后香气四溢。

烩乌鱼蛋

"烩乌鱼蛋"是北京名菜。乌鱼蛋是乌贼（俗称墨鱼）的卵，呈椭圆形，外面裹着一层半透明的薄皮（即脂皮），它含有大量蛋白质，产于我国山东青岛、烟台等地，被视为海味珍品，清乾隆年间大诗人、美食家袁枚，曾多次品尝过该菜，并在《随园食单》中记载："乌鱼蛋鲜，最难服事，须河水滚透，撤沙去臊，再加鸡汤、蘑菇煨烂。龚去岩司马家，制之最精。"可见，这是一道历史悠久的名菜。

主　　料：干乌鱼蛋100克。

配　　料：精盐1克，绍酒7.5克，醋1.5克，香菜末1.5克，胡椒粉0.5克，姜汁7.5克，味精3克，酱油1克，湿淀粉75克，鸡汤250克，熟鸡油5克。

烹饪技法：烩。

工艺流程：选料→浸泡→煮发→烩制→调味→成菜。

制作方法：

(1) 先把乌鱼蛋用清水洗一洗，剥去脂皮，放在凉水锅里，在旺火上烧开后，端下锅浸泡6小时。然后把乌鱼蛋一片片地揭开，放进凉水锅里，在旺火上烧到八成开时，换成凉水再烧，如此，反复五六次，去掉腥味。

(2) 将炒锅置于旺火上，放入鸡汤、乌鱼蛋、酱油、绍酒、姜汁、精盐和味精。待汤烧开后，撤去浮沫，加入用水调好的湿淀粉，搅拌均匀，再放入醋和胡椒粉，翻搅两下，淋入熟鸡油，倒在碗内，撒上香菜末即成。

质量标准：汤汁清亮，呈微带黄色，乳白的乌鱼钱漂浮其间，格调清晰别致，滋味清鲜中微带酸辣，食之开胃解腻，是高级筵席上久负盛名的汤菜。

工艺关键：发好的乌鱼蛋薄片，行话名"乌鱼钱"，如果当天不用，必须用清水浸泡起来，每天要换一次水；味精、醋和胡椒宜后入锅，拌匀即可，开锅易致变质变味。

泡椒墨鱼仔

"泡椒墨鱼仔"是川菜创新菜。此菜借鉴吸收了浙菜的精致、湘菜的酸辣、粤菜的原料。墨鱼仔雪白，莴笋碧绿，泡椒火红，鲜辣脆嫩，既满足口腹之欲，又赏心悦目，为筵席中热菜的头道菜。

主　　料：墨鱼仔450克。

配　　料：泡椒50克，莴笋50克。

调　　料：精盐3克，料酒15克，葱10克，姜8克，蒜5克，香菜10克，味精1克，醋10克，糖10克，香油10克，淀粉15克，植物油100克。

烹饪技法：炒。

工艺流程：选料→洗净→切配→炒制→调味→勾芡→成菜。

制作方法：

(1) 将墨鱼仔内壁的附着物全部去掉，清水洗净后，装盘备用；莴笋切成一寸长的菱形，用精盐腌渍，沥干盐水；泡椒切开；葱、姜、蒜、香菜洗净，切末备用。

(2) 锅内倒油，油热160℃，放墨鱼仔炒熟，出锅滗油。锅内留少许底油，下葱、姜、蒜炒香，下墨鱼仔、泡椒、莴笋、适量汤翻炒，加精盐、料酒、醋、糖调味，用湿淀粉勾芡，撒上香菜，淋入香油即成。

质量标准：墨鱼仔雪白，鲜辣脆嫩。

工艺关键：墨鱼仔解冻后，在清水中浸泡半日，再用精盐揉搓，将内壁的附着物全部去掉，用清水洗净；掌握好各种调味品用量。

发菜扣蚝豉

"发菜扣蚝豉"是广东名菜。牡蛎是海边居民常食的海产品。此品晒干即为蚝豉。唐代大诗人韩愈在《初南食贻元十八协律》中记载："蚝相黏为山，百十各自生。"且曰："莫不可叹惊。"发菜与猪肉做成菜肴其味道极其鲜美。

发菜为藻类植物门植物发菜的藻体。发菜贴在于荒漠植物的下面，因其形如乱发，颜色乌黑，得名"发菜"，也被人称为"地毛"，是一种极名贵的食物，享有"戈壁之珍"的美誉。因发菜是藻类的一种，藻体细长，黑绿色，呈毛发状，由多数单细胞个体连成长串，埋没在胶状物质中而形成，主要分布于我国宁夏、陕西、甘肃、青海等地的溪流中。

主　　料：大干蚝250克。

配　　料：五花猪肉300克，水发冬菇10克，干发菜6克。

调　　料：精盐5克，白糖10克，料酒25克，酱油10克，蚝油10克，葱5克，姜5克，蒜茸5克，陈皮2克，胡椒粉2克，味精3克，水淀粉30克，猪油50克，鸡油25克。

烹饪技法：蒸。

工艺流程：选料→治净→浸漂→焯水→定碗→调味→蒸制→成菜。

制作方法：

（1）将发菜拣洗干净，用冷水浸泡；蚝豉先用温水洗净，后用滚水浸泡，约2小时后取出，再用温水洗净蚝豉体内所含的沙子，后将用纱布滤过的清水下锅，加入蚝豉、五花肉、发菜，滚烧半小时后取出，保留待用；随即将五花肉去皮，切成12～14块。

（2）烧热锅加入猪油、蒜茸、姜葱，煸透后烹入料酒，放入陈皮、原汤、蚝豉、五花肉、发菜、蚝油、酱油、白糖、冬菇、味精、精盐、胡椒粉，待烧开后改小火焖0.5小时捞出，先将发菜稍改几刀，放入扣碗底中心，然后分别将蚝豉、五花肉扣入碗内，最后将原汤倒入碗内，上笼蒸1小时左右（以酥为止）取出，滗出原汤，扣碗覆在盆中，将原汤倒在锅中，待烧开后用水淀粉勾芡，淋入鸡油推匀，揭去扣碗，将芡汁浇在面上即成。

质量标准：形状美观，色泽诱人，酥香可口。

工艺关键：浸泡蚝豉的水用纱布过滤后备用；蒸扣碗，旺火汽足，蒸1小时以上，以酥烂为准。

复习与思考

一、填空题

1."菊花海参扒鱼翅"是河南名菜。此菜是在传统菜肴"_____"的基础上改进而成的。

2."组庵鱼翅"是湖南菜组庵派传统名菜之一，所用烹饪技法是_____。

3."黄焖鱼翅"是著名"_____"的代表之一。

4."干烧鱼翅"是_____名菜，采用传统技法"干烧"而成。

5．"扒海羊"是清真传统名菜。"海"是海八珍的_____，"羊"是羊的头、蹄、下水等，俗称"羊八件"。

6．海参又名刺参、海男子、土肉、海鼠、海瓜皮，是一种名贵海产动物，因补益作用类似人参而得名。我国所产的海参中以_____、乌参、乌元参、_____等经济价值较高。

7．鱼肚为_____的干制品，有黄鱼肚、回鱼肚、鳗鱼肚等。以广东所产的"_____"质量最好，福建、浙江一带所产的"_____"仅此次于广肚，但也称佳品。

8．"虾子大乌参"是_____名菜。其特色形如发髻，乌光发亮，酥烂不碎，鲜香味醇。

9．"芙蓉海参"是_____名菜。此菜是以水发海参和鸡蛋清为主要原料制作的一款传统名菜。

10．"家常海参"是四川菜名菜，汁色棕红，_____，海参粑糯，肉馅软酥。

11．"芙蓉干贝"是_____名菜。以清新、淡爽为风味特色的"芙蓉干贝"，既无浓妆艳饰，也无繁杂搭配，全凭调汤精美而著称。

12．带子在北方被称为鲜贝，常见的有两类：一种是_____，属江瑶科贝类的团壳肌；另一种是_____，属扇贝科贝类的闭壳肌。

二、简答题

1．制作"芙蓉干贝"的工艺关键是什么？

2．"烩乌鱼蛋"的菜肴质量标准是什么？

3．"佛跳墙"所用原料有哪些？

4．"蟹黄扒鱼肚"的工艺关键是什么？

5．简述"晁衡鱿鱼"的制作方法。

6．制作"鸡茸笔架鱼肚"时应注意什么问题？

7．制作"油泡带子"应掌握的要领是什么？

8．蒸制干贝时为什么要加入少量猪油？

第四章 水产类名菜（二）

学习任务和目标

- 学习虾、蟹类名菜，能够选择优质的原料并鉴别和运用。
- 重点掌握不同地方名菜在制作过程中的各个环节，使各阶段的操作达到技术标准。
- 关注餐饮市场菜肴品种的变化，提高对消费者需求的预测能力。

橘子大虾

"橘子大虾"是辽宁省名师在首届全国烹饪名师技术表演鉴定会上获奖的优秀菜肴之一，以主料和造型命名，在比赛后广为流传，东北各地酒店的宴席上也多次食用，深受食客的欢迎。

主　　料：鲜大虾12个（约重1 000克）。

配　　料：净鱼肉150克，鲜虾仁200克。

调　　料：精盐8克，绍酒10克，白糖15克，味精5克，鸡蛋清10克，葱5克，姜5克，花椒油5克，湿淀粉10克，鸡汤300克，熟猪油100克，芝麻油5克。

烹饪技法：蒸、炒。

工艺流程：选料→治净→剁鱼→制茸→挤丸子→蒸制→造型→浇汁→成菜。

制作方法：

（1）净鱼肉去掉筋膜，用刀背砸成细泥，放碗内分次加水，加鸡蛋清沿一个方向搅成黏稠状，再加入猪油15克、精盐2克搅匀，再挤成直径为1厘米的丸子6个。

（2）带皮的大虾洗净，剪去须、腿，用竹签挑去沙袋，再从虾背上划一刀取出沙线，葱切段，姜拍松。

（3）鲜虾仁用沸水略焯一下捞出，用洁布吸干水，逐个粘在6个丸子上，形如去了皮的橘子，然后上笼蒸5分钟，熟后取出装盘。

（4）锅内放猪油烧热，放虾和葱、姜煸炒，将虾煸炒呈金黄色，再加白糖，待成鲜红色有虾糖香味时，再加精盐、鸡汤、味精，用慢火加热至汤汁浓稠，去掉葱、姜，淋上花椒油，出锅摆在橘形虾周围，再将余汁浇在虾上。

（5）汤锅放鸡汤，加精盐、味精烧开，用湿淀粉勾芡，淋芝麻油，浇在橘子形上。

质量标准：色泽鲜艳，造型逼真，形似去皮整橘，鲜嫩清淡，大虾红润油亮，色如玛瑙，鲜甜适口。

工艺关键：选择制作橘子虾的虾仁，大小要均匀；煸炒大虾时，要注意掌握火候；鱼茸要制作细腻。

罗汉大虾

"罗汉大虾"是北京"谭家菜"中的著名菜肴。此菜讲究加工艺术，注重菜肴造型，并运用了三种烹调方法，将对虾分成两段做成各种形状：前半部分带壳，烧靠成甜咸适口的红色虾段；后半部分去壳，瓤馅用油炸成酥香鲜嫩的金黄色的虾段。装盘后，上红下黄，因其外形凸起似袒腹大肚罗汉，故名"罗汉大虾"。

主　　料：对虾 1250 克，净对虾肉 50 克。

配　　料：猪肥膘肉 75 克，罐头荸荠 75 克。

调　　料：精盐 4 克，绍酒 25 克，黑芝麻 25 克，鸡蛋清 2 个，白糖 20 克，番茄酱 25 克，湿淀粉 50 克，葱白段 150 克，姜片 50 克，鸡汤 150 克，芝麻油 75 克，花生油 1 000 克（约耗 130 克）。

烹饪技法：煎、炸。

工艺流程：选料→加工→腌制→熟处理→煎制→调味→炸制→成菜。

制作方法：

(1) 将对虾洗净，剪去足、须，再从脊背剪开，去掉头部沙包和背部沙线，从中腰切成两段。前半部分备用，后半部分剥去外壳，保留虾尾，用刀从脊背横着片开（但不片断），使腹部相连成扇形。在片开的虾肉里侧轻轻剞上交叉花刀后，放在盘内，用精盐 3 克、绍酒 5 克、葱白段 25 克、姜片 25 克腌制入味。

(2) 将虾肉同猪肥膘肉放在一起，用刀背砸成虾肉泥；荸荠用刀拍碎后剁成末；葱白段 125 克、姜片 25 克、切成细丝；黑芝麻洗净，沥净水；鸡蛋清打散，放入虾肉泥、荸荠末、精盐 2 克、绍酒 5 克，顺一方向搅拌上劲。

(3) 将腌制的后半部分虾段，逐个平放在砧板上，先用净布揾干虾段表面的水，再将虾肉泥均匀地分摊在上面抹匀，中间要凸起一些，成膨肚状，然后撒上黑芝麻，用手轻轻按实。

(4) 将炒锅置于火上烧热，倒入花生油 100 克，炒锅内，用中火把前半部分虾段放入两面煎一下，下葱丝、姜、精盐 2 克、白糖、绍酒 15 克、番茄、鸡汤后改微火。逐个取出整齐地码在椭圆形盘的一端，锅里留下的汤汁，用调稀的湿淀粉勾芡，淋上芝麻油，浇在虾上。

(5) 另将一炒锅置于旺火上，倒入花生油 900 克，烧至 200℃，放入瓤好的后半部分虾段炸透，当外部呈金黄色时捞出，沥去油，码在盘的另一端即成。

质量标准：此菜运用煎、炸两种技法，软香嫩合一，色泽宜人，造型美观。

工艺关键：选用每 500 克 4～5 头的大虾，新鲜头体紧密相连，外壳与虾肉紧贴成一体，头足完整，虾身硬挺，有一定弯曲度，皮壳发亮，呈青白色，肉质紧实细嫩。雌虾略呈青蓝色（渔民称青虾），一般雌虾比雄虾稍大，入馔则雌虾优于雄虾。靠虾的前半部，用手勺轻压虾头，挤出虾脑，成菜色红油润。炸虾的后半部，外部呈嫩黄色捞出，不可重油，避免炸老。

椒盐基围虾

"椒盐基围虾"是北京名菜。基围虾属浅海海水虾，原产于广东、福建沿海，壳薄、肉质肥嫩鲜美，食之既无鱼腥味，又没有骨刺，老幼皆宜，备受青睐。据《本草纲目》记载，凡虾之大者蒸爆去壳，食以姜醋，馔品所珍。《随息居饮食谱》称："海虾，盐渍暴干，乃不发病，开胃化痰，病人可食。"《纲目拾遗》记载："虾生淡水者色青，生咸水者色白。溪涧中出者壳厚气腥；湖泽池沼中者壳薄肉满气不腥，味佳；海中者色白肉粗，味殊劣。入馔以湖泽所产为首选。"

主　　料：基围虾 500 克。

调　　料：豌豆淀粉 35 克，椒盐 15 克，花生油 500 克（约耗 50 克）。

烹饪技法：炸。

工艺流程：选料→治净→拍粉→炸制→调味→成菜。

制作方法：

(1) 将虾洗净，捞起沥干水待用。

(2) 炒锅烧热，下油烧至 160℃时，将干淀粉撒在虾上，然后放入锅中，炸至色红壳脆捞起沥油。

(3) 炒锅倒去油，将虾倒入锅中，撒上椒盐，颠翻几下，出锅装盘。

质量标准：肉质松软，干香适口。

工艺关键：首选活虾，操作前应去净虾腥味。

津味炒河虾

"津味炒河虾"是天津名菜。清朝大学士纪晓岚在给《沽河杂咏》作的序文中写道："不问灯虾与线虾，虾虾对对已堪夸，渔翁陪客新捞得，换与沽西卖酒家。""津味炒河虾"是"老天津卫饭庄"应时的传统菜肴。

主　　料：河虾 600 克。
配　　料：豆苗 150 克。
调　　料：精盐 3 克，料酒 5 克，白糖 2 克，葱 10 克，姜 5 克，鸡蛋清半个，水淀粉 25 克，食用油 500 克（约耗 50 克）。
烹饪技法：炒。
工艺流程：选料→初加工→滑油→炒制→调味→装盘。
制作方法：
（1）河虾剥壳，取出虾仁先用淀粉抓洗去除黏液，后用水冲干净，揉干水分，拌入绍酒、精盐腌 10 分钟。
（2）锅内倒入油烧至 180℃时，将虾仁滑油。
（3）另起锅上火，加入油，爆香葱段、姜片待焦黄时捞出，放入虾仁及调味料炒匀装盘。
（4）豆苗摘除老叶、洗净，用油炒熟，淋入白糖、精盐调味，沥干盛出，放入盘内。
质量标准：质地鲜嫩，清爽利口。
工艺关键：活虾在剥壳时可以稍作冷冻处理，便于剥离；炒豆苗时，淋点白醋，豆苗会更翠绿。

生炊龙虾

"生炊龙虾"是广东名菜。炊，古代作蒸。宋仁宗时，讳其赵帧之名，凡蒸的都改作炊；元明以后，许多地方复改炊为蒸，但潮汕方言却一直作炊不变。龙虾是海洋中最大的虾类，以澳大利亚和南非所产质量为佳。我国主要产于东海和南海，以广东南澳岛产量最多，夏秋季节为出产旺季。龙虾体大肉多，营养丰富，滋味鲜美，是名贵的水产品。民间吃龙虾，多蒸或煮熟后剥壳取肉，蘸姜醋等调味料食用。龙虾在西餐中既可做冷菜，也可做热菜，属高档烹饪原料。

主　　料：活龙虾 750 克。
调　　料：精盐 2.5 克，白酒 15 克，生葱 25 克，生姜 3 克，熟猪油 75 克，香菜 25 克，潮州橘油 2 碟。

烹饪技法：蒸。
工艺流程：选料→治净→腌制→蒸制→成菜→外带调味料上桌。
制作方法：
（1）先将原只龙虾洗干净，斩去虾脚，然后斩段；头部开边，外壳和虾腮去净。
（2）用小碗盛白酒，加入精盐撒落在虾肉上，虾的上面放姜、葱，放入蒸笼猛火蒸 8 分钟即熟。取出后拣去姜、葱，淋上熟猪油，碟边配香菜，跟橘油一碟上席。
质量标准：肉质脆嫩，味道鲜美，蘸上橘油，开胃醒酒。
工艺关键：宰杀虾时，必须去净虾鳃和虾屎、尿，使蒸出的虾鲜美而无异味；放入蒸笼必须猛火蒸，掌握好时间。

白灼虾

"白灼虾"是广东名菜。基围虾是广东特产，原产珠江三角洲的河海交汇处。围水养殖，

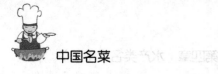

咸水淡水并蓄。基围虾品种独特，肉脆嫩，滋味鲜美，为一般海虾、河虾所不及。基围者，广东方言，指堤坝而言。灼，是将物料投入沸汤或沸水中烹熟。没有汁，也不加芡，主要是保持物料的原味。灼的时间一定要短，火候一定要猛，而且物料一定要新鲜。虾的吃法有很多种，可制成多种美味佳肴，虾肉历来被认为既是美味，又是滋补壮阳之妙品。日本大阪大学的科学家最近发现，虾体内的虾青素有助于消除因时差反应而产生的"时差症"。

主　　料：基围虾 500 克。
配　　料：红辣椒丝 25 克。
调　　料：精盐 5 克，生抽 50 克，芝麻油 5 克，姜 10 块，葱丝 10 克，花生油 5 克。
烹饪技法：煮
工艺流程：选料→焯水→成菜→外带调味料上桌。
制作方法：
（1）将鲜虾洗净，辣椒丝放在味碟上。
（2）用旺火烧热油，浇在辣椒丝上，再加入生抽、麻油、葱丝、姜末、精盐拌匀。
（3）用旺火把清水烧开，下入鲜虾焯至熟捞起，控去水上盘便可，跟味碟上桌。
质量标准：色泽鲜艳，原味可口。
工艺关键：将虾焯水至刚熟状态为佳。

炒滇池虾仁

"炒滇池虾仁"为昆明传统名菜。滇池是云南高原上一颗璀璨的明珠，盛产淡水鱼虾。滇池虾仁，属淡水青虾。青虾生长速度快，体大肉厚，鲜美脆嫩，营养丰富，仅蛋白质含量就占 16.4%，为虾仁中的上品。

主　　料：滇池青虾 1 000 克。
调　　料：精盐 5 克，黄酒 20 克，味精 3 克，胡椒粉 3 克，小葱 10 克，白皮大蒜 15 克，姜 12 克，
　　　　　鸡蛋清 40 克，蚕豆淀粉 10 克，花生油 50 克，香油 10 克。
烹饪技法：炒。
工艺流程：选料→挤虾仁→上浆→滑油→炒制→调味→成菜。
制作方法：
（1）将滇池青虾剥去虾壳，挤出净虾仁，漂洗干净，滤干水。将洗净的虾仁用蛋清、湿淀粉上浆。
　　　葱、姜、蒜切末备用。
（2）炒锅上旺火，加入花生油，烧至 120℃，下虾仁滑熟，倒入漏勺滤油。
（3）炒锅置旺火，加入花生油，下蒜末、姜末、葱末煸出香味，再放入虾仁，加入精盐、黄酒、胡
　　　椒粉拌匀，最后放入味精，快速翻炒，待虾仁被浓汁裹严时，淋香油，颠翻几下起锅。
质量标准：白中透红，外酥里嫩，鲜香可口。
工艺关键：虾仁滑油时，油温应在 120℃；虾仁上浆前，用净布揾干水分，防止脱浆；浆好的虾仁入
　　　　　冰箱保鲜室冷冻，然后再烹，虾仁脆嫩，味道鲜美。

干炸虾枣

"干炸虾枣"是广东名菜。此菜是用虾仁泥为主料，配以面粉等辅料，油炸成大枣形而成的。它与炸虾丸近似，但辅料有八种之多，为一般虾丸所不及。

主　　料：鲜虾肉 400 克。
配　　料：熟瘦火腿 10 克，去皮荸荠 75 克，鸡蛋 75 克，酸甜菜 10 克，肥猪肉 50 克，韭黄 15 克，
　　　　　香菜叶 10 克。

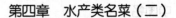
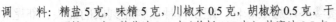

调　　料：精盐 5 克，味精 5 克，川椒末 0.5 克，胡椒粉 0.5 克，干面粉 50 克，熟猪油 100 克（约耗 100 克），芝麻油 0.5 克。

烹饪技法：干炸。

工艺流程：选料→剁茸→制茸→炸制→成菜→外带调味料上桌。

制作方法：

（1）将虾肉洗净，吸干水分，剁成虾泥，火腿、肥肉、韭黄、荸荠切成粒。将虾泥、肥肉、韭黄、荸荠肉粒放入瓦钵，加入精盐、味精、川椒末、鸡蛋液、火腿拌匀后，下干面粉搅匀成馅料。

（2）炒锅用中火烧热，下油烧至 120℃，端离火口，把馅料挤成枣形（每粒约重 20 克）。放入油锅后端回炉上，炸浸约 10 分钟呈金黄色至熟，倒入笊篱沥去油，将麻油、胡椒粉放入炒锅，随即倒入虾枣均匀上碟，把酸甜菜料和香菜叶镶在碟的四周即成。食时佐以潮州甜酱。

质量标准：虾枣色泽金黄，入口即酥，油香味浓，馅心软嫩，鲜香而微辣。

工艺关键：酸甜菜制法是将去皮萝卜条，去瓤青瓜（黄瓜）两条，面用斜刀刻密纹（刀深达瓜条厚度 1/2），然后每条斜切四五块，用精盐腌过，加大石压 4 小时，取出用清水漂至只含约 1/10 的盐分，再压干水，最后放入瓦盆，加白糖、白醋、红辣椒块搅匀，入冰箱随时食用；馅料下干面粉搅匀后，放入冰箱保鲜室内 30 分钟，可使虾枣成菜后质地脆嫩。

蘑菇虾球

"蘑菇虾球"是福建名菜。蘑菇，味道鲜美，其性平、味甘，能清神，平肝阴，治消化不良，降低血液中的胆固醇，防止动脉硬化，增强循环功能，稳定血液等，含有丰富的蛋白质、单糖、多糖和多种人体所需的微量元素，具有一定食疗作用和较高的营养价值。福建蘑菇产量多、品质佳，畅销海外。福建菜中的蘑菇肴馔制作有其独到之处，此菜是蘑菇菜中的名品。

主　　料：鲜明虾 750 克。

配　　料：鲜蘑菇（大小均匀）150 克，鸡蛋清 1 个。

调　　料：精盐 1 克，黄酒 1.5 克，白酱油 5 克，味精 2 克，葱白 5 克，姜末 3 克，干淀粉 10 克，姜汁 1.5 克，高汤 150 克，色拉油 750 克（约耗 100 克）。

烹饪技法：滑溜。

工艺流程：治净明虾→腌制→调配料加工→明虾、蘑菇上浆→滑油→姜末煸香→加入虾球、蘑菇炒制→勾芡→装盘→蘑菇围边。

制作方法：

（1）明虾洗净，去壳取肉，从虾背剞 1 刀，剔除沙线，用精盐、姜汁、黄酒腌制 10 分钟，鸡蛋清搅散，蘑菇去蒂洗净，葱白切 3.3 厘米长的段，虾肉、蘑菇放入蛋清液中上浆。

（2）酱油、干淀粉、高汤、味精兑成卤汁。

（3）将油锅烧至油温 120℃热时，放入虾肉、蘑菇，拨散，加热 1 分钟，倒进漏勺沥去油；炒锅复置旺火上，下色拉油 25 克烧热，入姜末煸香，再入葱段略炒，随即倒入卤汁烧沸，待芡均匀，放入虾球、蘑菇，颠炒几下，挂匀芡汁，起锅装盘，蘑菇围边即成。

质量标准：虾球鲜嫩，蘑菇爽脆，荤素搭配，鲜醇爽口。

工艺关键：明虾加工时，剔除沙线，去除腥味；虾肉用精盐、姜汁、黄酒腌制 10 分钟再上浆，能够增加虾肉的弹性；应掌握虾肉的滑油时间，待虾肉卷曲成虾球时倒进漏勺；装盘时，将蘑菇、虾球分开，蘑菇围盘边。

炒虾丝

"炒虾丝"是安徽名菜。此菜将虾肉砸成泥，挤丝，入温油中加热成熟，再炒至入味，风

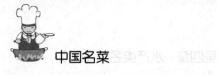

味别具一格。盘中绵延不断的缕缕虾丝耀眼夺目，配以各种原料雕刻成的虾头、虾尾和大钳足，形真神似，巧夺天工。

主　　料：虾仁250克，蛋黄糕250克。

配　　料：水发冬菇25克，熟火腿10克，熟笋25克。

调　　料：精盐5克，黄酒10克，醋2.5克，味精1克，鸡蛋清2个，干淀粉50克，鸡汤200克，色拉油1 000克（约耗50克）。

烹饪技法：炒。

工艺流程：制虾泥→制虾胶→配料切丝→雕刻虾头尾→挤虾丝→滑油→炒制→调味→装盘→造型→点缀。

制作方法：

（1）虾仁用刀砸碎，制成细泥，放入盛器，加鸡蛋清、精盐3克、味精0.5克、黄酒5克、清水10克和干淀粉搅拌上劲，制成虾胶。

（2）火腿、笋均切成7厘米的细丝。蛋黄糕雕刻成虾头、虾尾，用冬菇雕刻成一对大虾钳足，余下切成细丝。

（3）炒锅置旺火上，放入色拉油，烧至油温80℃时，将虾胶装入裱花袋中，挤出虾胶丝，入油锅，边挤边搅转，待虾丝浮起，倒入漏勺沥油。原锅中放入虾丝，加鸡汤和醋，放入火腿、冬菇、笋丝烧沸，加精盐、黄酒、味精烧至入味，盛入盘中，整理成"虾身"，装上雕刻的头、尾、大钳、足即成。

质量标准：虾丝柔韧，丝形匀落，味鲜略酸，造型美观。

工艺关键：虾仁制泥要细腻，虾泥中加入蛋清使虾胶富有弹性；虾泥加入调配料时，应充分搅拌上劲；挤虾胶时，用力要均匀，以保证丝形均匀；加热虾丝油温不宜过高，炒制速度要快，保证虾丝鲜嫩爽口。

夹心虾糕

"夹心虾糕"是安徽名菜。此菜系巢湖地区喜庆筵席上的珍品。选用我国五大淡水湖之一的巢湖特产白米虾，取其熟后不红的特点，制成洁白鲜嫩的虾茸，用绿色菜汁调配成翡翠虾泥层，用旺火蒸制而成，工艺精湛，火候独到。巢湖白虾，学名秀丽白虾，其晶莹透明，清新秀美，成为巢湖水族中的佼佼者，体长一般为3～6厘米，肉白籽黄，甲壳甚薄，微有棕斑。巢湖虾仁具有很高的营养价值和经济价值，每百克含蛋白质47.6克、脂肪0.5克，以及丰富的矿物质和多种维生素。巢湖虾仁出口海外，声誉不凡。

主　　料：虾仁200克。

配　　料：猪肥膘肉100克，绿菜叶100克。

调　　料：精盐5克，黄酒15克，香醋50克，味精0.5克，鸡蛋清2个，干淀粉5克，湿淀粉10克，鸡汤200克，色拉油10克。

烹饪技法：蒸。

工艺流程：治净虾仁→制泥→调味→制肥膘虾茸→制绿色肥膘虾茸→制夹心肥膘虾茸→蒸制→造型→点缀→勾芡→浇汁→装盘。

制作方法：

（1）虾仁置碗内，加水搅拌，除去浑水，再加清水搅拌，洗净，捞出沥干水。

（2）菜叶制成细泥。虾仁和肥膘分别制成细泥，放入碗内，加精盐2.5克、味精0.5克、清水50克、黄酒搅匀，入鸡蛋清搅上劲，加干淀粉搅匀。菜叶泥放在碗内，加精盐1克、肥膘虾茸100克，搅拌成绿色虾泥。

（3）取1只大盘，盘心薄薄地抹上一层油，肥膘虾茸分成相等的两份，先放一份虾泥在盘中，铺平，把绿色虾茸放在上面摊平，再将另一份肥膘虾泥放在绿色虾茸上摊平，成夹心肥膘虾茸。

（4）夹心肥膘虾茸用旺火蒸6分钟取出，制成虾糕；虾糕切成3厘米宽的长条，再改切成菱形块；一层层堆放成底大上小的塔形，另用虾泥制成花朵放在塔形顶部。锅置旺火上，放入鸡汤、精盐 1.5 克烧沸，撇去浮沫，勾薄芡，淋油，起锅浇入盘中即成。

质量标准：素雅悦目，鲜软可口，香醋佐食，风味别致。

工艺关键：虾仁应加水搅拌除去污水；虾仁中掺肥膘，能够改善虾茸口感；菜叶泥，加入肥膘虾茸中，应充分搅拌均匀，保证色泽一致；三层肥膘虾茸叠放约 2 厘米厚；虾糕堆放时，先把切下的虾糕边角料放在盘中心，再把整块的尖朝外围成一圈，如此一层层摆成底大上小的塔形。

红梅菜胆

"红梅菜胆"是辽宁名菜。在第二届全国烹饪技术比赛中获金牌奖，该菜选用渤海特产鲜大虾为主料，配以其他配料，煎煨而成。

主　　料：净虾肉 300 克，猪肥膘肉 75 克。

配　　料：油菜心 300 克，胡萝卜 75 克。

调　　料：精盐 5 克，番茄酱 25 克，番茄油 10 克，鸡蛋清 50 克，白糖 10 克，味精 5 克，葱 1 克，姜 3 克，淀粉 5 克，熟猪油 100 克，鲜汤 500 克。

烹饪技法：煎、煨。

工艺流程：选料→剁虾茸→制茸→煎制→煨制→调味→勾芡→成菜。

制作方法：

（1）将虾肉和猪肥膘肉分别剁成茸后，放入碗中，加精盐 2 克、鸡蛋清 50 克搅拌均匀。

（2）锅内加猪油，将虾馅做成直径为 4 厘米的丸子，下锅煎制，用炒勺轻轻按成饼，成淡黄色（大小要均匀）即可。

（3）锅内放猪油烧热，用葱、姜炝锅后，加鲜汤，放虾饼，加白糖、精盐、番茄酱等，用小火慢煨 10 分钟，汤汁浓稠时，加入番茄油，出锅装入盘中。

（4）油菜心洗净用沸水焯一下捞出，再放鲜汤、精盐、味精、白糖烧开，用湿淀粉勾芡后围在盘四周，将胡萝卜切成小三角形用沸水焯一下点缀在菜心上。

质量标准：味甜酸适度，色彩鲜明，红绿相衬，造型美观。

工艺关键：虾线要去除干净；剁茸、制茸一定要精工细作；煎制、煨制要控制好火候和时间。

烹大夹

"烹大夹"是天津名菜，属津沽大夹菜之首。"螃蟹脐分团与尖，清烹最美是双钳"。天津人称"蟹钳"为"大夹"。其外皮虽然比较坚硬，但内里的肉质却粉白细嫩，鲜美异常，成为大受青睐的美味。

主　　料：熟河蟹"大夹"肉 400 克。

调　　料：精盐 2 克，绍酒 15 克，酱油 5 克，白醋 5 克，葱丝 1.5 克，姜丝 2 克，姜末 2 克，蒜片 1.5 克，味精 1 克，芝麻油 10 克，花椒油 10 克。

烹饪技法：烹。

工艺流程：选料→加工→焯水→烹制→调味→成菜。

制作方法：

（1）将"大夹"肉撕成丝，入沸水略焯，沥净水分。

（2）炒锅置旺火上，放芝麻油烧至 160℃时，放葱丝、姜丝、蒜片爆香，下"大夹"肉烹制，烹绍酒、酱油、醋，加入味精、花椒油，翻匀装入平盘，撒上姜末即成。

质量标准：主料雪白，无汁无芡，口味鲜咸酸辛，清香爽口。

工艺关键：选用活蟹，烹制时运用中火。

雪丽大蟹

"雪丽大蟹"是山东名菜。螃蟹入馔，历史悠久。早在北魏贾思勰《齐民要术》中就记载有以糖、盐及姜末腌蟹的方法。螃蟹以其肉质细嫩、鲜美著称，素有"蟹味上桌百味淡"之说。"雪丽大蟹"是选用肉质丰满的海蟹腿肉，挂蛋泡糊炸制而成。此菜是特级烹调师杨品三在1983年全国名厨师技术表演鉴定会上的表演名菜。

主　　料：鲜海蟹6个（约重1000克）。
调　　料：花椒盐30克，绍酒15克，干淀粉15克，姜末10克，面粉10克，熟猪油750克，鸡蛋清4个。
烹饪技法：蒸、炸。
工艺流程：选料→洗涤→蒸制→腌制→挂糊→炸制→组拼→成菜。
制作方法：
(1) 海蟹洗净，入笼蒸20分钟至熟取出；取下蟹盖，分别将蟹的两条后大腿与连接部的肉一同取下，摆入盘内；再将姜末、胡椒面、绍酒、精盐均匀地撒在每只蟹腿的肉部，腌入味。
(2) 碗内加入鸡蛋清、干淀粉、面粉、清水搅匀，打成蛋泡糊。
(3) 炒锅内加熟猪油，中火烧至150℃时，将蟹腿蘸匀蛋泡糊，逐个放入油内炸透，取出摆入盘内，再摆上一个完整的蟹壳，形似一个完整的海蟹。将姜末和醋放在一个小碟内，花椒盐放另一个小碟内一同上席即成。
质量标准：红白分明，造型美观，肉鲜味美，配以姜汁、花椒盐佐食，别有风味。
工艺关键：蟹腿先浸至入味，用旺火热油180℃，炸至外皮焦黄，改用小火炸2～3分钟，再回到旺火上，以熟为度，外焦而里不干，质地上乘。

雪花蟹斗

"雪花蟹斗"是江苏名菜。苏州蟹肴，品种繁多，口味珍美，宋元间人们盛誉"吴中蟹味甚佳，世称湖蟹第一"。"雪花蟹斗"是在"芙蓉蟹"的基础上创造的一款名菜。苏州厨师尤擅长炒蟹粉，将蟹肉和蟹黄合炒成蟹粉，此菜以蟹壳作为容器，内装清炒蟹粉，上覆洁白如雪的发蛋，稍作点缀，色、香、味、形并俱，宜于分食。清代文人袁枚在《随园食单》中指出，炒蟹粉"以现剥现炒者为佳"，若放置时间一长，则"肉干而味失"。炒蟹粉时加适量的焐烂熟肥膘，可以使蟹粉更加肥润。

主　　料：净蟹粉600克，鸡蛋7只。
配　　料：香菜5克，熟火腿20克，水发香菇15克，蟹壳（斗）12只。
调　　料：精盐6克，味精1克，姜末2.5克，黄酒50克，湿淀粉20克，白糖2.5克，葱段10克，鸡清汤300克，熟猪油130克。
烹饪技法：炒。
工艺流程：蟹壳处理→装盘→打发蛋→制雪花（点缀）→笼蒸→
　　　　　炒蟹粉→烹制、调味（勾芡）→盛入蟹壳、装上雪花、点缀→浇汁→成菜。
制作方法：
(1) 将蟹壳洗刷干净，放入沸水锅中煮沸，捞出，晾干，壳背朝下排列在瓷器腰形平盘中。
(2) 将鸡蛋清（蛋黄另用）打成雪花状的发蛋。取12只小盘，抹上色拉油，将发蛋分成12份，放在盘中；熟火腿切成菱形小片；水发香菇切丝；同香菜一起分别摆在发蛋上成花朵形。
(3) 发蛋上笼用小火蒸约2分钟。取炒锅1只上火烧热，舀入熟猪油100克烧至油温100℃时，放入葱段10克煸香，捞出，再放入蟹粉轻轻炒和，加黄酒、精盐5克、白糖、姜末、鸡清汤150克，烧沸后盖上锅盖，移小火焖约2分钟，再转旺火，用湿淀粉10克勾芡，淋入熟猪油10克，起锅均匀装入蟹壳（斗）内，分别装上熟雪花。

（4）炒锅置中火上，舀入鸡清汤150克烧沸，加入精盐1克、味精1克，加入10克湿淀粉勾芡，再淋入熟猪油20克搅匀，浇在雪花蟹斗上即成。

质量标准：蟹粉金黄，雪花洁白，肉嫩味鲜，蟹黄油润肥香。

工艺关键：蟹壳必须用沸水煮过，起杀菌消毒的作用；蛋清需打发，以竹筷插入其内不倒为标准；发蛋放在盘上蒸之前，盘上需抹上一层猪油，否则蒸熟后不易取下；蒸发蛋时应用小火，且蒸的时间不能长，否则形瘪，影响美观；炒蟹粉时动作要轻，以免蟹黄、蟹肉散碎；加糖旨在起鲜，但用糖量不能过多；在掌握火候上，炒蟹粉时不要过旺，否则粘底肉老；卤汁、湿淀粉量宜少，成玻璃卤汁，黏附在雪花上，起增光的作用。

炸蟹卷

"炸蟹卷"是安徽名菜。中国食蟹历史悠久，《周礼》、《齐民要术》均有记述。宋代出现《蟹谱》等专著，蟹馔名品迭出。此菜是取蟹肉、配鳜鱼肉等制成馅心，用猪网油包卷油炸而成。此菜外皮脆香，蟹肉加鳜鱼肉更鲜，蘸甜面酱食用又增加了甜鲜，是徽州秋令佳品。

主　　料：蟹肉150克。

配　　料：鳜鱼肉100克，猪网油150克，熟火腿末5克，鸡蛋3个。

调　　料：精盐2.5克，白糖5克，甜米酒25克，葱末5克，姜末10克，花椒盐1克，面粉15克，米粉10克，白胡椒粉0.5克，色拉油750克（约耗50克）。

烹饪技法：炸。

工艺流程：鳜鱼肉洗净→剁碎→调味→搅拌→调蛋糊→制鱼蟹肉卷→挂糊→炸制→切块→装盘→撒花椒盐→造型→点缀。

制作方法：

（1）鳜鱼肉剁碎，放入碗内，加葱、姜、白胡椒粉、甜米酒、火腿、精盐、蟹肉和鸡蛋（1个），搅拌上劲。

（2）鸡蛋（2个）入另一碗内，加入干淀粉，面粉搅拌成蛋糊。猪网油洗净，晾干，铺在案板上，撒上米粉，抹匀，放上蟹肉，理成条状，用网油包卷成圆筒状，两头叠好，用鸡蛋糊封口。

（3）炒锅置中火上，放入色拉油，烧至油温140℃时，将蟹卷挂糊下锅，炸至金黄时捞出，斜切成象眼块，装盘，堆放成菊花状，撒上花椒盐即成。

质量标准：色泽金黄，鱼蟹两鲜，外脆里嫩，形态美观。

工艺关键：鳜鱼肉剁碎的形状如蟹肉状，预先入味；网油洗净后需晾干，包卷成的圆筒状如香肠粗，两头叠好，用鸡蛋糊封口，以防炸时蟹肉渗出；蛋糊厚薄调制得当，挂糊下油锅时动作要迅速；掌握油炸温度与油炸时间，达到外脆里嫩的口感。

复习与思考

一、填空题

1."罗汉大虾"是北京"_____"中的著名菜肴。装盘后，上红下黄，因其外形凸起似袒腹大肚罗汉，故名"罗汉大虾"。

2."椒盐基围虾"是北京名菜。其质量标准是_____，_____。

3.龙虾是海洋中最大的虾类，以_____和_____所产质量为佳。

4. 灼，是将物料投入_____或_____中烹熟。没有汁，也不加芡，主要是保持物料的原味。

5. "炒虾丝"是安徽名菜。此菜以虾肉塌成泥，挤丝，入_____中加热成熟，再炒至入味，风味别具一格。

6. "雪丽大蟹"是选用肉质丰满的海蟹_____，挂_____炸制而成。

7. 炒蟹粉时加适量的焐烂熟_____，可以使蟹粉更加肥润。

8. "雪花蟹斗"是在"_____"的基础上创造的一款名菜。

9. "炸蟹卷"是安徽名菜。此菜是取蟹肉、配鳜鱼肉等制成馅心，用_____包卷油炸而成。

10. "雪丽大蟹"是选用肉质丰满的海蟹腿肉，挂_____炸制而成。

11. "烹大夹"是天津名菜，其工艺关键是选用活蟹，烹制时运用_____火。

二、简答题

1. 简述"橘子大虾"的制作要领。

2. 简述"罗汉大虾"的制作工艺流程。

3. "干炸虾枣"的工艺关键是什么？

4. "蘑菇虾球"是福建名菜。其制作方法是什么？

5. "炒虾丝"的工艺关键是什么？

6. "夹心虾糕"的质量标准是什么？

7. 炝制青虾的操作要领是什么？

8. 制作"生炊龙虾"时，应注意什么？

第五章 鱼类名菜

🔍 学习任务和目标

- 🐟 学习鱼类名菜，关注因季节不同所致的货源供给变化。
- 🐟 理解不同名菜的质量标准，在制作过程中予以体现。
- 🐟 按照岗位责任要求，做到安全卫生达到标准。

生煎马哈鱼

"生煎马哈鱼"是黑龙江省的风味名肴。大马哈鱼学名蛙鱼，喜栖居于冷水中，一生过着旅行生活。它生活在江里，卵化以后就顺流而下，进入海中，一般在海洋漫游4年，长大后又从鄂霍次克海一带进入黑龙江，返回故乡。在还乡的旅途中废寝忘食，以一昼夜逆游约30公里的速度向前挺进。到达阔别4年的故乡后，寻找水源清澈、河底有砂砾和泉眼的地方，履行一生一次的繁殖后代的使命。排卵期间，雌鱼用尾巴将砂砾掘成一个长约1米、深30厘米的坑。将卵埋入坑中，以保护鱼卵的发育成长。之后，雌雄蛙鱼便双双死去。一代一代，周而复始。此菜为高档宴席上的珍品。

主　　料：净大马哈鱼肉500克。
配　　料：鸡脯肉150克，青椒5个。
调　　料：精盐5克，绍酒5克，味精2克，鸡蛋清3个，葱10克，湿淀粉30克，姜10克，鲜汤200克，熟豆油100克，芝麻油15克。
烹饪技法：煎、蒸。
工艺流程：选料→治净→切配→腌制→煎制→调味→组拼→成菜。
制作方法：
（1）将马哈鱼肉顺着用斜刀法片成0.5厘米厚的大片，加入精盐、味精、绍酒、芝麻油腌制约30分钟。
（2）将鸡脯肉斩成细茸后，加入蛋清搅匀，再加上适量精盐、味精、绍酒搅拌均匀；用模具把青椒压成12个青蛙形，然后把鸡茸酿入青椒上面。
（3）勺内放入豆油烧热，加入葱、姜块炝锅取出，把鱼片放入热油勺内，慢火，煎熟出勺，码入盘中间。将鸡茸青蛙上笼屉蒸约3分钟，熟后取出，摆入盘内四周，然后勺内加入鲜汤烧开，撇净浮沫，加上精盐、味精、绍酒调味，用调稀的湿淀粉勾芡，浇在鸡茸青蛙上即成。
质量标准：造型美观，技法精致，口味咸香，软嫩鲜醇。
工艺关键：鱼片必须用调料腌制入味；鸡茸酿入青椒之前，要先拍上干粉，以防鸡茸脱落；用中火煎制，防止外焦内不熟。

碧波鳜鱼卷

"碧波鳜鱼卷"是黑龙江名菜。鳜鱼又名季花鱼，除青藏高原外，全国广有分布，是我国

名贵淡水食用鱼之一。鳜鱼肉质细嫩，味鲜美，多刺，以松花江产质量最佳，此鱼一年四季均产，以2～3月份产的最肥。每100克鳜鱼内含水分78克、蛋白质18.5克、脂肪3.5克，并富含矿物质及多种维生素，其肉性甘平，具益脾胃之功能，用于虚劳羸瘦等症，是黑龙江特产"三花"之一。

主　　料：鲜活鳜鱼1尾（约重1000克）。

配　　料：火腿肉50克，水发香菇50克，竹笋6克，菠菜汁50克。

调　　料：精盐4克，花雕酒5克，味精5克，葱姜汁5克，淀粉5克。

烹饪技法：蒸。

工艺流程：选料→治净→切配→腌制→卷制→蒸制→浇汁→成菜。

制作方法：

（1）将鳜鱼加工干净，去鳞、鳃、内脏，鱼头切下整形，鱼肉去骨，片大薄片腌制，将火腿、香菇、竹笋切丝卷在鱼片内，上笼急火蒸15分钟取出。

（2）锅上火烧热，加入葱姜汁、菠菜汁、精盐5克、味精2克烧开，勾薄芡，浇汁即成。

质量标准：造型美观，碧波翠绿，鱼肉鲜嫩。

工艺关键：要掌握好蒸制的火候和时间；把握好调味料比例，调好味型。

八宝吉花鱼

"八宝吉花鱼"是"松花湖鱼宴"中的一道热制大菜。"松花湖鱼宴"是吉林地区的风味名宴，由1个整雕、8个冷拼围碟、10道热菜、2道点心组成。吉林松花湖地处松花江中部，源头在长白山天池，经水电站大坝拦截形成全国最大的人工湖。湖长300余里，湖面宽阔，水质清澈，富含天然营养饵料，盛产多种优质淡水鱼。此鱼以肉质肥嫩、味道鲜美、色泽鲜明、无土腥味而著称。其中一鲤（鲤鱼）、一鳇（鳇鱼）、三花（鳌花、鳊花、吉花）、五罗（蜇罗鱼、法罗鱼、胡罗鱼、雅罗鱼、同罗鱼）最负盛名。"松花湖鱼宴"全宴菜肴皆鱼，通过变换烹饪技法烹制出的全鱼席，脍炙人口。

主　　料：吉花鱼1尾（约重700克）。

配　　料：水发海参20克，水发冬菇25克，冬笋25克，火腿20克，鸡脯肉35克，香菜叶15克。

调　　料：精盐5克，绍酒10克，酱油5克，味精5克，胡椒粉5克，葱丁20克，姜末20克，蒜末10克，淀粉30克，食用油80克。

烹饪技法：煸炒、蒸。

工艺流程：选料→治净→切配→腌制→炒制→装入鱼腹→鸡茸封口→蒸制→浇汁→成熟。

制作方法：

（1）将鲜活吉花鱼从脊背开口，除去内脏、鳃，洗净，用开水烫片刻，刮去黑皮，再以脊背紧贴脊骨片两刀，除去脊骨，加精盐、绍酒、味精、葱姜汁腌至入味。火腿、冬菇、冬笋、海参、鸡脯肉切成粒。

（2）炒勺置旺火上，加入15克食用油烧热，放入葱、姜、煸炒，下入海参、冬菇、冬笋、鸡脯肉、火腿炒匀，加入酱油、绍酒、味精、蒜末调味，盛入碗内，装入吉花鱼腹中，用少许鸡茸封严开口，撒上食用油。

（3）将装好的吉花鱼上笼屉蒸20分钟取出，控净余汁，用火腿、香菜点缀美化。

（4）另起勺上旺火，放入鸡汤、精盐、味精调好味，勾以米汤芡，浇在鱼身上即可。

质量标准：鱼肉细嫩，味道鲜美，馅香醇浓，造型美观。

工艺关键：烫鱼时，水温以80～90℃为宜，切忌把鱼皮烫破，影响造型；米汤芡汁要撇净浮沫，做到色泽透明，味道醇厚，行话叫"明汁亮芡"；馅心煸炒至熟，调好口味后再填入鱼腹；蒸鱼的时间不可过长，以不超过20分钟为宜。

干烧开片鲤鱼

"干烧开片鲤鱼"是吉林传统名菜，选用松花湖金丝鲤鱼，从脊背片开鱼腹相连，形似两条对尾鱼，采用干烧技法烹制而成。

主　　料：活鲤鱼750克。
配　　料：猪肥膘15克，鲜笋10克，榨菜10克，胡萝卜10克，水发冬菇5克，豌豆10克，干辣椒5克，洋葱10克。
调　　料：精盐5克，绍酒10克，醋4克，白糖40克，酱油25克，姜10克，蒜2克，鸡汤350克，植物油1000克。
烹饪技法：干烧。
工艺流程：选料→治净→背开→切配→腌制→炸制→干烧→调味→收汁→成菜。
制作方法：
（1）将鲤鱼去鳃，从脊背开口取内脏，治净，从脊背片至尾，劈成对尾大片，再从脊背骨下片一刀切下脊骨，把鱼身翻过来，切成斜刀口，用绍酒、酱油腌入味；鲜笋、胡萝卜、榨菜、冬菇、洋葱、干辣椒均切成筷子头方丁；葱、蒜末。
（2）炒勺内放油烧180℃，下鱼炸成枣红色，捞出控油。
（3）另起勺上火，加底油25克，放姜末、干辣椒、肥肉、榨菜、冬菇丁煸炒出香味，放入酱油、鸡汤、鲤鱼、白糖、醋、绍酒、蒜烧开，转小火烧透，加入豌豆和洋葱、胡萝卜，再转旺火收汁，至汁色红亮、浓稠时大翻勺装盘。
质量标准：造型美观，咸辣微甜，芡汁红亮，鱼鲜味香。
工艺关键：切配时，两片鱼要加工对称；炸制时，控制好油温。

奶油麒麟鳜鱼

"奶油麒麟鳜鱼"是吉林名菜。因其形态似"麒麟"而得名。

主　　料：净鳜鱼1尾，奶汤750克。
配　　料：水发香菇10克，水发玉兰片10克，水发木耳10克，胡萝卜10克，鸡蛋1个，鸡蛋清1个，生鸡脯肉25克。
调　　料：精盐5克，绍酒10克，味精2克，葱5克，姜5克，蒜5克，湿淀粉10克，猪油40克。
烹饪技法：蒸。
工艺流程：选料→治净→焯水→造型→蒸制→浇汁→成菜。
制作方法：
（1）将鳜鱼去头，从脊背处下刀剖出鱼肉，治净，用斜刀剖成2.5厘米宽的刀纹，深至鱼皮；把鱼肚两侧顺着切下两条；下开水锅分别焯水，待用。
（2）把香菇、玉兰片、木耳、胡萝卜切成相等的圆片，呈鱼鳞形。葱、姜、蒜切末。
（3）把烫好的鱼放在盘中，再把切下的两条肚腩，顺着放在鱼的前部对好，鱼头前部翘起，鱼尾扁着摆在鱼后面对好，鱼尾后部翘起，使鱼头、体、尾形成一体。
（4）把切好的香菇、玉兰片、木耳、胡萝卜配好颜色插在鱼身上的花刀处，呈麒麟状。
（5）将生鸡脯肉砸成细泥，加入鸡蛋清、高汤25克搅匀后再加精盐，搅成泥。
（6）将鸡蛋煮熟后去皮，顺着切八瓣，蛋黄取出，将鸡泥抹在每瓣的蛋黄处成形，用胡萝卜和香菇点缀一下，摆在鳜鱼的鱼膛两侧。用鸡汤25克、精盐、味精、绍酒浇在鱼身上。
（7）将摆好的鳜鱼上笼屉蒸15分钟取出，滗去水分。
（8）勺内放入底油，烧热后用葱姜蒜炝锅，添入奶汤，加入精盐、味精，烧开后，用湿淀粉勾成米汤芡，淋上明油，浇在鱼身上即成。
质量标准：肉嫩味鲜，汁白芡亮，形似麒麟。
工艺关键：刀工细致入微、整齐划一；"鳞片"、镶嵌整齐；奶汤中放几粒红樱桃，用鸡泥做成两只小鸟更佳；勾芡不可过浓。

清蒸白鱼

"清蒸白鱼"是吉林省传统菜肴，以松花江上游吉林地区为代表。松花江素有名鱼"三花一岛"之称，其"一岛"即是白鱼，旧时渔民野炊，以江水炖鱼，其中唯有白鱼最鲜美，后来逐步发展为"清蒸白鱼"，并且在民间广为流传。据说乾隆年间，皇帝东巡吉林，此菜上了圣宴，博得皇帝恩宠，被赐为关东佳味。此后"清蒸白鱼"便成为鲜美无比的佳肴，世代相传。

主　　料：松花江白鱼1尾（约重700克）。
配　　料：猪肥膘100克，香菇10克。
调　　料：精盐5克，绍酒5克，味精5克，葱5克，姜5克，鲜汤100克。
烹饪技法：蒸。
工艺流程：选料→治净→切配→腌制→造型→蒸制→浇汁→成菜。
制作方法：
（1）将白鱼去鳞、鳃，内脏洗净，用刀在鱼身两面切网状花刀；肥膘肉切梳子花刀，用沸水焯成"风轮"形；姜切片；葱切段；香菇切片。
（2）将鱼用精盐、绍酒、味精腌制入味，腹内放葱、姜、香菇片。再将肥膘肉放鱼上面，"风轮"中间放香菇，加盖，装盘，上笼屉蒸20分钟取出。
（3）炒勺内加鲜汤置旺火上，加精盐、味精调味后，浇在蒸好的鱼身上即成。
质量标准：肉质细嫩，色泽洁白，口味鲜美、清淡。
工艺关键：选择新鲜的白鱼作主料；鱼在初步加工时，要注意鱼形完整，去鳞时不要把鱼皮刮破，以免影响菜肴的形状；蒸鱼时，用旺火大汽一次蒸制完成。

红鲷戏珠

"红鲷戏珠"是辽宁传统名菜。红鲷又名加吉鱼、加力鱼、铜盆鱼，是渤海与黄海的名贵经济鱼类，以辽宁大连一带产的最为肥美，立夏至初伏时节最佳。头尖面圆，体方长，面侧扁，除胸部、跟前骨及眼下骨部位外，通体布满鳞片，侧线完全，颜色浅红而鲜亮，背部带有淡淡的绿色斑点。鱼形象征着丰收，而戏珠之鱼则表现人们在丰收之后的那种喜悦、欢快的情趣，反映了美好生活的图景。

主　　料：加吉鱼1尾（约重1000克）。
配　　料：熟猪肉50克，净鱼肉100克，火腿15克，冬笋10克，水发香菇10克，香菜梗10克，鸡蛋清50克，鸡蛋黄1个，青菜汁10克。
调　　料：精盐8克，绍酒20克，味精5克，肥猪肉15克，葱10克，姜10克，清汤100克，花椒10粒，香油5克。
烹饪技法：蒸。
工艺流程：选料→治净→剁茸→制茸→成形→余制→拼摆→浇汁→成菜选料→治净→腌制→蒸制→组拼→浇汁→成菜。
制作方法：
（1）将加吉鱼治净，以鱼鳃处开口，取出内脏，洗净，然后在鱼身两侧间隔4厘米剞一斜直刀口；把火腿、冬笋、香菇、葱、姜切丝；肥猪肉切成梳子片；香菜梗切成寸段。
（2）将鱼肉剁成细泥，加蛋清、猪油、味精、精盐搅匀，分三等份，一份加蛋黄、一份加青菜汁、一份保持原色，分别挤成形如珍珠的小鱼丸，放入开水中余熟捞出。
（3）手提鱼尾，将鱼放入沸水略烫，使鱼身刀口张开，除去血水和鱼腥味，捞出沥去水分，用绍酒、精盐、味精拌匀抹遍鱼身，并将火腿、冬笋、香菇、香菜及肥肉间隔地摆在鱼身上，加鸡汤，上笼蒸至熟透取出，笔去水，拣出花椒，将三种鱼丸对称地摆在鱼四周。

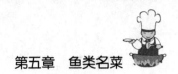

（4）炒勺内加上鸡汤、绍酒、精盐、味精烧沸，撇去浮沫，淋入麻油，淋在鱼身和珍珠鱼丸上即成。

质量标准：造型美观，鲜艳悦目，鱼体丰满，肉质肥腴，清淡醇香。

工艺关键：搅打上劲，挤丸子至盛有水的碗中，漂起不散为佳；氽制时一起下入锅中；旺火蒸制 7～8 分钟，若蒸制时间长会失形且口感差；装饰在鱼身上的配料，要用曲线刀切割，码放整齐。

白扒鱼扇

"白扒鱼扇"是辽宁传统名菜。辽东半岛三面环海，海鱼众多，珍品有"一鳎二鲳三鲜"之说，即舌鳎、鲳鱼、鲜牙鳊鱼，皆肉质细嫩，刺少味鲜。此菜选用鲜牙鳊鱼经煎、扒技法精制而成。

主　　料：鲜牙鳊鱼 1 尾（约重 750 克）。
配　　料：火腿 10 克，油菜 15 克。
调　　料：精盐 6 克，绍酒 15 克，鸡蛋清 50 克，醋 10 克，胡椒粉 3 克，味精 5 克，湿淀粉 30 克，面粉 50 克，鲜汤 2 000 克，熟猪油 100 克。
烹饪技法：煎、扒。
工艺流程：选料→治净→切配→腌制→拍粉拖蛋→煎制→烧制→勾芡→成菜。
制作方法：
（1）将鱼去鳃、内脏、鳞，整理干净，剔下鱼肉，剞刀后腌制；然后拍粉拖蛋，下入勺中用小火轻轻煎制呈金黄色；火腿、油菜均切成菱形片。
（2）炒勺放底油烧热，下入葱姜、火腿片、油菜片，加入绍酒、鲜汤、精盐、醋和胡椒粉烧开后，撇去浮沫，拣出葱姜，放入煎好的鱼扇，用小火扒透入味后，勾芡，大翻勺出勺，整齐地拖入盘中即可。
质量标准：色泽洁白，鲜嫩味醇，清淡爽口，淡雅宜入。
工艺关键：剔鱼肉时，鱼肉不碎，剞刀时深浅适宜，保持鱼扇完整；掌握好火候，要保持形状完整，鱼肉洁白鲜嫩。

双色珊瑚鱼

"双色珊瑚鱼"是山东名菜。草鱼又称鲩鱼，与青鱼、鳙鱼、鲢鱼并称中国四大淡水鱼。草鱼以草为食，故北方饲养草鱼较多。草鱼背部呈黑褐色，鳞片边缘为深褐色，胸、腹鳍为灰黄色，侧线平直，肉白嫩，骨刺少，适合切花刀作菊花鱼等造型菜。

主　　料：净草鱼肉 1 000 克。
调　　料：精盐 3 克，番茄酱 150 克，柠檬汁 150 克，白糖 300 克，白醋 80 克，绍酒 50 克，葱末、姜末、蒜末各 100 克，青豆 50 克，高汤 500 克，粉团 300 克，花生油 800 克（约耗 100 克）。
烹饪技法：炸、熘。
工艺流程：选料→切配→腌制→拍粉→炸制→浇汁→成菜。
制作方法：
（1）两扇鱼肉切成珊瑚状，加精盐、味精、绍酒腌渍入味。
（2）把切好的珊瑚鱼周身蘸匀干粉团，入 200℃的油中炸透，捞出盛在盘内。
（3）葱末、姜末、蒜末炝锅，将调制好的番茄汁（红色）、柠檬汁（黄色）分别浇在两扇鱼肉上即成。
质量标准：肉质肥嫩，味鲜美。
工艺关键：刀工要细腻、严谨；双色汁的口味、颜色要烹制好；掌握好油温。

罾蹦鲤鱼

"罾蹦鲤鱼"是天津传统名菜，以带鳞活鲤鱼炸溜而成。因其成菜后鱼形如同在罾网中挣扎蹦跃而得名。上桌时趁热浇以滚烫的卤汁，热气蒸腾，香味四溢，热鱼吸热汁，"吱吱"声不绝，视觉、听觉、嗅觉、味觉俱佳，格外增添食趣。相传，此菜出于清光绪末年的"天一坊"饭庄。据陆辛农《食事杂诗辑》载：1900年八国联军侵占天津，纵兵行抢。流氓地痞趁火打劫后，来至"天一坊"大吃大喝。点菜时，误将"青虾炸蹦两吃"呼为"罾蹦鱼"。侍者为之纠正，点菜人恼羞成怒，欲闹事。照应人（主持饭庄服务的"堂头"）忙上前劝说："确有此菜，此侍者新来不识。"随后急入厨房"使择大活鲤，宰杀去脏留鳞，沸油速炸，捞出盛盘浇汁，全尾乍鳞，脆嫩香美，从此乃有此菜至今"。陆氏还作诗云"北箔南罡百世渔，东西淀说海神居，名传第一白洋鲤，烹做津沽罾蹦鱼"，以纪其事。

主　　料：鲜鲤鱼1尾（约重750克）。
配　　料：青辣椒丝12克，鲜红辣椒丝12克。
调　　料：精盐0.5克，白糖100克，绍酒15克，葱丝1克，姜丝1克，蒜丝0.5克，姜汁5克，醋80克，湿淀粉25克，肉清汤60克，花椒油10克，花生油1500克（约耗175克）。
烹饪技法：炸、熘。
工艺流程：选料→初加工→炸制→浇汁→成菜。
制作方法：
（1）将鲤鱼去鳃，留鳞、鳍，顺腹部中间开膛，去内脏、腹内黑膜，贴着中刺两侧割断软刺，再在大刺中间剁两刀，在头底部劈一刀（头的顶部不能断开，皮肉必须完整），使鱼头和鱼腹向两侧散开，脊背朝上，伏卧盘中待用。
（2）锅置旺火上，注入花生油烧至200℃时，一手提鱼头，一手提鱼尾，背朝下左右活动着下入热油，使鱼鳞翻起。然后，再将鱼背朝上，将鱼炸至头骨发酥，捞出，仍伏卧盘中。
（3）另起锅置旺火上，放花生油15克烧至150℃，下葱丝、姜丝、蒜丝爆香，放入白糖、精盐、绍酒、姜汁、醋、辣椒丝、肉清汤。汤沸后，以湿淀粉勾薄芡，淋入花椒油搅匀，盛入小碗，与炸鱼迅即上席，浇在鱼身上即成。
质量标准：鳞骨酥脆，肉质鲜嫩，大酸大甜。
工艺关键：鲤鱼腹内的黑膜要去除干净，不然腥味很重；炸制的成熟状态要控制好，达到鱼骨、鱼鳞至酥程度。

苏三鱼

"苏三鱼"是山西名菜。明正德年间，山西洪洞县发生了"苏三冤案"。苏三的昔日恋人王金龙已经作了八府巡按，在太原发现了苏三的案卷，命洪洞县衙起解苏三到省城复查，押解途中，他们经过洪洞城外的"三边路小客店"，受到店主的款待。后来，苏三的冤案平反，苏三成了王金龙的夫人，为感谢店主，她派人送去银子300两。从此，三边路小客店生意兴隆起来，先后有3家饭庄开业，远近闻名，客店旁莲花池中的鲤鱼与鲜藕成了饭桌上的佳肴。到咸丰年间，附近增加了几家饭馆，有个叫王兴的师傅，以制作鲤鱼闻名。随着戏剧《玉堂春》的出现，苏三成了妇孺皆知的人物，王兴烹饪的鲤鱼也名扬三晋。

主　　料：鲤鱼750克。
配　　料：猪肥膘肉50克，樱桃20克，鸡肉50克，鸡蛋清75克，蛋糕50克。
调　　料：精盐5克，白砂糖30克，番茄酱50克，绍酒15克，醋45克，酱油15克，味精2克，蚕豆粉20克，胡椒粉2克，香菜25克，小葱10克，大蒜10克，干红辣椒10克，姜10

克，熟猪油 1 000 克（约耗 40 克）。

烹饪技法：炸、熘。

工艺流程：选料→初加工→腌制→挂糊→炸制→组拼→浇汁→成菜。

制作方法：

（1）将鱼鳞刮洗净，从鱼下颌至腹部用力划开，取出内脏和脊骨，但鱼背部必须连接，呈合页状，在鱼腹背处打上刀口，用调料腌制。

（2）将蛋糕雕成"老式锁"形状；肥肉划梳子花刀做成一大二小的片，用开水汆过；鸡肉斩剁成茸状；肥肉片拍粉抹鸡茸，贴香菜叶和红辣椒片，用油炸后备用；蛋清兑淀粉搅成蛋清糊，蛋清糊抹在浸渍好的鱼身上。

（3）炒勺内放猪油烧热放入抹糊的鱼炸至熟透，呈金黄色捞出装盘。

（4）蛋泡糊用温油汆一下，把红樱桃放在蛋泡糊上作为鱼的眼睛。

（5）炒勺放油上火，下入葱、姜、蒜末炒香，放番茄酱、白糖、醋、酱油、高汤 150 毫升，兑好口味，勾芡粉加明油浇鱼身上。

（6）再放上制好的锁口、锁子，即成苏三起解时的枷形。

质量标准：造型逼真，色泽鲜艳，香味扑鼻，酸甜可口。

工艺关键：炸鱼时，旺火热油定型，微火温油炸透，最后大火冲炸，使之外酥里嫩。

蛟龙献宝

"蛟龙献宝"是山西名菜，由清宫御膳房人称"老神仙"的名厨许德盛传授给屈志明厨师。现由侯马市"新田饭庄"许德盛的第三、四代传人黄静亚、刘会生继承。

主　　料：鲜鲤鱼 1 尾。

配　　料：粉条 2 根，鹌鹑蛋 1 个，菠菜松 250 克，樱桃 2 颗，蛋黄，蛋白糕 50 克。

调　　料：番茄酱 30 克，料酒 15 克，姜末 10 克，淀粉 25 克，葱 10 克，白糖 15 克，蒜 10 克，米醋 15 克，酱油 25 克，高汤 150 克。

烹饪技法：炸、熘。

工艺流程：选料→初加工→切配→腌制→炸制→组拼→浇汁→成菜。

制作方法：

（1）将鲤鱼刮鳞去鳃去内脏，从鱼鳃处下刀切掉鱼头，修成元宝形；用刀贴紧鱼脊骨，片至鱼尾成两片，剔去腹刺，改刀成鱼鳞花刀，酱味腌制 20 分钟左右，把鱼腹部肉修成 4 个龙爪。

（2）将蛋黄、蛋白糕分别制作成云彩状；把鹌鹑蛋煮熟剥皮；将两根粉条入油锅内稍炸取出。

（3）将一片鱼折叠成龙身，挂上蛋糊，下油锅炸成金黄色，鱼头清蒸熟后取出保持元宝形。

（4）用直径 40 厘米的大盘，下铺菠菜松，周边摆放"云彩"。将龙头、龙身拼在一起，元宝、鹌鹑蛋摆放于龙头前，粉条作龙须，蒜牙作龙牙，蛋白糕、樱桃作龙眼。

（5）将调料及高汤下锅制成糖醋汁，浇于龙身即可。

质量标准：色泽红润，形似蛟龙，酸甜酥香，诱人食欲。

工艺关键：此为花色菜式，重在刀工，要求色调和谐，造型生动。

金毛狮子鱼

"金毛狮子鱼"是河北名菜，始于民国初期，最早由石家庄市的"中华饭庄"名厨袁清芳创制。此菜以鲤鱼为主料熘制而成，因成菜色泽金黄、形似狮子而得名。1952 年，在河北八大城市烹调技术表演赛中，袁清芳烹制的"金毛狮子鱼"获得了高度评价，后经其弟子刘振山改进，更加完善。该菜是 1983 年全国烹饪鉴定会的名菜。

主　　料：鲤鱼 1.25 千克。

配　　料：水发香菇 25 克，水发玉兰片 25 克，火腿 25 克。

调　　料：精盐 2 克，白糖 250 克，番茄酱 150 克，绍酒 75 克，鸡蛋黄 4 个，湿淀粉 120 克，醋 75
克，葱 15 克，姜 10 克，蒜 20 克，油 4 千克（约耗 750 克）。

烹饪技法：炸、熘。

工艺流程：选料→初加工→细加工→挂糊→炸制→浇汁→成菜。

制作方法：

（1）将鲤鱼去鳞、去鳃、去内脏（从鱼的腹部中间开刀）整洗干净。

（2）鱼背朝外放在墩上，持刀从鱼体中部斜片至鳃部，一片是一片，用刀逐次向尾部片去（约 12 片）。
片成长 8 厘米、宽 3 厘米的薄片，将鱼体的两面片好。鱼里面的片数要少于外面的片数（2～3
片），然后将所片的薄片用剪刀逐片剪成细丝（整个鱼约剪 130 条丝）。葱姜切丝、蒜切末。玉
兰片、香菇、火腿均切丝。将鸡蛋黄、淀粉 100 克调成糊待用。将剩余的淀粉加入料酒、葱、
姜、蒜、白糖、醋、番茄酱、精盐和配料兑成汁待用。

（3）另起锅上火，加入油烧至 160℃时，将鱼均匀地挂上蛋糊，双手提起鱼腹（一手提近头部，一手
提近尾部），放入油锅，及时前后、左右抖动，使鱼丝从鱼背骨向两侧均匀地散开炸起。然后，
用筷子夹住鱼尾，用手勺按住鱼头定型，炸至金黄色后将鱼翻个，视已炸透捞出，放入盘中。

（4）另起锅加入底油，倒入兑好的混合汁，待汁爆起时，炒匀点明油出锅，浇在鱼身上即成。

质量标准：形似雄狮，美观大方，色泽金黄，外焦里嫩，酸甜鲜香。

工艺关键：刀工均匀；挂糊稀稠恰当；控制好油温，操作手法正确；调味比例正确，明油亮芡。

潘鱼

"潘鱼"是北京传统名菜，以活鲤鱼为主料制成。此菜为晚清大臣潘祖荫所创，他喜欢食
鱼，但忌油腻，厨师按他提出的方法，不加任何油脂制成一种清鲜爽口的鱼菜，取名为"潘
鱼"，也称"潘氏清蒸鱼"。现已成为北京"同和居饭店"的风味热菜之一。

主　　料：活鲤鱼 1 条（约重 500 克）。

配　　料：干香菇 5 克，大海米 3 克。

调　　料：精盐 2.5 克，绍酒 10 克，酱油 5 克，味精 3.5 克，鸡汤 750 克，葱段 7.5 克，去皮姜
片 3 克。

烹饪技法：蒸。

工艺流程：选料→加工→烫鱼→装碗→调味→蒸制→成菜。

制作方法：

（1）将鲤鱼治净，拦腰斜着切成两截；干香菇洗净，去蒂，瓣成小块。

（2）将鲤鱼用开水稍烫，放入大碗里，加精盐、味精、香菇、大海米、葱段、姜片、绍酒、鸡汤，
上屉用旺火蒸约 20 分钟取出，去葱姜即成。

质量标准：色泽微红，味咸鲜，清鲜不腥，肉质软嫩可口。

工艺关键：鱼一定要鲜活，宰杀后要洗净血水，刮尽腔内黑膜；蒸之前要用开水烫一下，以使此菜
味鲜而纯正；蒸鱼应用旺火蒸制，一气呵成。

干煎鱼

"干煎鱼"是北京名菜，以鳜鱼为主料煎制而成，是一道色质香形俱美的佳肴。此菜是北
京"萃华楼饭庄"第一代特级厨师曲有功擅长的菜肴。

主　　料：鳜鱼 1 条（约重 750 克）。

调　　料：精盐 3 克，味精 2 克，白糖 1 克，香糟酒 7.5 克，鸡蛋 2 个，面粉 7.5 克，青椒 5 克，熟
猪油 100 克（约耗 50 克）。

烹饪技法：煎。

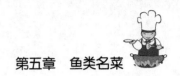

工艺流程：选料→治净→切配→烫鱼→腌制→挂糊→煎制→调味→成菜。

制作方法：

（1）将鳜鱼治净，刮去鱼身上的黑衣，用净布擦干鱼身，用斜刀法在鱼身两面每隔 1.3 厘米切一刀，深及鱼骨，然后抹上精盐腌制半小时，用开水稍烫。将青蒜切成 1.2 厘米长的段。

（2）将青蒜段与香糟酒、白糖、味精一起放在碗里兑成汁。把腌过的鳜鱼先裹上一层面粉，再蘸满鸡蛋液。

（3）炒锅置旺火上，下熟油 40 克烧热，放入鳜鱼，两面各煎至金黄色时，滗出锅里的余油，倒入调好的汁，晃动炒锅，将鱼翻面，再晃动几下，使鱼均匀入味后装盘。

质量标准：色泽金黄油亮，鱼形完整，香糟味与鱼味融为一体，鲜味突出，肉质软嫩。

工艺关键：腌制的时间要适中，不可过长或过短；煎鱼要将炒锅滑好，以免条粘锅，采用旺火煎至鱼定型，小火煎透，旺火烹汁；煎至金黄色的鳜鱼烹汁后，不可在锅中加热过久。

醋椒鱼

"醋椒鱼"是北京名菜。早年"丰泽园饭庄"备有几个大木盆，养着许多活鱼，专为烹制"醋椒鱼"、"酱汁活鱼"等菜之用。制作"醋椒鱼"选用鳜鱼、草鱼、青鱼均可，但必须是活鱼，讲究现杀现做。

主　　料：活鳜鱼 1 条（约重 750 克）。

调　　料：精盐 3.5 克，绍酒 10 克，白胡椒粉 2.5 克，葱 10 克，姜末 5 克，姜汁 5 克，香菜 10 克，醋 50 克，味精 2.5 克，鸡汤 1 000 克，熟猪油 50 克，芝麻油 10 克。

烹饪技法：炖。

工艺流程：选料→初加工→烫鱼→切配→炖制→调味→成菜。

制作方法：

（1）将活鳜鱼去鳞、鳃、鳍，开膛去内脏，洗净后，用开水烫一下，再用凉水洗一遍，刮去鱼身外面的黑衣，然后在鱼身的两面剞上花纹，一面剞成十字花刀（先用坡刀法在鱼体上每隔 1.65 厘米宽剞一刀，深及鱼骨，再用直刀法在已切的刀口上交叉切，即成十字花刀），另一面剞成一字刀（直刀隔 1.65 厘米宽横剞一刀，深及鱼骨）；香菜洗净，切成长 2 厘米的段；葱一半切成长 3.3 厘米的细丝，一半切成末。

（2）将熟猪油倒入炒锅里，置于旺火上烧热，依次放入葱末、姜末和胡椒粉，煸出香味后，加入鸡汤、姜汁、绍酒、精盐和味精。将鳜鱼在开水里烫 4～5 秒钟，使刀口翻起，除去腥味，随即放入汤中（花刀面朝上）。待汤烧开，移微火上，炖 20 分钟，放入葱丝、香菜段和醋，再淋芝麻油即成。

质量标准：鱼肉鲜美，汤色乳白，酸辣开胃，解酒醒腻。

工艺关键：烫鱼时，要用手捏好鱼尾，两面烫匀；炖制时掌握好火力，防止火力过猛，破坏鱼的完整性。

抓炒鱼片

"抓炒鱼片"是北京仿膳饭庄的厨师按照清宫御膳房的抓炒技法烹制的一道名菜。相传，有一次慈禧太后用膳时，在面前的许多道菜里，唯独挑中一盘金黄油亮的炒鱼片，觉得分外好吃。她把御膳厨王玉山叫到跟前，问他这盘叫什么菜，王急中生智，回答曰："抓炒鱼片"。从此"抓炒鱼片"一菜便成为御膳必备之菜。后来王玉山又相继研究出"抓炒里脊"、"抓炒虾仁"、"抓炒腰花"，与"抓炒鱼片"合称"四大抓"。王玉山也因此被人称为"抓炒王"。

主　　料：鳜鱼 150 克。

调　　料：白糖 15 克，黄酒 8 克，酱油 10 克，醋 5 克，味精 3 克，蚕豆淀粉 20 克，小葱 3 克，姜 3 克，熟猪油 15 克，花生油 400 克（约耗 50 克）。

烹饪技法：抓炒。

工艺流程：选料→切配→上浆→炸制→抓炒→调味→成菜。
制作方法：
（1）把鳜鱼宰杀洗净，去皮、刺，取净肉，片成长 3.3 厘米、宽 2.6 厘米、厚 0.5 厘米的片，用湿淀粉抓匀浆好。
（2）将花生油倒入炒锅中，置于旺火上烧到冒青烟时，将浆好的鱼片逐片放入炒锅内炸，这样可避免鱼片粘在一起或淀粉与鱼片脱开，待鱼肉外皮焦黄、鱼片已熟时捞出。
（3）把酱油、醋、白糖、黄酒、味精和湿淀粉一起调成芡汁。
（4）炒锅内倒入熟猪油 20 克，置于旺火上烧热，加入葱末、姜末稍炒一下，再倒入调好的芡汁，待炒成稠糊状后放入炸好的鱼片翻炒几下，使汁挂在鱼片上，再淋上熟猪油即成。
质量标准：酸甜成鲜，糖酸比一般菜少，兑汁时正确的糖、醋、酱油比例为 6:3:2。
工艺关键：主料选用新鲜的鳜鱼或鲤鱼；在正常油温下，炸 2～3 分钟，即可炸熟炸透；炸熟的标准为鱼片发挺，呈金黄色，浮上油面，此时用手勺搅油，发出响声，即是鱼肉熟透的成熟标志；在炸时注意，油温过高，要将油锅端离火眼或移到小火浸炸，降至 130℃时，就要上火复炸；操作时一见鱼肉成熟，要迅速用漏勺捞出，否则鱼肉过火会变老。

糟熘鱼片

"糟熘鱼片"是北京名菜。黄鱼又名黄花鱼、黄鱼、大鲜、大王鱼、金龙、石首鱼、石头鱼，产于东海和南海，以舟山群岛和广东南澳岛产量最大。大黄鱼在广东沿海的盛产期为 10 月，福建为 12 月至 3 月，江苏、浙江为 5 月。大黄鱼的外观及肉质与小黄鱼很相似。大黄鱼体大鳞片小，嘴大且圆；大黄鱼尾柄较长窄，刺少，肉厚坚实，易离刺。

主　　料：黄鱼 1 尾（约重 300 克）。
配　　料：水发木耳 15 克。
调　　料：精盐 5 克，糟卤 40 克，猪油 500 克，鸡蛋 1 个，白糖、干淀粉各 20 克，湿淀粉 3 克，味精 3 克，鲜汤 15 克。
烹饪技法：糟熘。
工艺流程：选料→初加工→腌制→上浆→冷藏→滑油→熘制→调味→勾芡→装盘。
制作方法：
（1）黄鱼洗净去骨，切成薄片，加精盐、蛋清、干淀粉拌匀上浆，放冰箱中冷藏片刻；黑木耳用开水烫过，摊在碗里。
（2）放猪油，烧至 90℃时，将鱼片散落下锅，当鱼片浮起泛白时即用漏勺捞起，沥去油。
（3）原锅放鲜汤、精盐，将鱼片轻轻地放入锅里，用小火烧滚后，撇去浮沫，加糟卤、白糖、精盐、味精后，轻轻地晃动锅，再慢慢地将水淀粉淋入勾薄芡，翻锅，淋上热猪油 10 克，出锅装在盛有木耳的碗里即可。
质量标准：鱼片软嫩，糟香味浓。
工艺关键：加工鱼片不可太薄，否则滑油时易碎；蛋清浆要叠均匀。

烤加吉鱼

"烤加吉鱼"是山东名菜。加吉鱼又叫鲷鱼、班加吉、加真鲷、铜盆鱼。相传，唐太宗李世民东征，来到登州（现在的山东蓬莱）。一天，他择吉日渡海游览海上仙山（现今的长山岛），在海岛上品尝了味道鲜美的鱼之后，便问随行的文武官员，此鱼何名？群臣不敢胡说，于是作揖答道："皇上赐名才是。"太宗大喜，想到是择吉日渡海，品尝鲜鱼又为吉日增添光彩，为此赐名"加吉鱼"。

加吉鱼以我国沿海辽宁大东沟、河北秦皇岛、山海关，山东烟台、龙口、青岛为主要产

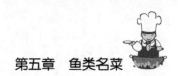

区，山海关产的品质最好。加吉鱼分红加吉和黑加吉两种，红加吉的学名叫真鲷，黑加吉即黑鲷。"烤加吉鱼"是青岛著名的"三烤"之一。此菜选用胶东沿海所产的新鲜加吉鱼为原料，由青岛烹饪宗师沙少良首创。

主　　料：加吉鱼1尾（约1000克）。
配　　料：猪肥膘肉片125克，菠菜心200克。
调　　料：精盐2克，酱油50克，绍酒50克，味精2克，葱油50克，姜片30克，清汤300克，花生油750克（约耗10克）。
烹饪技法：烤。
工艺流程：选料→初加工→腌制→炸制→浇汁→烤制→成菜。
制作方法：
（1）将加吉鱼刮去磷、掏净鳃、去掉内脏，用清水洗净，用布揾干水分，蘸匀酱油备用。
（2）炒锅内放入花生油，烧至180℃时，手提鱼尾入油炸，一触即捞出，放入烤盘内。
（3）将肥肉片、葱、姜撒在鱼身上，再把用清汤、葱油、味精、精盐、绍酒、白糖、酱油兑成的调味汁浇在鱼身上，放入炉内烤20分钟，熟后取出，去掉肥肉片、葱段、姜片。
（4）炒锅内注入花生油，加入精盐，放入菠菜心煸炒几下倒入漏勺内，将炒好的菠菜心，根朝外摆放在鱼腹一边，将烤盘内的鱼汤浇在鱼和菠菜心上即成。
质量标准：呈枣红色，皮脆肉嫩，原汁原味，香气浓郁。
工艺关键：油炸时油温要高，炸的时间不能过长，一触即捞，否则，鱼肉水分失去太多，会使肉质变老；肥肉片尽量切得薄一些，在烤制时容易烤化，才能达到鱼中有肉味的要求；烤制10分钟后可将炉门打开，把盘内的汁往鱼身上浇淋几次，以便鱼肉入味。

清蒸白鱼

"清蒸白鱼"是山东名菜。始创于宋代，相传是阳谷县"狮子大酒楼"的名菜。当年武松提刀走上"狮子楼"追杀西门庆时，正遇店小二端盘上楼，被武松踢了一脚，丸子、鱼、鸡滚了一地。其中的鱼就是"清蒸白鱼"，它与"酸辣丸子"、"弯凤下蛋"、"酥烧肉"被称为"狮子楼"的四大名菜。最初"清蒸白鱼"是把白鱼蒸熟后，再加油、精盐、调味即成。到了清代，此菜传至东边黄河东岸的东阿镇，吃法也讲究起来，它不仅选用优质黄河鲤鱼，而且还要跟上8个调味碟，一起蘸食，使其风味大增，流传至今，现为东阿地方名肴。

主　　料：鲜鲤鱼1条（约1000克）。
调　　料：酱油25克，醋25克，生葱白100克，姜末15克，香油25克，甜酱50克，大葱段50克，鲜姜50克，椒盐8克，蒜泥25克。
烹饪技法：清蒸。
工艺流程：选料→切配→腌制→蒸制→成菜。
制作方法：
（1）把鱼宰杀好洗净，静止1小时使其缓劲，然后隔1.3厘米斜刀剞至脊骨，两面均匀打上花刀；把鲜姜、葱切成斜刀片，均匀地嵌入鱼身上的每个刀口内，将鱼放在大鱼盘内入笼蒸15分钟。
（2）把葱白末、姜末、甜酱、蒜泥、椒盐、酱油、醋、香油分别放在8个小碟内。
（3）打开笼盖拣去葱姜，取出大鱼盘。上桌时，将8种味碟围在鱼周围即可。就餐者可按自己喜欢的口味选用调料。
质量标准：肉质软嫩，原汁原味。
工艺关键：剞刀口要求做到刀距、深浅度均匀，防止刀口深处在蒸制时破裂。

罗锅鱼片

此菜是根据东汉年间民间传说的"血梅拌黄葵"整理而成的，以黄鱼、大虾作主料，因

大虾俗称"罗锅",故名"罗锅鱼片"。

　　主　　料：大虾 10 克,黄鱼 2 条(每条重约 500 克)。

　　调　　料：精盐 5 克,料酒 25 克,番茄酱 50 克,香糟酒 50 克,味精 5 克,葱 25 克,姜 25 克,番茄 20 克,熟猪油 1 500 克(约耗 70 克)。

　　烹饪技法：炸、烧、煨。

　　工艺流程：选择大虾→治净→切配→炸制→烧制→调味→成菜。

　　　　　　　选择黄鱼→治净→切配→过油→烧制→调味→勾芡→成菜。

　　制作方法：

　（1）将大虾去壳,剪去须脚,剔除脊背沙肠,待用;将黄鱼去鳞、内脏和头,用刀剖开,剔去脊骨,折成两扇鱼片,改刀成 24 片带皮的直刀鱼段。

　（2）炒锅置火上加入熟猪油,烧至 160℃时,下入大虾炸熟出锅沥油;锅内留少许底油,加入番茄酱炒匀,添入清汤将炸好的大虾倒入锅内,放入葱段、姜片、白糖、料酒、精盐改小火烧 10 分钟,待汁将收完时,拣去葱段、姜片放入味精,加明油,出锅摆在长盘的一端。

　（3）炒锅内放入熟猪油,烧至 120℃时,将鱼片逐片放入油锅中过油,待鱼片成熟后倒出,沥油;原锅回火上,添入清汤,加入葱段、姜片、香糟酒、白糖、精盐、味精调好口味,用小火烧透,然后用湿淀粉勾芡,淋明油,将鱼片翻面,使鱼肉面朝上,淋上鸡油,装入盛有大虾长盘的另一端即可。

　　质量标准：色泽鲜明,软嫩鲜香,造型美观。

　　工艺关键：切鱼片时,大小厚薄应均匀;炸、烧鱼片时,小心破碎。

清蒸鸽子鱼

　　"清蒸鸽子鱼"是宁夏名菜。鸽子鱼俗称"铜鱼"、"宫筵鱼"。鸽子鱼味美,肉质细嫩,富含脂肪。在宁夏流传着一句赞美鸽子鱼的俗语:"天上鹅肉山里鸡,比不上黄河鸽子鱼。"

　　主　　料：鸽子鱼 800 克。

　　调　　料：精盐 6 克,料酒 50 克,胡椒粉 3 克,醋 80 克,味精 3 克,葱 15 克,姜 40 克。

　　烹饪技法：蒸。

　　工艺流程：选料→治净→切配→腌渍→清蒸→成菜→外带调味料上桌。

　　制作方法：

　（1）鸽子鱼宰杀去鳞、鳃、内脏,清洗干净,在鱼身两面用刀划上斜刀花纹,加入精盐、胡椒粉、料酒、葱段、姜片腌渍 1 小时左右;姜切末,加醋调成姜醋汁。

　（2）鱼盘内先放上葱段,将腌渍好的鸽子鱼放在葱段上,再将姜片放鱼身上,入笼蒸 10 分钟取出,拣去葱段、姜片,随桌附上姜醋汁即可。

　　质量标准：鲜嫩肥美,味鲜肉嫩。

　　工艺关键：鸽子鱼一定要腌透;注意蒸制时间,不可蒸过火,否则活鱼肉会变死。

雪莲鱼米鸡

　　"雪莲鱼米鸡"是新疆名菜。此菜用蛋泡糊做雪山,银耳做小雪莲,中间用鱼肉、鸡肉做成大雪莲,形象逼真、造型美观。

　　主　　料：净鱼肉 250 克,鸡脯肉 250 克。

　　配　　料：鲜玉米粒 200 克,银耳 100 克,香菜叶 250 克。

　　调　　料：精盐 7 克,料酒 15 克,番茄酱 50 克,蛋清 5 个,味精 3 克,胡椒粉 1 克,白糖 3 克,葱 10 克,姜 5 克,蒜 5 克,食用油 1 000 克(约耗 50 克)。

　　烹饪技法：蒸、滑、炒。

　　工艺流程：选料→治净→切配→上浆→滑油→炒制→造型→装盘。

制作方法：

(1) 将净鱼肉、鸡脯肉切成米粒状，用少许精盐、料酒、湿淀粉分别上浆待用；将水发银耳用精盐、味精拌匀；青菜叶切丝炸成菜松，在鱼盘内做草坪用；取大鱼盘一个，将蛋清打成蛋泡糊，放入盘的一边；另一边用银耳围成小雪莲，中间圈成大雪莲，上笼蒸3分钟。

(2) 炒锅上火，把上好浆的鱼米、鲜玉米粒滑油，倒出；炒锅内留少许底油，放入葱姜蒜炒香后捞出，然后放入鱼米、鲜玉米粒、清汤、精盐、胡椒粉、糖、料酒、味精，待汁沸，淋入芡汁、明油，翻匀装入盘中大雪莲内。

(3) 另起锅上火，添入食用油，把上好浆的鸡米滑油，倒出沥尽油；锅内留底油放入番茄酱、精盐、白糖、料酒、味精调味，加入鸡米，勾芡，淋明油，翻匀装入小雪莲内即可。

质量标准：鱼米咸鲜，鸡米酸甜，造型新颖。

工艺关键：掌握好雪莲花的造型；鱼米、鸡米大小切均匀；滑油时控制好油温。

松鼠鳜鱼

"松鼠鳜鱼"为苏州名菜。鳜鱼又称桂鱼、季花鱼、鳌花鱼等，是著名的淡水鱼。相传乾隆皇帝下江南时，在"松鹤楼"尝松鼠鲤鱼，龙颜大悦，赞扬不已。以后，苏州厨师改鲤鱼为鳜鱼，制作技法不断提高，色、香、味、形、器俱佳。白色长鱼盘中，鳜鱼鱼首高昂，鱼口微张，鱼尾高翘，浇上卤汁，如披红装，渗入鱼肉，发出吱吱响声，犹如松鼠欢叫，鱼身缀以洁白虾仁，红白分明，宛如俯首缓行的松鼠，盘边围以紫葡萄，别有情趣。诱人的糖醋味随热气扑鼻而来，使人舌底生津。唐代张志和的《渔歌子》词中就有"桃花流水鳜鱼肥"的名句。

主　　料：活鳜鱼1条（约重750克）。

配　　料：上浆虾仁30克，熟春笋20克，水发香菇20克，青豌豆12粒。

调　　料：精盐5克，黄酒25克，白糖200克，香醋100克，葱白段10克，蒜瓣末5克，番茄酱100克，干淀粉200克，湿淀粉40克，鸡清汤100克，色拉油1 500克，芝麻油15克。

烹饪技法：脆熘。

工艺流程：选择鳜鱼→切配成形→腌制→拍粉→炸制→复炸→烹汁→装盘。
　　　　　选择虾仁→上浆→滑油→烹制→调味→浇汁→熟虾仁点缀。

制作方法：

(1) 将鳜鱼宰杀，刮鳞，去鳃，剖腹去内脏，洗净。齐胸鳍斜切下头，在鱼下巴处剖开，用刀面轻轻拍平。再用刀沿脊骨两侧平劈至尾部（鱼尾不断），斩去脊骨。鱼皮朝下，劈去鱼胸刺。然后在鱼肉上先直剞，刀距约1厘米，后斜剞，刀距约1.3厘米，深至鱼皮，成菱形刀纹。

(2) 鳜鱼用清水漂洗，沥干水分，用黄酒15克、精盐3克腌制。

(3) 熟春笋、水发香菇切成0.7厘米的丁，与青豌豆放在一起组成配料；上浆虾仁另置于配菜盘中；将鳜鱼用干淀粉拍粉，并用手提起鱼尾抖去余粉。

(4) 番茄酱、猪肉汤、白糖、香醋、黄酒10克、精盐2克、湿淀粉搅匀成调味芡汁。

(5) 炒锅置旺火上，舀入色拉油1400克，待油温升至180℃时，将两片鱼肉翻卷，一手持鱼尾，一手用筷子夹另一端入锅中炸，并将鱼尾扶直使其翘起，片刻后鱼成形即松开，并用热油浇鱼尾，同时将鱼头入锅同炸，待鱼转黄色时捞出；待油温复升至180℃时，把鱼放入复炸至金黄色，捞出，装入腰形平盘中，装上鱼头，拼成松鼠形。

(6) 在复炸鳜鱼的同时，另用炒锅置火上烧热，舀入干净的色拉油100克，放入上浆虾仁溜熟后，倒入漏勺沥油。

(7) 原锅仍置火上，舀入色拉油10克，放入葱白段炸至葱黄发香，捞出，放入蒜瓣末，煸出香味，放入笋丁、香菇丁、青豌豆炒透，倒入兑好的糖醋调味芡汁，搅匀，待调味芡汁翻滚，舀入炸

鱼热油 50 克和芝麻油搅匀，浇在刚刚炸好的松鼠鳜鱼上（发出"吱吱响声"），将熟虾仁均匀地撒在鱼身上即成。

质量标准： 形似松鼠，色泽悦目，外脆里嫩，甜酸适口。

工艺关键： 去骨时，手稳刀平，紧贴鱼骨，鱼肉平面完整；剞刀时，须剞至鱼皮，但不能破鱼皮；拍粉时，将鱼完全拍上，并抖去余粉，这样，鱼肉条与条之间不粘连，在油炸的过程中，淀粉极少掉入油中，保证了松鼠鳜鱼的形态美观和油的质量；鱼肉下油锅时，要一手用筷子夹住，一手提起鱼尾同时下锅，使之受热均匀，不然，鱼肉成熟先后不一，使之失形。鱼定型后，转中火，使鱼肉在温油中降温，形成鱼肉内嫩的特点。卤汁烧透时，浇入热油，油迅速渗入卤汁，形成复合体，卤汁润滑，并使卤汁稳定地翻泡，成为"活汁"。

香脆银鱼

"香脆银鱼"是江苏名菜。银鱼，大者约 10 厘米长，形纤细，体略圆，色泽素白，无鳞骨软，明莹如银，肉嫩味鲜。明代诗人王叔承作诗咏银鱼："冰尽溪浪绿，银鱼上急湍，鲜浮白银盘，未须探内穴。"宋人张先"春后银鱼霜下鲈"，道出了食银鱼的最佳时节，清康熙年间曾将其列为贡品。太湖银鱼品质优良，既可鲜食，又可制成干货，肴馔品种甚多，"香脆银鱼"是其中的名品。

主　　料： 鲜银鱼 500 克。

配　　料： 鸡蛋黄 50 克，面包屑 120 克，香菜 5 克。

调　　料： 精盐 5 克，白糖 3 克，黄酒 15 克，味精 1 克，葱末 5 克，姜末 2.5 克，辣酱油 5 克，白胡椒粉 1 克，干淀粉 10 克，精白粉 50 克，色拉油 500 克（约耗 50 克）。

烹饪技法： 炸。

工艺流程： 清洗银鱼→调味→拍粉→蘸面包屑→炸制→装盘→点缀。

制作方法：

（1）将银鱼摘去头，抽去肠，用清水漂清，沥水后放入碗内；加黄酒、精盐、葱末、味精、白胡椒粉、白糖拌匀，再放入鸡蛋黄、干淀粉、精白粉拌匀，裹上面包屑。

（2）将锅置旺火上烧热，舀入色拉油，烧至油温 180℃，放入银鱼，用漏勺抖散，炸至金黄色，捞出装盘，用香菜点缀即成。

质量标准： 色泽金黄，形态饱满，外脆里嫩，滋味鲜香。

工艺关键： 如银鱼身上黏液较多，可加入适量明矾末洗去黏液，应漂清，沥去水；将拌好味的银鱼放入鸡蛋黄中，取出蘸上干淀粉、干面粉，再裹上面包屑，裹面包屑时，要将银鱼蘸满面包屑；面包屑要选用咸面包，不宜用甜面包，因甜面包中有糖分，在炸制时易发黑；因有过油炸制过程，需准备大油量，油温不宜过高，投入料时应用漏勺抖散，以免相互粘连。

宋嫂鱼羹

"宋嫂鱼羹"是浙江名菜，是以人名加主料命名的菜肴，南宋时期成名。据宋人周密所著《武林旧事》记载："淳熙六年三月十五日，宋高宗赵构登御舟闲游西湖，命内侍买湖中龟鱼放生，并宣唤在湖中做买卖的人，各加赐予。有一妇人名叫宋五嫂，对皇帝自称是东京（今开封）人，随驾到此，在西湖边以卖鱼羹为生。高宗吃了她的鱼羹，大加赞赏，并念其年老，赐予金银绢匹。"从此，宋嫂鱼羹"人所共趋"，成了驰誉京城的名肴，至今已有 800 多年的历史。后经历代厨师不断改进提高，配料更为精细讲究，故有"赛蟹羹"之称，成为闻名遐迩的杭州传统名菜。

主　　　料：鳜鱼1条（约重600克）。
配　　　料：熟火腿10克，熟笋25克，水发香菇25克，鸡蛋黄3个。
调　　　料：精盐2.5克，黄酒30克，酱油25克，香醋25克，味精3克，葱段25克，姜块5克（拍松），姜丝1克，胡椒粉1克，清汤250克，湿淀粉30克，熟猪油50克。
烹饪技法：烩。
工艺流程：取鳜鱼肉→腌制→蒸制→拨散鱼肉→配料切丝→烩制→勾芡→加蛋黄液调羹→装盘→撒火腿丝、姜丝与胡椒粉。
制作方法：
（1）鳜鱼剖洗干净，去头，去骨成两片鱼肉，将鱼肉皮朝下放在盘中，加入葱段10克、姜块、黄酒15克、精盐1克腌制，蒸6分钟取出，拣去葱段、姜块，卤汁滗在碗中，把鱼肉拨碎，除去皮、骨，倒回原卤汁碗中；熟火腿、熟笋、香菇均切成1.5厘米长的细丝；鸡蛋黄搅散，待用。
（2）炒锅置旺火上烧热，入熟猪油15克，投入葱段15克煸出香味，舀入清汤煮沸，拣去葱段，加入黄酒15克、笋丝、香菇丝，煮沸，将鱼肉原汁放入锅内，加入酱油、精盐1.5克、味精烧沸，勾薄芡，将鸡蛋黄液倒入锅内搅匀，待羹汁再沸时，加入香醋，并浇上热熟猪油35克，起锅装入汤盆，撒上熟火腿丝、姜丝和胡椒粉即成。
质量标准：鱼羹滑润，色泽油亮，鱼肉鲜嫩，味似蟹肉。
工艺关键：掌握蒸鱼肉的时间，保证鱼肉鲜嫩；此菜用猪油，能提高菜肴的香味；掌握芡汁的厚薄，加入蛋黄液时调制的羹厚薄适当；醋应在出锅前加入，保持菜肴的酸味。

西湖醋鱼

"西湖醋鱼"是杭州传统名菜。相传出自"叔嫂传珍"的故事，古时候西子湖畔住着宋氏兄弟，以捕鱼为生，当地恶棍欲占其嫂，便杀害其兄，又欲加害小叔，宋嫂劝小叔外逃，为他准备了一条用糖、醋烧制的草鱼，勉励他"苦甜毋忘百姓辛酸之处"。小叔后来功成名就，在一次宴会上吃到甜中带酸的特制鱼菜，勾起了他的回忆，终于找到了隐名遁逃的嫂子，他便辞去官职，开店制作此菜，"西湖醋鱼"也就随"叔嫂传珍"的美名，名扬四方。

主　　　料：活草鱼1条（约重700克）。
调　　　料：白糖60克，醋50克，绍酒25克，酱油75克，姜末1.5克，湿淀粉50克。
烹饪技法：软熘。
工艺流程：宰杀草鱼→治净→切配→煮制→调味→装盘→勾芡→浇汁。
制作方法：
（1）将草鱼宰杀，去鳞、腮、内脏，洗净。把鱼身劈成雌雄两片，斩去牙齿，在雄片上，从下4.5厘米处开始每隔4.5厘米斜剞一刀（刀深约5厘米），刀口斜向头部（共片五刀），片第三刀时，在腰鳍后处切断，使鱼分成两段。再在雄脊部厚肉处向腹部斜剞一长刀（深约4～5厘米），不要损伤鱼皮。
（2）炒锅内舀入清水1000克，烧沸，将雄片前后两段相继放入锅内，然后，将雌片并排放入，鱼头对齐，皮朝上盖上锅盖煮，待再沸时，揭开盖，撇去浮沫，转动炒锅，继续用旺火烧煮，前后共烧约3分钟。
（3）炒锅内留下250克汤水，余汤撇去，放入酱油、黄酒和姜末调味后，即将鱼捞出，装在盘中。把炒锅内的汤汁加入白糖、湿淀粉和醋，用手勺推搅成浓汁，见滚沸起泡，立即起锅，徐徐浇在鱼身上，即成。
质量标准：鱼肉鲜嫩，色泽红亮，卤汁稠浓，酸甜适口。
工艺关键：烹制前，先将草鱼在水池中饿养两天，使其吐尽泥土，并且采用活杀现烹；鱼雌雄片中，连背脊骨的一片为雄片，不连背脊骨的则为雌片；片鱼时刀距与深度要均匀；煮鱼时水不能淹没鱼头，胸鳍翘起；判断鱼成熟用筷子轻轻地扎鱼的雄片下部，如能扎入，即熟；此菜采用不着油腻的烹调手段，其鲜嫩可胜蟹肉；用手勺推搅成浓汁时，应离火推搅，不能久滚，切忌加油；滚沸起泡，立即起锅，浇遍鱼的全身即成；鱼装盘时要鱼皮朝上，两鱼的背脊拼连，鱼尾段拼接在雄片的切断处。

雪菜大汤黄鱼

"雪菜大汤黄鱼"是浙江名菜。雪里蕻咸菜在宁波是每家常备的特色原料,当地有句谚语:"三天勿喝咸菜汤,两脚有点酸汪汪。""雪菜大汤黄鱼",系用浙江舟山渔场所产的大黄鱼烹制,鱼体肥壮,肉质结实,成菜汤汁乳白浓醇,口味鲜咸合一,不仅是宁波餐饮店常年供应的传统名菜,也是沿海民间筵席上的上等佳肴。

主　　料:大黄鱼1条(约重750克)。

配　　料:净雪里蕻菜梗100克,熟笋片50克。

调　　料:精盐5克,黄酒15克,葱结12克,葱段12克,姜片10克,味精1克,熟猪油75克。

烹饪技法:煎、烧。

工艺流程:宰杀黄鱼→治净→切配→煎制→烧制→调味→装碗→撒上葱段。

制作方法:

(1)黄鱼剖洗干净,剁去胸鳍、背鳍,在鱼身的两侧面各剞几条细纹刀花;雪里蕻菜梗切成细粒。

(2)炒锅置旺火上烧热,加入熟猪油65克,将油烧至140℃时,放入姜片炸香,继而推入黄鱼煎至两面略黄,烹上黄酒,盖上锅盖,稍焖,舀入沸水750克,放入葱结,改中火烧8分钟,拣去葱结,加入精盐,放进笋片、雪里蕻咸菜粒和熟猪油10克,改用旺火烧沸,当卤汁呈乳白色时,添加味精,将鱼和汤同时盛在大碗内,撒上葱段,即成。

质量标准:鱼肉鲜嫩,汤汁乳白,醇和润口,鲜咸合一。

工艺关键:黄鱼鱼身的两侧面各剞几条细纹刀花,既美观又便于鱼成熟;用熟猪油煎鱼,以增加香味;掌握烧制的时间和火候,以鱼眼珠呈白色、鱼肩略脱为标准;调味在鱼焖熟后进行,目的是保证鱼汤浓白。

下巴甩水

"下巴甩水"是上海名菜。选用青鱼的下颚[包括眼膛和脸颊(即下巴)]和尾巴(即甩水,也称划水)一起红烧而成。青鱼因食荤性原料,鱼尾脂肪尤为丰腴,其尾鳍部分成菜黏性足。此菜经过二次翻锅而下颚不破碎,鱼尾鳍不断,其翻锅难度甚高,行语称为大翻锅。此菜青蒜逸香,其眼膛旁的鱼肉和尾翅端的膏汁尤为鲜美。

主　　料:青鱼下巴200克,青鱼甩水100克。

配　　料:笋片25克。

调　　料:精盐3克,黄酒15克,白糖15克,味精1克,酱油30克,葱段10克,姜末5克,青蒜丝2克,湿淀粉10克,色拉油50克,芝麻油5克。

烹饪技法:煎、红烧。

工艺流程:摆放鱼→煎制→调料→烧制→勾芡→淋油→装盘→撒青蒜丝。

制作方法:

(1)青鱼甩水放在配料盘子的中间,两边各放一块鱼下巴,再把笋片放在上面。

(2)炒锅置旺火上烧热,用油滑锅后倒出,放入色拉油10克,放入葱段爆出香味,随将青鱼尾、下巴、笋片按原样倒入锅里,边煎边晃动炒锅,煎透,即烹入黄酒,加盖稍焖一下,再放入姜末、酱油、白糖、肉清汤,烧开后,加盖改用小火烧6分钟左右。待鱼下巴呈青灰色、鱼眼珠发白凸出时,将炒锅端回旺火上,加入味精,烧浓汤汁,用湿淀粉勾芡,再淋入色拉油5克,再晃动炒锅,大翻锅,接着淋入芝麻油,出锅,按原样排在盘中,上面撒上青蒜丝即成。

质量标准:红润光亮,肉嫩味厚,咸甜适中、排列整齐。

工艺关键:生料在盘中摆放整齐;鱼要煎透,烧时容易上色;掌握烧的时间,火候适中,时间过长,鱼肉变老,成品由浓汁紧裹,光亮红润;要边淋入湿淀粉边晃动炒锅,锅在旋动时,顺势颠翻一下。

兴国米粉鱼

"兴国米粉鱼"是江西名菜。江西省兴国县是客家人的聚居地，始建于北宋太平兴国年间，以皇帝年号为县名。明朝嘉靖年间，海瑞曾在此出任县令。兴国县是鱼米之乡，有"客家菜谱鱼为先"之说，讲究"年年有余"的吉兆。此菜用草鱼或红鲤鱼切成长方块，加调料放在米粉上蒸制而成，米粉吸油添香，鱼、粉滋味相互渗透，主食原料与动物性原料搭配，动植物蛋白互补，少油，味佳，营养合理，冬季食用最宜，能发汗、驱寒。

主　　　料：活草鱼1条（重约1500克）。
配　　　料：米粉150克，净青菜叶50克。
调　　　料：精盐5克，黄酒15克，酱油20克，辣椒酱20克，生姜末10克，味精2克，湿淀粉15
　　　　　　克，葱花10克，胡椒粉5克，芝麻油10克。
烹饪技法：蒸。
工艺流程：宰杀草鱼→治净→切配→腌制→烫米粉→米粉调味→米粉置菜叶上笼蒸→鱼片置米粉再
　　　　　　上笼蒸→加热调卤汁→浇卤、撒葱花、胡椒粉。
制作方法：
（1）活草鱼去鳞、鳃、内脏，洗净，从鱼背部剖开，劈成二片，去骨，然后切成2厘米厚、6厘米
　　　长的片状，用酱油10克、辣椒酱10克、生姜末10克、黄酒、味精1克、湿淀粉调味腌制30
　　　分钟。
（2）取一小蒸笼，笼底垫上青菜叶，米粉在沸水中烫至刚熟，加精盐5克、酱油、芝麻油、味精、
　　　辣椒酱拌匀后在青菜叶上摊平，加盖蒸2分钟左右离火。开盖将调好味的鱼片放在笼内的米粉
　　　上，复蒸12分钟取出开盖，将腌渍卤加热调匀，浇在鱼上，撒上葱花、胡椒粉，盖上笼盖，连
　　　笼上桌即可。
质量标准：色泽金黄，清香浓郁，鱼肉嫩滑，味鲜且辣。
工艺关键：选新鲜草鱼，劈片不宜薄，需腌制30分钟使其入味；笼底垫上青菜叶，既能增色，又可
　　　　　　防止米粉粘笼；蒸鱼时，汽要足，能保持鱼肉鲜嫩。

绣球鱼丸

"绣球鱼丸"是江西名菜，选用鄱阳湖白鱼为主料。白鱼俗称鲌鱼、大白鱼，体长（可长达60厘米）、侧扁、鳞小、多细刺，但肉极细腻鲜嫩，入仲夏最美，蒸、煮、烧、烤均可。此菜用烩的烹饪技法，制成绣球状，因此而得名。

主　　　料：鲜白鱼1条（重约1000克）。
配　　　料：火腿丝25克，蛋皮丝25克，青菜叶丝25克。
调　　　料：精盐10克，黄酒100，生姜米5克，味精2克，高汤200克，色拉油5克。
烹饪技法：烩。
工艺流程：洗净白鱼→取鱼茸→制泥→制鱼胶→三丝拌匀→做绣球鱼丸生坯→生坯汆熟→汤调味烧
　　　　　　沸→烩鱼丸→勾芡→淋油→装盘。
制作方法：
（1）白鱼去鳞、破腹、去内脏，洗净，从腮下入刀至尾，削出整块鱼肉，刮出鱼茸肉350克，用刀
　　　背敲成鱼泥，取出细刺，放入碗内，加入清水200克、精盐8克、味精1克，搅拌成鱼胶。
（2）再把水发香菇丝、火腿丝、蛋皮丝、青菜叶丝拌匀，成为彩丝。
（3）鱼胶用手挤成2.5厘米左右的圆球，在彩丝上滚动，使每个鱼圆粘满彩丝，做成绣球鱼丸生坯，
　　　把生坯一个一个放入沸水锅内，汆熟捞起。
（4）炒锅内放高汤、生姜米、味精、精盐、黄酒烧沸，再将鱼球倒入炒锅内烩2分钟，勾薄芡，淋
　　　色拉油，出锅装盘即成。

质量标准：鱼香肉嫩，清新爽口，色泽艳丽。

工艺关键：选新鲜白鱼，用刮的方法取出茸肉，再用刀背敲成鱼泥，此方法利于取出鱼刺；要掌握掺水、加精盐的量，要充分搅拌使鱼泥充分吸水、上劲，制成的鱼胶富有弹性；生坯放入沸水锅内余的目的是使其定型，时间不宜长；烩的目的是使菜肴入味，汤汁乳白，勾薄芡能使菜汤交融，淋油增其光泽。

葱油烤鱼

"葱油烤鱼"是福建名菜。此菜选用真鲷，为鲷鱼中最好的品种，福建称此为"过腊"（见《闽中海错疏》），为珍贵的海产品，闽台地方特色菜的重要原料。真鲷，肉丰骨少，肉质紧密、细嫩，口味清淡鲜香，鱼腥味少，常用于整条上席，成为宴席中的主菜，烹饪技法以蒸、煮、烧、烤居多。

主　　料：鲷鱼1条（500克）。

配　　料：高丽菜1小个，小萝卜半条，芫荽30克。

调　　料：精盐7克，味精1克，胡椒粉2克，葱200克，姜1小块，红辣椒半个，芝麻油20克。

烹饪技法：烤。

工艺流程：洗净鲷鱼→去骨→腌渍→鱼铺在高丽菜叶上→葱、姜、辣椒切丝→萝卜刻成鱼网状→高丽菜切丝→烤鱼→装盘→热芝麻油淋葱姜上→装饰点缀。

制作方法：

（1）鲷鱼宰杀，治净，沿腹部去骨，腹内撒上胡椒粉、精盐和味精。高丽菜六大片平铺烤盘后放上鱼。葱、姜、辣椒分别切丝拌匀。

（2）萝卜去皮切大方块后，刻成鱼网状；高丽菜切成细丝。

（3）烤箱加热至200℃，放入鱼，烤约20分钟成熟，取出；高丽菜丝垫底，摆上烤鱼，周围铺满葱、姜、辣椒丝；芝麻油烧热，淋入鱼及葱、姜丝上；盖上萝卜刻成的鱼网，以芫荽装点彩盘。

质量标准：鱼肉鲜美，外酥脆、里鲜嫩，色泽艳丽。

工艺关键：葱、姜、辣椒丝，先浸水去黏液，可使形色更美；高丽菜丝浸水后，亦有同样效果；油要烧热，淋在葱姜丝上有响声，香味散出；烤鱼时间的长短应视鱼的大小而定，调味料应避免抹在鱼身外表，不然会破坏美感。

柴鱼肉羹

"柴鱼肉羹"是台湾名菜。柴鱼又称鲣鱼，是台湾特产，由鲣鱼肉经烟熏加工后而成，可长久贮藏，用它做汤，味道甚佳，常作调味品。鲣鱼属鲈形目，金枪鱼科，鲣属，我国只产一种。鲣鱼体呈纺锤形，粗壮，体背蓝褐色，腹部银白，各鳍浅灰色，大者长1米以上，一般体长40～50厘米。鲣鱼使用特殊工艺煮熟，并反复烟熏后，作为调制底汤的材料。因烟熏后的鲣鱼硬如木柴块，故也被称为"木鱼"，在台湾通常被称为"柴鱼"。

主　　料：净瘦猪肉300克，鱼浆300克。

配　　料：大白菜250克，胡萝卜20克，水发木耳5克，芹菜5克。

调　　料：精盐5克，白酱油15克，胡椒粉5克，白糖10克，黑醋10克，柴鱼粉15克，柴鱼片一小包，细玉米粉40克，味精2克，清汤750克，芝麻油10克。

烹饪技法：烩。

工艺流程：切猪肉条→上浆→加鱼浆拌匀→配料加工→清汤加料依次煮→调味→再煮→勾芡→撒芹菜末、柴鱼片→淋芝麻油→装碗。

制作方法：

（1）把净瘦猪肉切成3.3厘米长的粗条，加精盐3克、白酱油、细玉米粉15克、味精1克上浆，使

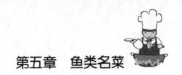

肉质变得松软，再加入鱼浆再拌匀；大白菜切成小块；木耳与胡萝卜切丝；芹菜切末，备用。

（2）锅内放入清汤750克，小火煮白菜10分钟，锅离火，投入肉条，待全部放完，重新置火上，再放入胡萝卜丝、水发木耳丝、柴鱼粉，加入精盐2克、味精1克、胡椒粉5克、白糖10克、黑醋10克等烧沸2分钟，勾入水淀粉，撒上芹菜末与柴鱼片，淋芝麻油搅匀，盛入大碗。

质量标准：色泽晶亮，软嫩鲜美，汤味鲜美，色泽雅丽。

工艺关键：瘦猪肉条放入鱼浆后要拌匀，使鱼浆裹住肉条；投入肉条时，锅应离火，不使汤翻滚，肉慢慢受热成熟，成形完整；芹菜末与柴鱼片应在出锅前加入，保持色泽与口感。

葱椒炝鱼片

"葱椒炝鱼片"是河南名菜。将花椒用绍酒浸泡柔软，与葱、姜一起剁碎成泥，装小坛内密封备用。郑州市原"鱼餐馆"特级烹调师张明晰制作此菜尤为擅长。

主　　料：净黄河鲤鱼肉400克。

配　　料：鸡蛋半个，湿淀粉25克。

调　　料：葱椒5克，葱丝5克，姜丝5克，姜汁15克，精盐3克，绍酒15克，味精1克，酱油20克，白糖5克，清汤50克，芝麻油25克，花生油1000克（约耗100克）。

烹饪技法：炸、炝。

工艺流程：选料→漂洗→切配→挂糊→炸制→炝制→调味→成菜。

制作方法：

（1）将鱼肉顶刀切成4.5厘米的片，放入用鸡蛋、湿淀粉和酱油3克打成的糊内拌匀。

（2）炒锅置旺火上，加入花生油，烧至160℃将鱼片下入，炸成柿黄色出锅滗油。

（3）锅内留少许油，重放火上，把葱、姜丝放入炸出香味，再下入葱椒、鱼片和酱油17克、精盐、白糖、姜汁、清汤，连续翻锅，至调料吸入片后淋入芝麻油出锅装盘即成。

质量标准：椒香扑鼻，脆嫩鲜美。

工艺关键：加工鱼片要厚薄均匀；糊的调制控制好稀稠程度；葱椒炝是豫菜的一大特色。

糖醋软熘鲤鱼焙面

"糖醋软熘鲤鱼焙面"是河南名菜。河南得黄河中下游之利，产金色鲤鱼，为历代珍品，《诗经》记载："岂其食鱼，必河之鲤"。《清稗类钞》记载："豫省黄河之鲤，甘鲜肥美，可称珍品。"此鱼上市，宋人有"不惜白金持与归"之语。原料专用开封黑岗口至兰考东坝头这段黄河水中的鲤鱼。"焙面"又称"龙须面"。据《如孟录》记载，明清年间，开封人认为每年农历二月初二为"龙抬头"，达官显贵以及市井乡人，届时以"龙须面"（细面条）相互馈赠，以示吉祥之意。此菜已有100多年的历史，因袭"先食龙肉，后食龙须"之说，原先是将面用水煮熟，后改为焙制，故称"焙面"，也叫"扣面"。

豫菜的熘，以活汁而闻名，所谓活汁，一是熘鱼之汁，需达到泛花的程度，称作汁要"烘活"；二是取方言中"和"、"活"之谐音；糖、醋、油三料和甜、酸、咸三味，在高温下搅拌，使其充分融合，各物各味俱在，但均不出头。不见油，不见糖，不见醋，甜中有酸，酸中有咸。此菜是鱼肉食完，而汁不尽，需再上火回汁，下入精细的焙面，汁热面酥，入口的感觉真是美妙至极。宋都宾馆特级烹调师陈景和制作此菜堪称一绝。

主　　料：黄河鲤鱼1条（约重750克）。

配　　料：面粉500克。

调　　料：白糖200克，醋50克，绍酒25克，精盐8克，食碱0.5克（冬天0.25克），姜汁15克，葱花10克，清汤400克，花生油2 500克（约耗300克）。

烹饪技法：炸、熘。

工艺流程：选料→鲤鱼治净→剞花刀→腌制→炸鱼→熘鱼→调味→装盘。

　　　　　和面→制面条→炸面条→装盘。

制作方法：

（1）将鲤鱼去鳞、鳃，开膛去内脏，洗涤。两面片成瓦垄形花纹，下入180℃的油内炸制，连续顿火几次，待鱼浸透后再上火，油温升高后捞出沥油。

（2）将炒锅置旺火上，放入清汤，下入炸好的鱼，加入白糖、醋、料酒、精盐5克、葱花、姜汁，用旺火边熘边用手勺推动，将汁不断地浇在鱼上，待鱼两面烧透入味，用水淀粉勾芡收汁，浇入适量热油，把汁烘成活汁，将鱼带汁一起装盘。

（3）将面粉放入盆内，加入食碱、精盐3克及适量水和成面团，蘸水在案板上反复搓揉，至面发筋时搓成长条，两手抓住两头，两只胳膊伸成半弯曲形，相距30厘米左右，两足自然分开，将面抖动，如合绳一样反复多次。至面性柔软，能出条时放案上撒面搓成圆条，两头捏断取中断200克，两手捏着面的两头伸长后，右手的面头交给左手，成半圆形，撒上面粉，左手中指伸半圆形面的中间，左右手指稳后使劲，同时迅速向左右伸展，反复拉至12次，使面细如发丝，截去两头，取中间一段（约50克）。

（4）将炒锅置中火上，放入花生油1000克，烧至五成热，下入抻好的面条，炸成柿黄色捞出盛入盘内即可，同糖醋软熘鱼同时上桌。

质量标准：糖醋鱼色泽柿红透亮，油重而融合，利口而不腻，甜中有酸，酸中有咸，鱼肉鲜嫩；焙面色黄，丝细形整，干香酥脆。

工艺关键：选用鲤鱼要先饿养两天，除去泥腥味；炸制时，连续几次顿火，确保炸制质量；熘制并且烘活汁是豫菜一大特色，是烹制此菜的关键所在；面如细发，香酥可口，和面、抻拉、炸制是此菜的另一要点。

酒煎鱼

"酒煎鱼"是河南传统名菜，以黄河鲤鱼为主料，用绍酒为主料调制而成。此菜由宋代"酒炙鱼"演变而来，清代末年开封名厨陈敬制作此菜最为出名，一直流传至今。

主　　料：鲜鲤鱼1条（750克）。

调　　料：精盐1克，味精0.5克，绍酒150克，湿淀粉3克，葱100克，姜25克，奶汤500克，熟猪油150克。

烹饪技法：煎、烧。

工艺流程：选料→加工→切配→煎制→烧制→调味→勾芡→成菜。

制作方法：

（1）将鲜鲤鱼洗净，两侧剞成瓦垄形花纹；葱切成花，姜切成末。

（2）炒锅置旺火，下熟猪油烧至130℃，将其鱼下锅煎至两面微黄，随即下葱花、姜末煸香，加入绍酒75克、奶汤、精盐、味精。汤沸后，端离火口，顿火使其入味，再用旺火加热，勾流水芡，注入绍酒75克，烧沸即成。

质量标准：色泽微黄，质嫩味鲜，酒香鱼香融为一体。

工艺关键：将鱼治净后，剁去胸鳍、背鳍、腹鳍、臀鳍1/3，尾鳍修整齐，以示形状整洁；煎鱼时，炒锅要治净使之光滑，防止鱼皮粑锅或脱落；此菜突出绍酒香味，分两次加入。

番茄煨鱼

"番茄煨鱼"是河南名菜。郑州市名厨常允中于1925年创制，已有80余年的历史。当年常允中在"小有天饭庄"掌厨，以番茄酱煨制金鳞赤尾的黄河鲤鱼，几经改进和提高，此菜终成为豫菜佳肴。煨可分为"煎煨"和"蒸煨"。"番茄煨鱼"属煎煨，是将主料油煎后，填入配料、调料，采用小火进行煨制，使调、配料的滋味透入鱼肉里。

主　　料：鲜鲤鱼1条（约重750克）。
配　　料：水发玉兰片25克，水发木耳3克，番茄酱75克。
调　　料：精盐1克，绍酒2克，味精0.5克，白糖25克，鸡蛋清1个，湿淀粉2克，葱丝2克，姜丝2克，头汤750克，熟猪油500克（约耗150克）。
烹饪技法：煎、煨。
工艺流程：选料→切配→上浆→煎制→煨制→调味→成菜。
制作方法：
（1）将初步加工好的鲤鱼修齐尾鳍，剁去1/3的胸鳍、背鳍，洗净，鱼身两面剞成瓦垄形花纹，尾部划上十字刀纹，放进盘内。鸡蛋清加入湿淀粉搅匀，抹在鱼身两面。
（2）炒锅置旺火上，添入熟猪油470克，油热180℃，将鱼下锅煎制，煎制时稍稍晃动炒锅，使鱼受热均匀，至柿黄色，出锅沥油。
（3）炒锅内留余油50克，放入葱、姜丝和番茄酱炒匀，添入头汤，再放入玉兰片、木耳和煎好的鱼，再依次下入精盐、绍酒，并且一边煨一边晃锅，不断将汁液往鱼身上浇。一面煨熟再煨另一面，至鱼熟汁浓，放入味精，淋入熟猪油25克，使其汁亮红润。用炒勺托起鱼头，盛入鱼盘内即可。
质量标准：色泽红亮，肉质鲜嫩，酸甜适口。
工艺关键：在剞成瓦垄形花纹时，要掌握好刀距和深浅程度，深至鱼骨即可；上蛋清浆要均匀，在鱼下锅时上浆，不可过早；煨制时，用小火即可。

活鱼活吃

"活鱼活吃"是河南名菜，选用鲜活鲤鱼，以娴熟的技艺快速烹制。成菜上桌时，鱼鳃、嘴可以活动，能够持续30分钟左右，中外宾客无不为之叹服。20世纪30年代，许昌名厨李彦斌创制此菜；1956年，名厨张大昌代表河南参加全国饮食、食品比赛鉴定会，表演了"活鱼活吃"，从此名扬四海。

主　　料：活鲤鱼1条（约重750克）。
配　　料：山楂糕25克，番茄酱25克。
调　　料：精盐3克，绍酒10克，白糖200克，醋50克，湿淀粉10克，葱花10克，姜汁15克，蒜茸4克，糖醋汁100克，花生油1500克（约耗175克）。
烹饪技法：炸、熘。
工艺流程：选料→加工→上味→炸制→浇汁→成菜。
制作方法：
（1）先将活鱼洗净，刮去鱼鳞，剁去胸鳍、背鳍1/3，将尾鳍里边修裁整齐，在鱼身两侧用坡刀剞10或12刀，然后再破鱼腹去内脏，除净鱼身内外血污，用姜汁7克、精盐2克和绍酒迅速在鱼身上涮一下。
（2）炒锅置旺火上，添入花生油，烧至180℃，用湿布从鱼鳃处抱紧鱼头（露出鱼嘴，保持正常呼吸），左手扣住鱼眼抓紧鱼头，右手掐起鱼尾，迅速下锅炸制，出锅放到鱼盘里。
（3）在炸鱼的同时，另用一炒锅制汁。锅内添入清水1勺，下入白糖、葱花、精盐1克、醋、山楂糕（打成泥）、番茄酱、姜汁8克，烧开后，加湿淀粉勾流水芡，待汁沸起，投入蒜茸，下入热油，用旺火把汁烘活，起锅浇到鱼身上。同时把预先准备好的凉糖醋汁浇到鱼头上，待鱼苏醒即可上桌。
质量标准：肉柔软鲜嫩，甜酸适口。
工艺关键：两人合作，操作迅速，是做好此菜的关键；准备工作一定要完备；严格按照上述烹饪程序进行操作。

烧淇鲫

"烧淇鲫"是河南名菜。淇鲫是豫北著名特产,盛产于淇河流经鹤壁市的河段。《诗经》记载有:"蓝蓝(音 di)竹竿,以钓于淇。"历代王朝都把淇鲫列为贡品。淇河鲫鱼脊背宽厚,体形丰满,鱼鳞有光泽,称为"双背鲫"。河南省鹤壁市烹调师傅景华制作此菜别具特色。

主　　料:淇河鲫鱼 1 条。
配　　料:猪肥膘肉 15 克,水发玉兰片 15 克,水发木耳 10 克,鸡蛋半个,湿淀粉 25 克。
调　　料:精盐 4 克,绍酒 10 克,味精 5 克,酱油 10 克,葱段 10 克,姜片 10 克,蒜片 10 克,清汤 500 克,熟猪油 15 克,芝麻油 15 克,花生油 1 000 克(约耗 150 克)。
烹饪技法:炸、烧。
工艺流程:选料→加工→上浆→炸制→烧制→调味→勾芡→成菜。
制作方法:
(1)将鱼去鳞、去鳃(靠鳃部硬鳞腥气较大,必须除去),取出内脏,用水冲洗干净。
(2)剔去 1/3 的胸鳍和背鳍,修齐尾鳍,用坡刀将鲫鱼两面剞成月牙形花纹,靠尾部划"╳"或"][" 形花纹。用鸡蛋、湿淀粉调成浆,在鱼身上抹匀。
(3)葱段劈为两半,猪肥膘肉片成片,与姜汁、蒜片、玉兰片、木耳放在一起,待用。
(4)炒锅置旺火上,添入花生油,旺火烧制 180℃时将鱼下锅,炸成柿黄色出锅,沥油。
(5)另起锅上火,添入熟猪油,旺火烧至 130℃,把猪肥膘肉片、玉兰片、木耳、葱段、姜片、蒜片下锅煸炒,添入清汤、酱油、绍酒、精盐、味精,然后将鱼下入。在烧制过程中,要不断舀汁往鱼身上浇,约 10 分钟即可烧透,勾流水芡,淋入芝麻油,出锅盛在盘内,汤汁浇在鱼上即成。
质量标准:挂糊稀而薄,油炸透而不焦,煨汁稠而不枯,质嫩肥美,鲜香味长。
工艺关键:在往鱼身上抹浆时,要做到涂抹均匀;猪肥膘肉、玉兰片分别焯水;烧制时,一定要烧透入味。

酥鱼

"酥鱼"是河南名菜,以鲫鱼为主料,经过长时间煨制而成。此菜老少皆宜,冷热食均可,为佐酒佳肴冷菜名品。

主　　料:鲜小鲫鱼 2 500 克(约 30 尾)。
配　　料:莲藕 1 700 克。
调　　料:精盐 25 克,绍酒 100 克,酱油 20 克,冰糖 100 克,醋 70 克,葱段 500 克,姜片 300 克,花椒 25 克,八角 25 克,芝麻油 200 克。
烹饪技法:煨。
工艺流程:选料→加工→拼摆→调味→煨制→成菜。
制作方法:
(1)将初步加工的鲫鱼洗净;莲藕去皮洗净,切成 0.2 厘米厚的片;葱切成 3.3 厘米长的段;姜去皮拍松。
(2)砂锅内放入锅垫,锅垫上面先放一层莲藕片,再放一层鲫鱼;按照此方法将鱼排好,用葱段和姜片封顶,再投入精盐、绍酒、冰糖、醋、酱油、花椒、八角,加清水,盖上锅盖,封口。用旺火烧开,移至小火焖煨,待汁将要耗尽时端离火口。食前揭开锅盖,放入芝麻油,装盘即可。
质量标准:骨酥肉烂,味纯鲜美。
工艺关键:鲫鱼一定要去净鳞片、内脏、腹腔黑膜及鱼鳃;调味料比例要正确,煨制时用小火。

清蒸伊鲂

"清蒸伊鲂"是河南名菜。伊鲂又称团头鲂,俗称鳊鱼,产于伊河。陆玑的《毛诗草木鸟兽虫鱼疏》中记载："伊洛鲂鱼广而薄，肥恬而少力，细鳞，鱼之美者。"伊鲂是烹饪原料的上品，尤以清蒸为佳。洛阳市王玉秋制作此菜清香嫩透，为豫菜的上品。

主　　料：团头鲂 1 条（约重 750 克）。

配　　料：笋尖 20 克，熟火腿 12 克，水发香菇 1 个，猪板油丁 10 克。

调　　料：精盐 4 克，绍酒 10 克，味精 1.5 克，鸡蛋 1 个，葱段 40 克，姜片 15 克，熟猪油 15 克。

工艺流程：选料→加工→腌制→拼摆→蒸制→浇汁→成菜。

制作方法：

（1）将团头鲂宰杀洗净后，剁去 1/3 的胸鳍和背鳍，使尾鳍成交叉形，在鱼背两侧自头至尾，从腹至背鳍剞成 5 条瓦垄形刀纹。用精盐 2 克擦遍鱼身内外，把葱段每根相距 4 厘米放入盘中，将鱼放在葱段上。

（2）将笋尖片成 5 厘米长、2 厘米宽的薄片，分 4 股相对地斜摆在鱼身四周。火腿切成 5 厘米长、2.5 厘米宽的薄片（4 片），纵横分放在笋片与笋尖之间，构成"米"字形，正中放猪板油丁，板油丁上放 1 个香菇。

（3）将精盐 2 克、味精、绍酒、熟猪油用汤澥开，浇在鱼身上，放上姜片，放入蒸笼中，用旺火蒸制 15～20 分钟。下笼后，去除葱、姜，滗出原汁，淋到鱼上即成。

质量标准：肉质细嫩，味清鲜。

工艺关键：在鱼身两侧剞花刀，要掌握好刀距和深度；加入板油丁，其目的是增加菜肴的滋味；蒸制时间的长短，应根据鱼的重量而定。

翠竹粉蒸鲴鱼

"翠竹粉蒸鲴鱼"是湖南名菜。鲴鱼为鱼中上品，肉肥嫩而味极鲜美。此菜是岳阳市名厨张克亮在传统的"粉蒸鲴鱼"基础上改进而成的，是将蒸钵改为新鲜翠竹筒，然后盛鱼密闭蒸制。

主　　料：鲴鱼 1 条（约重 1 250 克）。

配　　料：熟米粉 100 克。

调　　料：精盐 1 克，原汁酱油 15 克，豆瓣酱 25 克，甜面酱 15 克，五香粉 10 克，胡椒粉 1 克，花椒粉 1 克，白糖 1.5 克，白醋 5 克，绍酒 5 克，味精 1 克，葱、姜末各 5 克，芝麻油 30 克，辣椒油 30 克，熟猪油 40 克。

烹饪技法：粉蒸。

工艺流程：选料→治净→切配→腌制→蒸制→成菜。

制作方法：

（1）选直径 10 厘米、长 25 厘米、两端带竹节的翠竹筒 1 节，离竹筒两端约 4 厘米处横锯 2 条，再破成宽 10 厘米的口，破下的竹片作筒盖。

（2）将鲴鱼从腹部剖开，去内脏，洗净沥干，切成 5 厘米长、3 厘米宽、2 厘米厚的长方形块，用清水洗净后沥水，放入大碗内，加酱油、精盐、豆瓣酱、甜面酱、绍酒、白糖、白醋、胡椒粉、五香粉、花椒粉、味精、芝麻油、辣椒油、葱、姜末拌匀，然后加米粉、熟猪油拌匀，腌制 5 分钟。

（3）将腌好的鲴鱼放入竹筒，盖上筒盖，上笼蒸 30 分钟取出，用托盘托竹筒上席。

质量标准：鱼肉肥美，透鲜竹味。

工艺关键：南方翠竹易得，做盛器既简便又美观，还可增加翠竹清香，可谓两全其美；此菜使用一次性调味蒸制而成，所以投料比例要掌握好。

芙蓉鲫鱼

"芙蓉鲫鱼"是湖南名菜。洞庭湖所产鲫鱼形似荷包故称荷包鲫鱼，质地细嫩，甜润鲜美。"芙蓉鲫鱼"以荷包鲫鱼为主料，配以鸡蛋清、清汤等蒸制而成，成品色形美观，味道可口。

主　　料：鲜荷包鲫鱼2条（约重750克）。

配　　料：鸡蛋清5个，熟瘦火腿15克。

调　　料：精盐5克，绍酒50克，味精1克，胡椒粉0.5克，葱25克，姜15克，清汤250克，鸡油15克。

烹饪技法：蒸。

工艺流程：选料→切配→腌制→蒸制→拆鱼肉→蒸芙蓉→拼摆→成菜。

制作方法：

（1）将鲫鱼洗净，斜切下鲫鱼的头和尾，同鱼身一起装入盘中，加绍酒和拍松的葱、姜，用旺火沸水蒸制10分钟取出，头尾和原汤保留。用小刀拆取鱼身的鱼肉。

（2）将鸡蛋清打散后，放入鱼肉、鸡汤、原汤，加入精盐、味精、胡椒粉搅匀，将一半装入汤碗，上笼蒸至半熟取出，再将另一半倒在上面，上笼蒸熟，同时把鱼头、鱼尾蒸熟。

（3）将鱼头、尾摆放在装有芙蓉鲫鱼的汤碗中，拼成鱼形，撒上火腿末、葱花，淋入鸡油即成。

质量标准：汤白，汤表面黄绿相间；味咸鲜，质地软嫩，入口即化。

工艺关键：拆取鱼肉时，将鱼刺挑拣干净；蒸制芙蓉关键在于控制火候。

蝴蝶飘海

　　"蝴蝶飘海"又名"蝴蝶过河"，是湖南名菜，以乌鳢（湖南又称才鱼）为主料制成。洞庭湖地区民间历来有用七星炉炖钵烹煮鱼鲜的习惯，边放料、边煮、边吃。岳阳厨师在炖钵煮鱼的基础上，创制出"蝴蝶飘海"一菜，此菜列为"巴隆全鱼席"中的座汤。

主　　料：净才鱼肉250克。

配　　料：小白菜苞20个，豆苗尖250克，大白菜心100克，香菜100克，火腿25克，香菇10克，冬笋10克。

调　　料：精盐2克，味精1克，醋25克，胡椒粉0.5克，葱5克，姜25克，绍酒10克，辣椒油15克，熟猪油25克，鸡清汤1250克。

烹饪技法：煮。

工艺流程：选料→切配→腌制→拼摆→上桌。

制作方法：

（1）鱼肉洗净，顺纹路用斜刀片成薄片，加精盐0.5克、葱、姜5克、绍酒攥出的汁腌约10分钟，在两个瓷盘内摆成蝴蝶形。

（2）将冬笋切成梳形片；火腿、香菇片成片；其他配料各盛一盘。余下的姜切丝，与醋、辣椒油、胡椒粉各盛入小碟。

（3）炒锅置旺火上，放入鸡清汤、精盐、味精、熟猪油烧开，下入火腿、冬笋、香菇煮开，倒入不锈钢汤锅内，连同小酒精炉，主、配、调辅料盘碟一同上桌。

质量标准：鱼肉鲜嫩，口味自便。

工艺关键：鱼肉选择要新鲜，切片力求厚薄均匀，腌制时间要充分。

红烧鮰鱼

　　"红烧鮰鱼"是湖北名菜。鮰鱼学名长吻鮠，在湖北产量较高。鮰鱼肉嫩味鲜，自古便为人称道。宋代文豪苏轼在湖北黄州居住时，曾在品尝过鮰鱼的美味后挥毫写下《戏作鮰鱼一绝》，诗中记载："粉红石首仍无骨，雪白河豚不药人，寄予天公与河伯，何妨乞与水精灵。"江城武汉的老大兴园酒楼曾以擅烹鮰鱼而盛极一时。老大兴园创办于1938年，该店涌现出了刘开榜、曹雨庭、汪显山、孙昌弼四代"鮰鱼大王"，创制了一系列鮰鱼菜，颇受食客欢迎。此菜是以鮰鱼肉为主料红烧而成的。

主　　料：净鲴鱼肉 500 克。

调　　料：精盐 5 克，酱油 30 克，味精 2 克，白糖 8 克，绍酒 15 克，葱段 10 克，生姜片 5 克，湿淀粉 25 克，熟猪油 100 克。

烹饪技法：红烧。

工艺流程：选料→切配→治净→烧制→调味→勾芡→成菜。

制作方法：

（1）将鲴鱼肉剁成 3 厘米见方的块。

（2）炒锅置旺火上，下熟猪油 50 克烧热，加葱段 5 克、姜片煸香，下鲴鱼、绍酒稍炒，加清水 500 克，加盖烧 7 分钟，烧至鱼肉松软达八成熟时，加精盐、酱油，移小火上烧至鱼肉透味，待汤汁稠浓时加味精，用湿淀粉勾芡，淋入熟猪油，撒上葱段，起锅装盘。

质量标准：色泽红亮，肉质肥嫩滑润，味道鲜美。

工艺关键：剁块大小均匀，保证成熟一致；火候控制要求是先加盖烧，再移至小火加热。

荆沙鱼糕

"荆沙鱼糕"是湖北传统名菜，俗称"杂烩"，简称"头子"。传说舜帝南巡，其湘妃喜食鱼而厌其刺，聪明的厨师便制作了"吃鱼不见鱼"的糕，故又名"湘妃糕"。北宋政和二年（公元 1112 年），此菜作为当时举行的"头鱼宴"的名菜之一。南宋末年，荆州各县广为流传，权贵宴请宾客，都把鱼糕作为宴席主菜。清朝时期，凡达官贵人和富人婚丧嫁娶、喜庆宴会，都须烹制鱼糕以宴宾客。现在荆州的周边县市，已形成"无糕不成席"的局面。

主　　料：青鱼 1 尾（约重 3000 克），猪肥膘肉 500 克。

配　　料：肉丝 50 克，腰花 50 克，水发黄花菜 25 克，水发黑木耳 25 克。

调　　料：精盐 50 克，姜水 1000 克，葱末 20 克，味精 6 克，绿豆淀粉 300 克，土鸡蛋 10 个，胡椒粉 5 克，葱段 2 克，姜蒜米 2 克，清汤 50 克，色拉油 50 克。

烹饪技法：蒸。

工艺流程：选料→加工鱼肉→制鱼茸→蒸制→切配→装盘→浇汁→成菜。

制作方法：

（1）将青鱼宰杀洗净，从背部剖开，剔去脊骨和胸刺，从尾部下刀推去鱼皮，从两片鱼肉上片取下白色鱼肉，用刀排剁成茸；猪肥膘肉切丁。

（2）将鱼茸放入盆内，取 10 个蛋清用筷子打散加入到鱼茸中搅拌均匀，分数次加入姜水，顺一个方向搅拌成粥状，加入葱末、淀粉搅拌，再放入精盐、味精、胡椒粉，搅拌至鱼茸黏稠上劲，放入肥膘肉丁，一起搅拌成鱼茸糊。

（3）在蒸笼内铺上湿纱布，倒入鱼茸糊，用刀抹平，厚约 3 厘米，盖上笼盖，用旺火蒸 30 分钟，揭开笼盖，用干净纱布搌干鱼糕表面水汽，将鸡蛋黄均匀地抹在鱼糕表面，盖上笼盖，继续蒸 5 分钟后取出，待冷却后翻扣在案板上，用刀顺长改切成 6 厘米宽、4 厘米厚（鱼糕蒸熟要比生胚厚）的鱼糕条。

（4）猪腰子去腰臊，剞上麦穗花刀；玉兰片切成薄片；木耳撕成小片；黄花菜去蒂改刀。

（5）锅置旺火上烧热，舀入色拉油，下姜蒜米炝锅，加入清汤，放入木耳、黄花菜，用精盐、味精调好味，放入浆好的肉丝、腰花汆熟，用湿淀粉勾玻璃芡，撒葱段，淋明油浇在鱼糕上即成。

质量标准：鱼糕晶莹洁白，软嫩鲜香。

工艺关键：加工鱼肉时，要除净污血、鱼皮、鱼刺；制鱼茸时，要正确把握投料比例和顺序、搅拌方法；蒸制鱼糕按照操作程序进行。

橘瓣鱼氽

"橘瓣鱼氽"是湖北名菜。古代鱼氽菜肴一般为圆形。鱼圆起源于两千多年前，《荆楚岁

时记》记载，在公元前 675 年，楚文王一次吃鱼时被鱼刺卡了喉咙，当即怒斩司宴官，吓得厨师不敢再烹全鱼给他吃，便想办法去掉鱼刺，把鱼肉剁成鱼茸，做成鱼圆。烹饪大师卢永良在继承传统制作方法的基础上把鱼圆做成橘瓣形状，用鸡汤、香菇等配料、调料汆制而成，名曰"橘瓣鱼汆"。此菜制作精细，汆制工艺甚高，无愧于名菜。

主　　料：鳜鱼肉 400 克。

配　　料：水发香菇 50 克，鸡蛋清 4 个。

调　　料：精盐 4 克，味精 2 克，白胡椒粉 1 克，鸡汤 500 克，葱姜汁 3 克，葱花 1 克，熟猪油 50 克。

烹饪技法：汆。

工艺流程：选料→制茸→汆制→调味→装碗。

制作方法：

（1）将鳜鱼肉剁成鱼茸，加葱姜汁、鸡蛋清、味精、精盐 2 克、水 250 克搅拌上劲，加熟猪油 25 克拌匀。

（2）香菇切成薄片，焯水后待用。

（3）炒锅置小火上，加清水 1500 克，用手将鱼茸挤成橘瓣形，逐个用汤匙舀入锅内，汆熟捞出。

（4）另起锅上火，加入鸡汤、香菇、精盐、味精烧沸，下入鱼汆，待锅内汤微沸，撇去浮沫，撒上葱花盛入汤碗内，淋熟猪油，撒上胡椒粉即可。

质量标准：色、香、味、形俱佳。

工艺关键：制作此菜的关键是鱼茸的制作过程，尤其是搅拌鱼茸工艺的掌控；然后是挤制橘瓣的技艺，直接影响菜品的"形"；在汆制成熟阶段，火候的掌控十分重要。

明珠鳜鱼

"明珠鳜鱼"是湖北名厨、鄂菜烹饪大师汪建国在湖北传统风味"鱼圆"的基础上创制而成的湖北名菜。汪建国曾以此菜在 1988 年第二届全国烹饪技术比赛中获得金牌，从而提高了此菜的知名度。

主　　料：鲜鳜鱼 1 条（约重 1250 克）。

配　　料：胡萝卜 250 克，莴苣 300 克，小白菜 6 棵，鸡蛋清 3 个。

调　　料：精盐 10 克，味精 3 克，绍酒 2 克，鸡清汤 250 克，葱 10 克，姜 10 克，葱姜汁 10 克，湿淀粉 15 克，熟猪油 25 克。

烹饪技法：蒸、炒。

工艺流程：选料→加工→制茸→成型→汆制→炒制→调味→成菜。

制作方法：

（1）鳜鱼治净，剁下头、尾整形后用葱结、姜块、精盐 4 克、味精 0.5 克、绍酒腌制，置鱼盘两端。

（2）胡萝卜、莴苣分别削成 6 个通心球，焯水后待用。

（3）将净鳜鱼肉制成茸，加精盐 4 克、味精 1 克、鸡蛋清、葱姜汁 5 克、清水搅拌上劲，加熟猪油拌和匀后挤成荔枝大小的鱼圆放于凉水锅中置旺火上，烧至微开，离火汆 10 分钟捞出，入清水中浸漂。

（4）将鱼头尾连盘置于蒸笼中约蒸 10 分钟后端出。

（5）炒锅置旺火上，下鸡汤 50 克、胡萝卜球、莴苣球、菜心、精盐 1 克、味精 0.5 克、湿淀粉 3 克，勾薄芡，起锅，摆放在盘边。

（6）炒锅置旺火上，下入鸡汤、葱姜汁、精盐、鱼圆、味精，待汤沸后用湿淀粉勾芡，淋上热猪油，起锅盛在盘的中部即成。

质量标准：此菜既保留了鱼圆鲜嫩味美、晶莹明亮的特色，成菜又恢复了完整的鱼形，可谓色、质、香、味、形俱佳。

工艺关键：加工鱼茸要精工细作，以搅拌后鱼茸至入冷水中能够达到漂浮状态为佳；汆制鱼圆时，冷水下锅至锅中水微开即可端离火口，待鱼圆刚熟时捞出入清水中浸漂，这是此菜烹制的关键所在；胡萝卜球、莴苣球、菜心无论是焯水还是炒制，均要把握好成熟度。

珊瑚鳜鱼

　　"珊瑚鳜鱼"是湖北创新名菜,因其形、色似红珊瑚而得名。此菜选用整条鳜鱼制作而成。成菜色泽鲜艳、香气浓郁、质地酥脆、酸甜可口。湖北名厨、我国烹饪大师卢玉成曾在1988年第二届全国烹饪技术比赛中以此菜夺取金牌。

主　　料:鳜鱼1条(约重1750克)。
调　　料:精盐5克,绍酒21克,白糖300克,番茄酱200克,白醋50克,小葱50克,生姜末25克,蒜粒5克,干淀粉1000克,植物油4000克(约耗250克)。
烹饪技法:炸熘。
工艺流程:选料→加工→腌制→拍粉→炸制→复炸→浇汁→成菜。
制作方法:
(1)将鳜鱼治净,斩下头、尾,鱼身剖成两片,除去骨刺,皮朝下置案板上,剞麦穗花刀。
(2)将鱼肉、鱼头、鱼尾加葱、姜片、精盐、绍酒腌制10分钟后,鱼肉拍上干淀粉,使其花纹散开。
(3)炒锅置旺火上,下植物油烧至210℃时,先下鱼头、尾炸熟捞起,再下鱼肉炸4分钟至呈珊瑚状捞出。再将油烧至250℃时,下鱼肉复炸2分钟后离火浸炸。
(4)炒锅置旺火上,下油20克烧热,放入蒜粒、姜末煸香,再下清水、番茄酱、白糖、白醋制成酸甜味汁芡,勾成油芡。再将浸在油中的鳜鱼捞起,摆在盘中,与鱼的头尾一起拼成全鱼形,将制好的番茄汁浇在鱼上即成。
质量标准:色红亮,形似珊瑚,味酸甜,质酥脆。
工艺关键:剞麦穗花刀深至鱼皮即可;干淀粉要过筛,以防止有颗粒出现;拍粉,在炸制时及时上粉,及时下锅;煸炒蒜茸时油温不宜过高,防止炒煳。

清蒸武昌鱼

　　"清蒸武昌鱼"是湖北名菜。1956年夏天,毛泽东畅游长江,写下了《水调歌头·游泳》,诗中有"才饮长江水,又食武昌鱼"的佳句。此后,国内外宾客都纷纷到武昌酒楼品尝武昌鱼,从而使武昌鱼名扬四海。武昌鱼还被历代骚人墨客所引用,南北朝时期的庾信在《奉和永丰殿下言志诗十首》中写道:"还思建业水,终忆武昌鱼。"唐朝诗人岑参、南宋诗人范成大都有美文赞颂武昌鱼。古人所说的武昌鱼是一种泛指,据《湖北通志》载:"鳊,各处通产,以武昌樊口、襄阳鹿门所出为最。"《武昌县志》云:"鳊鱼产樊口者甲天下。"毛泽东当年品尝的是清蒸鳊鱼,此菜鱼肉细嫩,原汁原味,淡雅鲜香,堪称湖北鱼菜佳肴。

主　　料:鲜活团头鲂1条(约重1000克)。
配　　料:熟火腿50克,水发香菇50克,冬笋50克。
调　　料:精盐5克,绍酒10克,白胡椒粉1.5克,味精2克,葱15克,姜片10克,姜丝5克,酱油20克,香醋5克,鸡清汤150克,熟鸡油25克,熟猪油75克。

烹饪技法:蒸。
工艺流程:选料→剞花刀→烫制→腌制→拼摆→蒸制→撒白胡椒粉→外带味碟上桌。
制作方法:
(1)将鱼洗净,在鱼身两面剞上兰草花刀;火腿、冬笋分别切片;香菇去蒂后切片;葱打结,姜切片和丝。
(2)将鱼入沸水锅中烫一下捞出,用精盐、绍酒、味精抹在鱼身上腌至入味;火腿、冬笋、香菇入汤锅中稍烫捞出。
(3)葱结、姜片垫底,放上团头鲂鱼,火腿、冬笋、香菇间隔摆在鱼身上,淋上鸡汤、熟猪油入笼

蒸熟取出，淋上熟鸡油，撒上白胡椒粉。

（4）蒸好的武昌鱼连同调好的酱油、香醋、姜丝小味碟上桌。

质量标准：成菜鱼形完整，晶莹美观，鱼肉细嫩，原汁原味，咸鲜淡雅。

工艺关键：鱼鳞、鱼鳃、腹腔黑膜均要清除干净；烫制的作用是去除鱼腥味；蒸制的时间应根据鱼的重量而定。

香滑鲈鱼球

"香滑鲈鱼球"是广东名菜。所用鲈鱼肉本是长方形的，之所以称球，是因为原来的做法在鱼块上刻有刀花，熟后，鱼块自然弯卷，微有球形之状，故名。近年有所改变，已不刻花，加工成鱼块，熟后就不出现球状，但人们仍习惯以鱼球称之。《烟花论》曾记载隋炀帝对鲈鱼的评论："所谓金玉脍，东南之佳味也。"

主　　料：净鲈鱼肉 500 克。

调　　料：精盐 3.5 克，白糖 1.5 克，绍酒 10 克，葱段 5 克，姜花 2.5 克，味精 3.5 克，湿淀粉 7.5 克，上汤 100 克，熟猪油 1 000 克（约耗 100 克），芝麻油 0.5 克。

烹饪技法：炒。

工艺流程：选料→切配→腌制→滑油→炒制→调味→勾芡→成菜。

制作方法：

（1）将鲈鱼肉顺着直纹切成块，每块长 6 厘米、宽 3 厘米、厚 0.6 厘米，用精盐 1 克拌匀。

（2）炒锅用旺火烧热，加入熟猪油烧至 150℃，放入鲈鱼肉，过油约 30 秒钟至八成熟，连油一起倒入笊篱沥干。炒锅放回火上，下姜、葱，烹绍酒，加上汤、味精、白糖和精盐 2.5 克，再放入鲈鱼肉，用湿淀粉调稀勾芡，最后淋芝麻油和熟猪油 25 克，炒匀即成。

质量标准：嫩滑鲜香，色泽鲜艳。

工艺关键：鲈鱼肉滑油，千万不能炸焦炸黄，成形即可，保持软嫩，才是正宗风味特色。

油浸鱼

"油浸鱼"是广东名菜。浸分为油浸法、水浸法和汤浸法 3 种。油浸法，先将生油烧滚端离火位，将生料放入油锅内，加盖，待其热度降低再将油锅端回炉上，烧至 160℃时又端离火位，至原料浸熟为止（一般小料浸 1 次，大料浸 2~3 次），时间每次约 6 分钟。水浸法与油浸法基本相同，区别是油浸用油，多在火上浸，而水浸用水，多在盆里浸。汤浸，汤者，沸水也，将主料入微沸的水中浸没，一次浸熟，如白切鸡，约浸 15 分钟即好，非是真正用汤浸，不可混淆。"油浸鱼"现演变为"水浸"，色、质、味俱佳。

主　　料：草鱼 750 克。

调　　料：白糖 250 克，料酒 2.5 克，葱末 10 克，姜片 5 克，香菜叶 1 克，胡椒粉 0.1 克，酱油 5 克，花生油 75 克，味精 2.5 克，香油 1 克。

烹饪技法：油浸。

工艺流程：选料→治净→浸制→浇汁→成菜。

制作方法：

（1）姜一半切片，一半切丝；葱的一部分切段，一部分切丝。

（2）锅内放入清水烧沸，放入精盐、料酒、葱段、姜片，后放入整理好的鱼，加盖用小火浸 20 分钟，使鱼浸熟捞出，控净水装盘。葱、姜丝撒在鱼上。

（3）锅上旺火倒回原汤。放入酱油、味精、白糖，烧开后浇在鱼上。香菜围边。

质量标准：鱼肉洁白，嫩滑鲜香，原汁原味，清淡可口，富有粤菜的风味。

工艺关键：用汤浸鱼，需用小火，否则鱼易脱皮或煮烂。

五柳鱼

"五柳鱼"是广东名菜。此菜选用鲆鱼，体侧扁，不对称，两眼都在左侧。口前位，下颌突出。前鳃盖骨边缘游离。有眼的一侧皮肤呈暗灰色或有斑块纹，无眼的一侧皮肤为白色。鲆鱼种类繁多，广泛分布于热带或温带的海洋中。我国沿海各地也多有生产，主要可供作鲜食或制成罐头及咸干制品。鱼肝可提制鱼肝油。特别是牙鲆品种，是我国黄海及渤海的名贵鱼类，和比目鱼的其他品种一样，是季节应时风味名菜佳肴。

主　　料：鲜鲆鱼1尾（1公斤左右）。
配　　料：冬菇丝50克，香菜10克，辣椒50克。
调　　料：精盐5克，料酒10克，酱油30克，醋30克，白糖30克，味精少许，葱30克，姜15克，蒜15克，湿淀粉15克，植物油100克，上汤50克。
烹饪技法：煮、熘。
工艺流程：选料→治净→切配→煮制→浇汁→成菜。
制作方法：
（1）把鱼去鳍、鳞、鳃和内脏，洗净控水，两侧剞一字形花刀，放入开水锅中连同拍破的葱、姜和料酒、精盐一并投入，以文火煮至熟透盛盘。
（2）把炒勺烧热下油，加入葱丝、姜丝、蒜和冬菇丝、辣椒丝，稍炒后将汤倒入，再加糖、醋、料酒、酱油、味精，并用湿淀粉勾芡，芡起泡时加一点热油搅匀浇在鱼上，然后，撒上香菜即可。
质量标准：鲜嫩清淡，呈鱼本色，甜爽适口。
工艺关键：选料要新鲜，剞刀不可太浅，可避免鱼体卷曲；炸鱼时，用铲推鱼头，保持形态完整；五柳料现在也可用西红柿、洋葱、酸黄瓜、青豆、冬笋、青椒等原料代替。

煎封鲳鱼

"煎封鲳鱼"是广东名菜。煎封，是粤菜煎法中的一种，又叫煎烹，多用于烹制肉厚的鱼类。所用汁液，采用上汤、噏汁（噏汁为广东方言，即辣酱油）、精盐、白糖、酱油等拌成，称为煎封汁。烹饪要点是，将鱼煎至金黄色，加料头和汁液，上盖，焖熟，勾芡，是以煎为主，以焖为辅的方法。鲳鱼又名白鲳、平鱼、镜鱼，我国沿海均产，肉厚刺少，肉味鲜美，是上等食用鱼类；四五月间大量上市。《本草拾遗》载："肥健，益气力。"《本经逢原》载："益胃气。"《随息居饮食谱》载："补胃、益血、充精。"其性味甘平，有益气养血、柔筋利骨的功效。

主　　料：鲳鱼1条（约重750克）。
调　　料：姜汁酒15克，煎封汁250克，绍酒10克，浅色酱油15克，葱1.5克，姜1.5克，蒜泥1.5克，胡椒粉0.01克，花生油1000克（约耗100克），芝麻油0.5克。

烹饪技法：煎、炸、焖。
工艺流程：选料→治净→切配→腌制→煎制→炸制→焖制→调味→勾芡→成菜。
制作方法：
（1）将鱼宰杀，去鳞、鳃、内脏，洗净，两面各斜剞四刀，用酱油、姜汁酒腌约10分钟。将煎封汁、芝麻油、胡椒粉兑成芡汁。
（2）炒锅用中火烧热，加入底油，放入鲳鱼，边煎边加油，煎炸至两面呈金黄色，再加油炸约10分钟至熟，捞起盛在盘中，把油倒回油盆。

（3）将炒锅回放火上，下蒜、葱、姜爆香，烹绍酒，用芡汁勾匀，加花生油25克推匀，淋在鱼身上即成。

质量标准：成品既有煎的芳香，也有焖的浓醇，滑软可口，风味别致。

工艺关键：煎封汁色泽棕红，有喼汁香味，常用作海、河、塘鲜煎后调色调味之用。原料为淡上汤1.25公斤、喼汁1公斤、生抽150克、白糖50克、老抽50克、味精25克、精盐25克，制法是将上述各种原料混匀后，煮沸即成。

郊外大鱼头

"郊外大鱼头"是广东名菜。胖头鱼又叫大头鱼，学名鳙鱼，此鱼鱼头大而肥，肉质雪白细嫩，属中国著名四大家鱼之一。产地、产期与鲢鱼相同。鳙鱼的外形与鲢鱼相似，但也有区别，如胖头鱼头大，占体长的三分之一，体侧发黑且有花斑，眼位较低。鱼脑营养丰富，其中含有一种人体所需的鱼油，而鱼油中富含多不饱和脂肪酸，人称"脑黄金"，主要存在于大脑的磷脂中，可以起到维持、提高、改善大脑机能的作用。因此，有多吃鱼头能使人更加聪明的说法。另外，鱼鳃下边的肉呈透明的胶状，里面富含胶原蛋白，能够对抗人体老化及修补身体细胞组织。"郊外大鱼头"现为北园酒家的十大名菜之一。

主　　料：大鱼头1个（约重750克）。

配　　料：豆腐250克，半肥瘦肉丝75克，水发香菇丝25克，郊菜400克。

调　　料：精盐6克，绍酒15克，白糖5克，胡椒粉0.05克，深色酱油25克，味精4克，姜丝5克，炸蒜肉75克，干淀粉85克，湿淀粉20克，淡二汤85克，芡汤20克，花生油2 000克（约耗175克），蚝油10克，芝麻油0.5克。

烹饪技法：炸、焖。

工艺流程：选料→治净→腌制→拍粉→浸炸→焖制→调味→浇汁→成菜。

制作方法：

（1）将鱼头去鳃洗净，涂抹盐水（以清水15克化精盐2.5克），随即蘸上干淀粉。

（2）炒锅用旺火烧热，下花生油，烧至180℃，放入鱼头即端离火口浸炸，边炸边翻动，至油温下降后，端回火上，烧至190℃时，再端离火口浸炸，如此反复两次，约浸炸10分钟。最后再旺火炸至鱼头轻浮脆香，捞起，把油倒回油盆。

（3）将炒锅放回火上，下肉丝、姜丝、炸蒜肉、冬菇丝，爆至有香味，烹绍酒，加二汤、豆腐、鱼头略煸一下，即转入砂锅内，下酱油10克，加锅盖，移到小火上，焖至鱼头变软，加入白糖、蚝油、味精和精盐2.5克再焖至发出香味时，捞起鱼头置于盘中，把胡椒粉撒在上面。

（4）砂锅内的鱼头将要捞起时，将砂锅置于旺火上，下花生油25克，放入郊菜，加精盐2克、二汤100克，烹至九成熟，倒入漏勺去汤水。将炒锅放回炉上，下油10克，放入郊菜，用芡汤调匀湿淀粉7.5克勾芡，取出放在鱼头四周。

（5）将砂锅里的原汁倒在炒锅里，加酱油15克，用湿淀粉12.5克调稀勾芡，最后加芝麻油和花生油25克推匀，淋在鱼头上便成。

质量标准：色泽金黄，形如狮子，鱼骨酥脆，鱼肉微滑，滋味香浓，肥而不腻。

工艺关键：原汤烧至微沸时，缓慢而均匀地推入芡液，可防止淀粉结块，又因淀粉充分糊化，则汁明芡亮。

姜葱焖鲤鱼

"姜葱焖鲤鱼"是广西名菜。鲤鱼又名龙门鱼、鲤拐子、赤鲤、黄鲤、白鲤。因鱼鳞上有十字纹理而得名。按生长水域的不同，鲤鱼可分为河鲤鱼、江鲤鱼、池鲤鱼。河鲤鱼体色金黄，有金属光泽，胸、尾鳍带红色，肉脆嫩，味鲜美，质量最好；江鲤鱼鳞内皆为白色，体

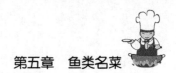

肥，尾秃，肉质发面，肉略有酸味；池鲤鱼青黑鳞，刺硬，泥土味较浓，但肉质较为细嫩。《神农书》记载："鲤为鱼王。"我国除青藏高原外，全国水系均有分布，一年四季均产，但以 2～3 月产的最肥。

主　　料：净鲤鱼 1 条（约重 750 克）。
调　　料：精盐 5 克，绍酒 25 克，白糖 5 克，味精 4 克，葱段 10 段，姜块 100 克，蒜泥 5 克，胡椒粉 0.1 克，老抽 15 克，水发陈皮丝 2.5 克，蚝油 10 克，湿淀粉 15 克，淡二汤 750 克，花生油 150 克，芝麻油 0.5 克。
烹饪技法：煎、焖。
工艺流程：选料→治净→焯水→煎制→焖制→调味→勾芡→成菜。
制作方法：
（1）鲤鱼洗净，晾干水分。姜块放入沸水锅中焯约 1 分钟，取出。
（2）炒锅用中火烧热，下花生油 60 克，放入鱼煎至两面金黄色时，取出，然后下蒜、姜、葱、爆至有香味，烹绍酒，加二汤、陈皮丝、精盐、味精、白糖、蚝油、酱油和花生油推匀；将鲤鱼放入，加盖，用小火焖约 15 分钟至熟；取出，装在盘中。
（3）炒锅内加入胡椒粉，调入稀芡推匀，再加入芝麻油和花生油 40 克推匀，取出，淋在鱼上便成。
质量标准：鱼肉软嫩，浓香宜人。
工艺关键：用小火焖熟，以 15 分钟为度，原汁用水淀粉勾成玻璃芡，淋在鱼身上面即成。

糖醋脆皮鱼

"糖醋脆皮鱼"是四川名菜。四川临江傍水的城镇中，有一种名为"香炸鱼"的小食，是用新鲜的小鱼整理干净后，再裹上一层面糊入油锅中炸制而成。其成品皮脆香、肉鲜嫩，加之携带方便，所以备受人们喜爱。"糖醋脆皮鱼"就是在"香炸鱼"的基础上发展而成的一款地方风味名菜。

主　　料：鲜鱼 750 克。
配　　料：泡辣椒丝 15 克。
调　　料：川盐 6 克，料酒 20 克，酱油 15 克，醋 40 克，味精 1 克，糖 100 克，葱丝 20 克，葱花 15 克，姜米 5 克，蒜米 15 克，水淀粉 100 克，鲜汤 300 克，芝麻油 10 克，植物油 150 克。
烹饪技法：炸。
工艺流程：选料→治净→切配→腌制→挂糊→炸制→装盘→浇汁。
制作方法：
（1）将鱼去鳞、鳃，腹腔掏空，治净，两面剞上牡丹花刀，用葱、姜（拍碎）、川盐、料酒、腌入味后拣除葱、姜，用水淀粉挂糊，干淀粉拍好。
（2）炒锅上火，油烧至 180℃时，鱼下锅炸熟取出，待油热至 200℃时将鱼复炸至酥脆装盘。
（3）锅留底油，下葱花、姜米、蒜泥、酱油、川盐、料酒、味精、糖、醋，待汁开时勾芡，冲入沸油，将汁浇匀在鱼身上即成，再撒上泡辣椒丝、葱丝即成。
质量标准：金红色，皮酥脆，肉细嫩，酸甜咸鲜。
工艺关键：剞鱼时，以刀至骨刺为度；复炸鱼时，要炸脆炸透；芡汁的颜色不宜太深。

豆瓣鲜鱼

"豆瓣鲜鱼"是四川传统名菜。原为家常味型，调味中虽用了糖、醋，但仅作和味之用，难以吃出甜酸滋味。现添加了郫县豆瓣，又多加了糖醋用量，使"豆瓣鲜鱼"成为鱼香味型。

主　　料：鲜鱼750克。

调　　料：精盐5克，料酒25克，白糖20克，醋20克，酱油15克，味精2克，郫县豆瓣60克，姜末15克，蒜末20克，葱花30克，胡椒面1克，水淀粉30克，肉汤300克，花生油150克。

烹饪技法：煎、烧。

工艺流程：选料→治净→切配→煎炸→烧制→调味→勾芡→成菜。

制作方法：

（1）将鱼刮鳞，剖腹，去内脏，去鳃，洗净，在鱼身两面各剞5刀，用料酒、盐、胡椒面码味。

（2）炒锅上火，油烧至160℃，下鱼两面煎成金黄色，起锅。

（3）另起锅上火，下豆瓣，炒出红色，加姜、葱、蒜，炒出香味，加汤，再将鱼放入锅内，加酱油、白糖、料酒，移小火上，两面烧透入味，取出装盘。

（4）锅内放味精，下水豆粉，将汁收浓，放醋、葱花，浇在鱼上即成。

质量标准：色泽红亮，质地细嫩，咸酸辣甜。

工艺关键：选用活鲤鱼或草鱼；炸时不宜太久，以"紧皮"为度；豆瓣、姜、蒜要炒出香味，烧鱼用中火，鱼以刚熟为佳，鱼形要完整。

清蒸江团

　　"清蒸江团"是四川传统名菜。江团鱼体表裸露无鳞，肉嫩而肥厚，刺少。这种鱼终年栖身于嶙峋险峻、苍翠幽深的岷江山峡十多米深的水底鱼窝中，是一种稀有的珍贵鱼类。用此鱼烹制菜肴肉质嫩而鲜美，曾被人们称为"嘉陵美味"。据传，冯玉祥将军曾在四川澄江镇上的"韵流餐厅"品尝"清蒸江团"，并称赞道："四川江团，果然名不虚传。"

主　　料：江团1尾（约重1250克）。

配　　料：熟火腿25克，水发香菇15克，水发虾米10克。

调　　料：精盐6克，料酒25克，醋25克，味精2克，胡椒面1克，葱段25克，姜15克，清汤800克，猪网油1张，香油10克。

烹饪技法：蒸。

工艺流程：选料→切配→汆水→腌制→蒸制→调味→成菜。

制作方法：

（1）江团洗净，在鱼身两侧斜剞6～7刀，在沸水中汆几下揩干水分，用适量精盐、料酒腌制入味。

（2）水发香菇片成薄片；火腿切成2厘米长的菱形片。

（3）将腌渍鱼浥尽血水，放蒸盘内；将火腿、香菇片逐一摆在鱼身上，加精盐、料酒、姜、葱、清汤，盖上猪网油，上笼，用旺火蒸30分钟取出，拣去网油、姜、葱，将鱼轻轻顺滑入盘。

（4）炒锅置旺火上，加清汤及蒸鱼的原汁，烧沸加味精、胡椒粉，浇入鱼盘即成。配姜醋味碟上席。

质量标准：肉质细嫩，汤清味鲜。

工艺关键：此鱼是无鳞鱼，初加工要注意；旺火蒸制，以刚熟为佳，鱼形要完整。

酸菜鱼

　　"酸菜鱼"是四川家常菜中的名品。此菜用鲜鱼加酸白菜制汤，因菜味酸得名。四川民间初冬用白菜腌渍酸菜，大坛贮存，随用随取，可食至来年夏天。多以酸菜与鸡、鸭、鱼、肉做汤菜，酸鲜爽口，消暑解腻。

主　　料：鲤鱼1尾（约重1250克）。

配　　料：酸白菜200克。

调　　料：川盐 5 克，料酒 15 克，味精 1 克，胡椒粉 3 克，花椒
　　　　　1 克，姜 15 克，蒜 10 克，鸡蛋清 2 个，泡红辣椒 15
　　　　　克，鲜汤 1 500 克，混合油 50 克。

烹饪技法：煮。

工艺流程：选料→治净→切配→上浆→煮制→调味→成菜。

制作方法：

（1）将鲤鱼宰杀、去鳞、鳍、鳃和内脏洗净，用刀片下两扇鱼肉，
　　　另将鱼头劈开，鱼骨斩成 1.5 厘米大小的块；酸白菜稍洗，切
　　　成短节；蒜剥成瓣洗净；姜洗净切成片；泡红辣椒碾成细末。

（2）炒锅置火上，下油烧至 150℃时，放蒜瓣、姜片、花椒粒爆出香味，再下酸白菜煸炒，加入鲜
　　　汤烧沸，下鱼头、鱼骨块，用猛火熬煮，打尽浮沫，烹入料酒，下川盐、胡椒粉调味后，继续
　　　熬煮。

（3）鱼肉斜刀片成厚 3 毫米的带皮鱼片，入碗，用川盐、料酒、味精码味；再将鸡蛋破壳，倒入蛋
　　　清，拌匀使鱼片裹上一层蛋清，再将鱼片逐渐抖散，放入熬煮的鱼汤锅内。

（4）另锅置火上，下油烧至 150℃时，下泡红辣椒末煸炒出香味，迅即倒入汤锅内，煮几分钟至鱼片
　　　断生，下味精提味，起锅倒入汤碗内即成。

质量标准：酸鲜可口，鱼片完整。

工艺关键：鱼片不能片得太厚；鱼片码味时，以鱼片不粘手为好，料酒不要放太多；煮鱼一定要用
　　　　　冷汤，冷水，这样鱼才没有腥味，汤色才会发白。

干烧岩鱼

"干烧岩鱼"是四川名菜。岩鱼学名"岩学鲁"，是川江有鳞鱼之上品。四川有谚语"一
鳊、二岩、三青鲅"。

主　　料：岩鱼 1 条（约重 1 000 克）。

配　　料：火腿肥膘肉 125 克。

调　　料：川盐 5 克，料酒 550 克，郫县豆瓣 50 克，蒜 50 克，味精 5 克，白糖 5 克，醋 5 克，葱
　　　　　50 克，姜 40 克，泡红辣椒 40 克，肉汤 750 克，蔬菜油 2 000 克（约耗 50 克）。

烹饪技法：炸、干烧。

工艺流程：选料→宰杀→切配→腌制→油炸→干烧→成菜。

制作方法：

（1）将鱼宰杀洗净，在鱼身两面各剞数刀，遍抹绍酒、精盐，入油锅稍炸至皱皮捞出。

（2）温油将泡辣椒、豆瓣（剁细）、姜米、蒜颗，煸出香味，加入鲜汤烧至味香。

（3）鱼和火腿、肥肉丁、盐、绍酒、醋、糖入锅同烧，汤沸后，移小火慢烧至汁稠鱼入味，下葱炒
　　　匀，起锅，装入鱼盘。

质量标准：形态完整，色泽红亮，咸鲜微辣，略带回甜。

工艺关键：用小火收汁亮油，忌用大火。

大理砂锅鱼

"大理砂锅鱼"是云南大理白族传统名菜，流传至今已有上百年的历史，在云南一直享有
盛名。此菜选用体态狭长、衔尾跃水、形如弓、色如银的洱海特产——弓鱼，此鱼鳞细肉厚，
质嫩味鲜，营养丰富，为鱼中珍品。烹制"大理砂锅鱼"的砂锅是祥云村生产的祥云土锅，
用这种土锅煨肉，质鲜肉美，不腥不腻，隔夜不馊，空锅烧至滚烫，不裂不坏；加工砂锅鱼，
香气浓郁纯正，别具风味。

主　　料：洱海弓鱼 1 条（约重 750 克）。

配　　料：水发鱿鱼 50 克，水发蹄筋 40 克，水发海参 30 克，水发玉兰片 40 克，豆腐 100 克，蒸

小丸子 20 个，红胡萝卜 40 克，白菜心 100 克，水发冬菇 40 克，金钩 10 克。

调　　料：精盐 6 克，葱 10 克，姜 20 克，胡椒面 3 克，云腿片 30 克，味精 2 克，上汤 1 500 克，芝麻油 20 克。

烹饪技法：煎、煮。

工艺流程：选料→治净→切配→腌制→煎制→煮制→调味→成菜。

制作方法：

（1）活弓鱼去鳞、鳃、内脏，洗净后，在鱼身两面交叉剞十字花刀，用精盐腌制。

（2）豆腐切成 3 厘米见方的小块，放在沸水中煮至蜂窝状，沥去水分；云腿、海参、鱿鱼、红胡萝卜、白菜心分别切成片；葱切为花；姜切为丝。

（3）炒锅内添油，先放入腌过的弓鱼煎两面金黄，炒锅内注入上汤，再放入云腿片、海参片、鱿鱼片、蹄筋、冬菇、玉兰片、金钩、豆腐、红胡萝卜片、白菜心、小丸子、姜丝、葱末稍煮，撇去浮沫，加入精盐、胡椒面、味精调好味，淋上芝麻油。

（4）另将砂锅烧热，放在垫盘上，将炒锅内煮好的弓鱼倒入砂锅。由于砂锅的热度较高，上桌时仍然沸腾。

质量标准：色泽绚丽，鱼肉鲜嫩，汤味鲜醇。

工艺关键：砂锅烧得越热越好，上桌后沸腾不止；煎鱼时，先把锅烧热，防止鱼粘锅。

清蒸金线鱼

"金线鱼"是云南稀有的特种鱼类，学名滇池金线鲅，属鲤科，体瘦长，背隆起。背脊两边有一条金线，嘴边有两条胡须，故名"金线鱼"。明代《大明一统志》对此鱼已有记述，产于滇池，多生活在水质清凉的石洞中。"金线鱼"肉质细腻，刺软鳞细，肉质鲜美，经清蒸后，有形有色，金线犹存，原汁原味，乃鱼中上品。

主　　料：金线鱼 500 克。

配　　料：熟云腿 100 克，蛋黄糕 50 克，香菜 20 克。

调　　料：精盐 6 克，料酒 15 克，香醋 50 克，白糖 15 克，葱丝 5 克，姜 30 克，味精、芝麻酱、胡椒粉、鲜汤各 3 克。

烹饪技法：蒸。

工艺流程：选料→治净→腌制→蒸制→调味→成菜。

制作方法：

（1）鱼经加工处理，从腹部开刀，洗净沥去水分，入碗加精盐、料酒拌匀，腌制 10 分钟，上笼蒸 10 分钟，取出扣入碗中。

（2）熟云腿、蛋黄糕、葱均切细丝；姜 10 克切丝，另 20 克剁成姜末；香菜切 1 厘米的段；用小碗一个，将醋、白糖、姜末、芝麻酱、精盐、香菜、葱兑为醋姜汁。

（3）炒锅上火，注入鸡汤，加精盐，汤沸，下云腿丝、蛋黄糕丝、胡椒、味精，起锅将汤汁倒入鱼碗，淋入芝麻油，随姜醋汁上桌。

质量标准：形体完整，鱼肉鲜嫩。

工艺关键：蒸鱼时，需用旺火，掌握好蒸鱼时间；保持鱼的完整性。

竹筒烤鱼

"竹筒烤鱼"是贵州名菜。选用新鲜楠竹或斑竹一节，长约 45 厘米，直径约 10 厘米。"竹筒烤鱼"是以特殊烹饪技法制作的一种鱼馔。

主　　料：青鱼 1 条（约重 750 克）。

配　　料：水发香菇 45 克，冬笋 40 克，鸡肉 90 克，鲜豌豆 80 克，熟火腿 45 克，猪网油 1 张。

调　　料：精盐 6 克，料酒 15 克，葱白 25 克，姜 8 克，胡椒粉 3 克，粉芡、味精、清汤、熟猪油、

　　　　鲜粽叶各 4 克。

烹饪技法：烤。

工艺流程：选料→治净→腌渍→烤制→浇汁→成菜。

制作方法：

（1）鱼去鳞、除鳃，剖鱼腹去内脏，洗净用布揩干，用精盐、胡椒粉、料酒、葱姜腌制。

（2）将鸡脯肉、冬笋、香菇、火腿、葱白、姜切成细丝，炒熟晾凉，装入鱼腹。

（3）先用猪网油包裹鱼全身，用粽粑叶再包外层；竹筒底部用粽粑叶垫一层底，将包裹的青鱼放进竹筒内，用粽粑叶塞住竹筒口并将筒口盖严，竹筒外包上一层稀黄泥，在明火上翻烤约 1 小时，取出鱼，置盘中，周围摆放鲜豌豆。

（4）将原汁加上汤 150 克入锅烧沸，撇去浮沫，加入味精、香油、胡椒等，勾薄芡，淋满鱼身即成。

质量标准：色泽淡雅，清香味浓，口味咸鲜，口感粑嫩，芡汁油亮。

工艺关键：竹筒要封严，转动时不使汁漏出；烤制过程中不停转动，使其均匀受热。

复习与思考

一、填空题

1. "碧波鳜鱼卷"是_____名菜。鳜鱼又名鲈花，除青藏高原外，全国广有分布，是我国名贵淡水食用鱼之一。鳜鱼肉质细嫩，味鲜美，多刺，以_____产质量最佳。

2. "干烧开片鲤鱼"是_____传统名菜，选用松花湖金丝鲤鱼，从脊背片开，鱼腹相连，形似两条对尾鱼，采用_____技法烹制而成。

3. "白扒鱼扇"是_____传统名菜。此菜选用鲜牙鲆鱼经_____、_____技法精制而成。

4. "金毛狮子鱼"是_____名菜，以鲤鱼为主料_____制而成，因成菜色泽金黄、形似狮子而得名。

5. "糟溜鱼片"是北京名菜。其质量标准是_____，_____。

6. 加吉鱼又叫鲷鱼、班加吉、加真鲷、铜盆鱼，_____产的品质最好。

7. 金线鱼是_____稀有的特种鱼类，金线鱼肉质细腻，刺软鳞细，肉质鲜美。

8. "糖醋脆皮鱼"就是在____的基础上，提高、发展而成为一款地方风味浓郁的菜式。

9. "松鼠鳜鱼"为苏州名菜。形似松鼠，色泽悦目，_____，甜酸适口。

10. "西湖醋鱼"_____传统名菜。菜肴所运用烹饪技法是_____。

11. "绣球鱼丸"是江西名菜，选用鄱阳湖白鱼为主料。蒸、煮、烧、烤均可。此菜用_____的烹饪技法，制成绣球状，因此而得名。

12. "柴鱼肉羹"是_____名菜。柴鱼又称鲣鱼，是台湾特产，由鲣鱼肉经烟熏加工后而成，可长久贮藏，用它做汤，味道甚佳，常作_____。

13. "葱椒炝鱼片"是河南名菜。将花椒用_____浸泡柔软，与葱、姜一起剁碎成泥，装小坛内密封备用。

14. "番茄煨鱼"是_____名菜。煨可分为"煎煨"和"蒸煨"。"番茄煨鱼"属_____，是将主料油煎后，填入配料、调料，采用小火进行煨制，使调、配料的滋味透入鱼肉里。

15. "酥鱼"是河南名菜，以鲫鱼为主料，经过长时间_____制而成。其特点是_____，

味纯鲜美。

  16. "油浸鱼"是广东名菜。浸烹饪技法分为油浸法、_____和_____法3种。

  17. "煎封鲳鱼"是名菜。煎封,是粤菜煎法中的一种,又叫煎烹,多用于烹制_____的鱼类。

  18. "干烧岩鱼",是_____一款久负盛名的鱼肴。

二、简答题

  1. 简述"香滑鲈鱼球"的工艺流程。

  2. 简述浙江名菜"宋嫂鱼羹"的工艺流程。

  3. "西湖醋鱼"属于什么烹饪技法?与相类烹饪技法作比较,写出它们之间的异同点。

  4. 简述湖北名菜"橘瓣鱼氽"的工艺关键。

  5. 简述"糖醋软熘鲤鱼焙面"的制作方法。

第六章 肉类名菜

学习任务和目标

- 学习肉类名菜，了解不同地方菜肴所选原料的产地、部位和特征。
- 关注菜肴制作的工艺关键步骤，增强在制作过程中的预防意识。

黄金肉

"黄金肉"是东北传统名菜。相传，早年努尔哈赤还未发迹时，曾在一个总兵府里当差。一天，总兵府家厨卧病不起，府中几个下人只好临时充当厨师，按照总兵府当时的规定：每餐必须有 8 个菜上桌，经过苦心研究，他只想出了 7 个菜，还缺一个，怎么办呢？这时，努尔哈赤自愿帮忙，当场就做了一个菜，取名"黄金肉"。总兵吃后非常高兴，问这菜是谁做的，内差回答说："此菜乃努尔哈赤所做。"于是，总兵唤进努尔哈赤，把他夸奖一番。后来，此菜一直在清宫御膳坊流传不衰，后来慈禧太后还经常品尝这道名菜。慈禧太后说："这是先祖赐予儿孙们的珍馐，切切不可忘怀。"

主　　料：瘦猪肉 300 克。

配　　料：香菜段 20 克。

调　　料：精盐 10 克，绍酒 15 克，酱油 15 克，白糖 15 克，味精 3 克，葱丝 10 克，姜丝 10 克，蒜片 10 克，米醋 10 克，鸡蛋 1 个，花椒面 2 克，湿淀粉 30 克，鲜汤 50 克，植物油 500 克（约耗 50 克）。

烹饪技法：煎。

工艺流程：选料→切配→腌制→上浆→滑油→煎制→调味→成菜。

制作方法：

（1）将无筋膜的瘦猪肉切成柳叶片，放在碗里，加入精盐、绍酒腌制 10 分钟，然后用鸡蛋、湿淀粉上浆，抓匀。

（2）碗内放入绍酒、米醋、酱油、白糖、味精、鲜汤等兑好汁。

（3）炒勺放入油，烧至 120℃，下入肉片滑散，倒入漏勺（勺内不留底油），再把肉片倒入勺内煎制，当两面呈金黄色时，把葱姜丝、香菜段撒在肉片上，泼入兑好的汁水，最后撒花椒面，翻勺装盘即成。

质量标准：颜色金黄，外酥里嫩，口味咸鲜。

工艺关键：上浆要均匀，使浆汁充分包裹住原料；滑油时不要过熟，防止肉片老硬；烹汁后要收干汤汁，使肉片酥松。

松子方肉

"松子方肉"是黑龙江名菜。松子为松科植物红松的种子，性味甘、微温，含有蛋白质、

脂肪、碳水化合物、挥发油，具有养液、息风、润肺、滑肠之功效，适用于风痹、头眩、燥咳、吐血、便秘等症。

主　　料：上等五花肉500克。
配　　料：嫩豌豆20克，瘦肉150克。
调　　料：精盐5克，绍酒150克，酱油25克，松子仁50克，湿淀粉35克，姜葱汁10克，花椒面5克，蛋黄3克，冰糖50克，熟猪油30克。
烹饪技法：烤、煎、炖。
工艺流程：选料→修整→烤皮→刮净→清洗→切配→挂糊→煎制→炖制→调味→成菜。
制作方法：
（1）将五花肉加以修整，将肉皮用火烤焦，刮净，投入冷水泡软。
（2）将肉面每隔2厘米切横竖相交的方块形、深而不透的花刀。
（3）用一个蛋黄、湿淀粉少许搅成糊，抹在肉面上，将瘦肉斩成肉泥，加葱姜汁、精盐，再放一个蛋黄和湿淀粉调成稀糊，抹在肉面上。
（4）炒勺置旺火上，放猪油，将肉方（皮朝上）煎成金黄色，待用。
（5）将肉方放在砂锅中，底下放竹算垫底，肉方放在上面（皮朝下），加绍酒、清汤、精盐、酱油、绍酒、花椒面、葱姜汁烧开，用文火炖至酥烂，滤出汤汁，扣入盘中（皮朝上），再将汤汁加热变浓，浇在肉方上面。
质量标准：咸鲜浓香，肉方酥烂，汁浓灰亮，红绿分明。
工艺关键：烤肉皮时，用中火烤两遍，每次都应刮净烤煳的部分，露出新肉；肉方上面的原料要比肉方四周略小；煎肉的炒勺要干净，用小火煎，并不断摇晃勺，以防粘锅；炖肉的汤与肉持平即可，豌豆炒断生即可。

李记坛肉

"李记坛肉"是辽宁传统名菜。此菜始于20世纪初，天津人李学新到铁岭银川镇开了一家小饭馆，最初用铁锅和砂锅炖肉供应于市，后来他又改用坛罐炖猪肉，食后肥而不腻，瘦而不柴，酥烂味厚，香味浓郁，深有回味，具有独特的风味，因此深受欢迎。由于此菜是李学新选用坛罐制作，所以当地称之为"李记坛肉"。

主　　料：猪五花肉1000克。
调　　料：酱油100克，面酱100克，豆腐乳2块，葱50克，蒜100克，糖色30克，大料、桂皮各5克，姜0.5克。
烹饪技法：焖。
工艺流程：选料→切配→急烹上色→炖制→装坛→再炖→成菜。

制作方法：
（1）将猪肉用清水洗净，切成1.7厘米见方的肉块。用急火快炒，加糖色炒至金红色，再加面酱、姜（拍松）、葱（切段）、蒜（拍松）、大料、豆腐乳（先用温开水捣成汁）、酱油，用急火烧开后，再用中火慢烧，最后用文火焖至肉酥为止（大约需要1小时）。
（2）将焖酥的肉块分盛坛罐内，继续放文火上加热至肉质透烂，入口即化即可。
质量标准：色泽深红，肥而不腻，香味浓郁，原汁原味。
工艺关键：要选用优质猪肉，一般取用重50多公斤的猪五花三层肉为佳；注意火候，需用文火炖烂。

油爆双脆

"油爆双脆"是山东传统名菜。相传此菜始于清代中期，由"爆肚头"演变而来。后来顾客称赞此菜又脆又嫩，因此改名为"油爆双脆"。清朝袁枚在《随园食单》中记载："滚油炮炒，加料起锅以极脆为佳。"山东济南地区的厨师以猪肚头和鸡胗为原料，经刀工精心加工，沸油爆炒，使原来必须久煮的肚头和胗片快速成熟，口感脆嫩滑润，清鲜爽口。该菜问世不久，就闻名于世，到清代中末期，此菜传至北京、东北和江苏等地，成为中外闻名的山东名菜。

主　　料：净肚头250克，净鸡胗150克。
调　　料：精盐3克，绍酒15克，味精3克，葱末2克，姜末1克，蒜末1克，蒜苗5克，鸡蛋清60克，湿淀粉15克，清汤75克，熟猪油750克（实耗75克）。
烹饪技法：油爆。
工艺流程：选料→切配→腌制→上浆→爆制→调味→成菜。
制作方法：
（1）将肚头、鸡胗两面打十字花刀，切成1.5厘米见方的块，加入精盐、蛋清、湿淀粉腌入味，滑油后待用。
（2）用清汤、蒜苗、绍酒、精盐、味精、湿淀粉兑成碗芡。锅上火加油烧热，放入葱、姜、蒜末爆香，加入滑油后的肚头和鸡胗，爆制至断生，烹入碗芡，起锅装盘即可。
质量标准：质感脆嫩，芡薄汁亮，别具风味。
工艺关键：操作时动作一定要快，最佳完成时间是10秒钟以内。

元宝肉

"元宝肉"是北京名菜。元宝肉又名方肉、五花三层，位于猪的腹部，猪腹部脂肪组织很多，其中又夹带着肌肉组织，肥瘦间隔，故称"五花肉"。这部分的瘦肉最嫩且多汁。上等的五花肉，以靠近前腿的腹前部分层比例最为完美，脂肪与瘦肉交织，色泽粉红。

五花肉一直是中国名菜中的主角，如梅菜扣肉、南乳扣肉、东坡肉、回锅肉、鲁肉饭、瓜仔肉、粉蒸肉等。即便是小食，如肉粽，少了肥美的五花肉的油脂，亦是失之千里。

主　　料：带皮猪五花肉500克。
调　　料：精盐2克，黄酒5克，葱段5克，姜末5克，去壳熟鸡蛋12个，味精4克，八角1颗，酱油25克，桂皮一小片，白糖25克，湿淀粉25克，鸡清汤500克，植物油1000克（约耗75克）。
烹饪技法：炸、烧。
工艺流程：选料→加工→焯水→炸制→烧制→调味→勾芡→成菜。
制作方法：
（1）将猪五花肉切成2厘米见方的小块，在沸水中烫2分钟捞出，用凉水漂净沥干。
（2）炒锅置旺火上，下植物油烧至180℃时，投入熟鸡蛋，炸到虎皮色时捞出沥油，然后用竹签在鸡蛋上戳些小洞。
（3）将姜末入油锅中略煸，再将肉块放入，烹入黄酒、酱油、白糖、精盐、八角、桂皮、鸡汤，待烧沸移小火上烧半小时，再放进炸好的鸡蛋、味精。烧到卤汁浓稠时拣去八角、桂皮，用湿淀粉勾芡，撒上葱段装盘即成。
质量标准：肥而不腻，鲜香适口。
工艺关键：烧制时，要撇净浮沫，否则影响菜肴质量。

坛子肉

"坛子肉"据传此菜已有一百多年的历史，由清代济南"凤集楼饭店"首创，厨师用猪肋条肉加调味和香料，放入瓷坛中慢火煨煮而成，色泽红润，汤浓肉烂，肥而不腻，口味

清香。因肋条肉用瓷坛炖制，故名"坛子肉"。袁枚所著《随园食单》中就有"瓷坛装肉，放砻糠中慢煨，方法与前同（指干锅蒸肉），总须封口"的记载。20世纪30年代，济南"凤集楼饭店"关闭后，该店厨师转到"文升园饭店"继续制售此菜并流传开来，成为济南一款传统名菜。

主　料：猪硬肋肉 500 克。

调　料：冰糖 15 克，肉桂 5 克，葱、姜各 10 克，酱油 100 克。

烹饪技法：煨。

工艺流程：选料→切配→焯水→煨制→调味→成菜。

制作方法：

（1）将猪肋肉洗净，切成 2 厘米见方的块，入开水锅焯 5 分钟捞出，清水洗净。葱切成 3.5 厘米长的段；姜切成片。

（2）把肉块放入瓷坛内，加酱油、冰糖、肉桂、葱、姜、水（以浸没肉块为度），用盘子将坛口盖好，在中火上烧开后移至微火上煨约 3 小时，至汤浓肉烂即成。

质量标准：色泽深红，肉烂汤浓，肥而不腻，鲜美可口。

工艺关键：原料选细皮白猪肉为宜，切勿用皮厚的老母猪肉；要用文火加盖煨酥，保持原汁原味。

大荔带把肘子

"大荔带把肘子"是陕西名菜。此菜源于古同州，今陕西省大荔县一带。明朝弘治年间，同州城里有位名厨叫李玉山，烹调技艺精湛。某年八月，新任州官做五十大寿，差人传李玉山到府上做菜，李玉山因得知这州官搜刮民财，心中不平，便一口回绝。不久，陕西府台郑时来同州府衙巡视，州官为了讨好府台，又差人逼迫李玉山去了同州府衙。同州府的管家何三，因上次被李玉山拒绝，一直怀恨在心，这次想为难李玉山，故意买了一些带骨头的肉，岂知带骨肉正合李的心意，李进了厨房刀勺起舞，一会儿便把菜做好了，等传唤后，州官大吃一惊，其中一道菜，上面是肉，下面是几根骨头，州官正要问罪，李玉山说："府台大人不知，我们州老爷不但吃肉，连骨头也要吃。"府台是位清官，听出了其中意思，未等州官发火，便赏了李玉山十两银子，放其回去。次日，府台亲自到李玉山的酒馆去查访了州官的劣迹，回去后严惩了州官，百姓均拍手称快，府台临行前问："那道菜叫什么名字？"李玉山说："带把肘子。"从此"带把肘子"便成了席间一道名菜。

主　　料：带脚爪猪前肘 1 250 克。

配　　料：青菜心 30 克。

调　　料：精盐 10 克，红豆腐乳 15 克，红酱油 35 克，白酱油 20 克，大蒜片 20 克，八角 10 克，姜 10 克，葱 150 克，桂皮 5 克，甜面酱 10 克。

烹饪技法：煮、蒸。

工艺流程：选料→治净→修整→煮制→上色→入盆调味→蒸制→装盘。

制作方法：

（1）将肘子刮洗干净，将肘头朝外、帚把朝里、肘皮朝下放在砧板上，刀在正中由肘头向肘把沿着肘骨将皮剖开，剔去腿骨两边的肉，底部骨与肉相连，使骨头露出，将两节腿骨由中间用刀背砸断，将肘子入汤锅煮至七成熟捞出，用净布揾干水，趁热用红酱油涂抹肉皮。

（2）取蒸盆一个，盆底放入八角、桂皮，先将肘把上的骱骨用手瓣断，不伤外皮，再将肘皮朝下装进菜盆内，根据肘子的体形，将肘把贴住盆边装入盆内成为圆形，再撒上精盐，用消过毒的净纱布盖在肉上，再将甜面酱、葱，以及红豆腐乳、白酱油、姜、蒜等在纱布上抹匀，上笼用旺火蒸 3 小时左右，以烂为度，取出，揭去纱布扣入盘中，拣去八角、桂皮。上桌时另带葱段、甜面酱。

质量标准：外形美观，酥烂不腻，香酥味美。

工艺关键：在煮、蒸操作时，要保持"带把肘子"原形，否则影响美观；根据肘子肉质的老嫩，掌握好蒸制时间。

丁香肘子

"丁香肘子"又称"燎毛肘子"，是宁夏传统名菜。成菜肥而不腻，瘦而不柴，软烂适口，味道醇香。

主　　料：带骨猪前肘1000克。

配　　料：水发黄花菜10克，水发木耳10克，青菜叶10克。

调　　料：精盐6克，酱油10克，料酒10克，味精3克，葱段、姜片、丁香各6克。

烹饪技法：烤、煮、蒸。

工艺流程：选料→洗净→上叉→烤皮→浸泡→煮制→上色→定碗→调味→蒸制→浇汁→成菜。

制作方法：

(1) 将猪肘用铁叉在火上烧燎均匀，当将肉皮燎成焦糊色并起小泡时，放在温水内浸泡20分钟，刮净肉皮呈金黄色，入清水锅中煮至六成熟捞出，擦干水，将肉皮抹上糖色，去掉肉内骨头，改刀成象眼块（皮面不要切通），肉皮向下装在蒸碗内，加入丁香、葱、姜，加入肉汤、调料，上笼蒸烂取出，将蒸好的肘子拣净调料，翻扣在汤盘内。

(2) 炒锅上火，倒入蒸肘子的汤，下入木耳、黄花菜、绿菜叶调好味，用湿淀粉勾流水芡，淋入香油，浇在肘子上即可。

质量标准：肥而不腻，皮烂肉香。

工艺关键：火烤肘子时，火力要均匀；煮肉时，不要煮太烂，否则不易切成形。

红烧肘子

"红烧肘子"是山东传统名菜，选用带皮去骨的猪肘子为主料，经过水煮、过油、慢火炖制而成。在山东省举办的"首届鲁菜大奖赛"上被评为十大名菜之一。

主　　料：带皮猪肘1250克。

调　　料：精盐6克，绍酒25克，葱段20克，姜15克，花椒4克，大料3克，桂皮2克，砂仁1克，豆蔻1克，丁香1克，草果1克，小茴香2克，酱油40克，味精2克，白糖25克，糖色5克，湿淀粉20克，花椒油15克，清汤750克，花生油100克。

烹饪技法：炸、红烧、蒸。

工艺流程：选料→煮制→上糖色→炸制→切配→红烧→调味→蒸制→成菜。

制作方法：

(1) 将猪肘放开水锅内煮至五成熟后取出，擦干皮面的水，趁热抹上糖色，略凉后放入200℃热油中炸到微红，捞出控净油，用刀在肉面剞成核桃形的小块。

(2) 锅内加底油烧热，加白糖炒至深红色时，加清汤、料酒、酱油、精盐、葱、姜、猪肘，用花椒、大料、桂皮、砂仁、豆蔻、丁香、草果、小茴香制成一个料袋放入锅内，用慢火烧至八成熟时，取出猪肘，皮面朝下，放大碗内加原汤、葱、姜，上笼蒸至酥烂，滗出汤，把猪肘扣在盘内。

(3) 将原汤放入锅内加味精烧开，用湿淀粉勾芡，淋上花椒油，浇在猪肘上即成。

质量标准：色泽红润明亮，造型优美大方，质地酥烂软糯，口味香醇不腻。

工艺关键：选料以后肘为好；剞刀要求刀距均匀，深度适宜，既要深至肉皮，又要保持皮面完整；掌握好火候，使成品达到酥烂香醇。

芫爆里脊

"芫爆"是山东传统烹饪技法之一。"芫爆里脊"由猪里脊加芫荽制作而成，故而得名。

芫荽又称胡荽、香菜。《政和本草》上记载："胡荽子与叶入鸡、鸭、猪、鹿之羹，能令味美，去腥臭。"在中医学上，芫荽还是一味良药，《医林纂要》记载："芫荽，补肝、泻肺、升散，无所不达，发表如葱，但走行气分。"

主　　料：猪里脊肉 250 克。

配　　料：芫荽 100 克。

调　　料：精盐 3 克，绍酒 5 克，醋 5 克，味精 4 克，蒜片 10 克，葱丝 1.5 克，姜丝 10 克，蒜片 10 克，鸡蛋清 1 个，白胡椒粉 2 克，湿淀粉 25 克，清汤 25 克，熟猪油 750 克，芝麻油 10 克。

烹饪技法：爆。

工艺流程：选料→切配→漂洗→腌制→上浆→滑油→爆制→调味→成菜。

制作方法：

（1）将里脊去掉筋膜，切成长 3.3 厘米、宽 2.5 厘米的薄片，放在凉水中浸泡，肉片呈白色后捞出，挤去水，加绍酒、味精、精盐、鸡蛋清、湿淀粉上浆备用。

（2）将芫荽择洗干净，切成 2.5 厘米长的段；葱姜切丝；蒜切片。

（3）将清汤、味精、精盐、醋、胡椒粉、绍酒调成碗芡。

（4）炒勺置旺火上，放入熟猪油，烧至 120℃时，下入浆好的里脊片，滑散浮起后捞出控净油。炒勺内留底油，烧至 180℃时，倒入里脊片、香菜段、葱、姜丝、蒜片、碗芡迅速翻炒几下，淋上芝麻油，盛入盘中即成。

质量标准：里脊肉色粉白，芫荽碧绿，白绿相映，鲜嫩清爽，芳香浓郁，略带香辣味。

工艺关键：里脊肉在凉水中浸泡的时间不可太长，否则影响肉质的嫩度。

天津坛肉

"天津坛肉"是天津名菜。"天津坛肉"以"文华斋"所制最为有名，系选用猪带皮五花肉与酱豆腐等多种调料，装入平肩瓷坛内煨烧而成。启封后，含有酱豆腐气息的独特香气扑坛而出，浓郁不散。以瓷坛焖制菜肴，因坛口密封，与空气隔绝，既可保持原料的原质原气，使营养成分不失不散，又可使成品增添独特风味，故历来广受欢迎。

主　　料：猪带皮五花肉 5 000 克。

调　　料：精盐 20 克，绍酒 100 克，八角 10 克，葱段 50 克，姜片 50 克，白糖 50 克，酱油 500 克，酱豆腐 65 克，花生油 8 克。

烹饪技法：焖。

工艺流程：选料→切配→焯水→调味→焖制→成菜。

制作方法：

（1）将五花肉刮洗干净，切成 3.3 厘米见方的块；另将酱豆腐切成碎块。

（2）将肉块下入沸水锅中烫 2 分钟，捞出，沥净水分；另将葱段、姜片、八角、精盐、绍酒、酱油、酱豆腐放入用沸水烫过的坛子内，添入热水 1 500 克，放进肉块；将锅置中火上，放花生油烧至 150℃时，下白糖搅炒至呈焦黄色，添入清水 50 克搅匀成糖色。然后，将其倒入坛内，再加进适量热水（以淹过肉块 3.3 厘米为准）。将坛子置旺火上，视坛内汤水滚沸后，用坛盖盖严，改用小火，使坛内汤卤微冒小气泡，1 小时 30 分钟后，将坛子移上微火焖制 30 分钟即成。

质量标准：肉酥皮烂，入口即化，原汁浓稠，咸香味厚，余香满口。

工艺关键：烹制"坛肉"需用 3 种火候：先施旺火，使各种调料滋味浸入肉内；再改小火，将肉中的油分抽出，使其肥而不腻；后转微火，保持肉块原形，使之瘦而不碎、不柴。此外，如用陈年老坛，可使菜品浓香隽永，滋味倍增，远胜新坛。

软炸里脊

"软炸里脊"是北京名菜。因此菜肴软香适口，肉质软嫩，食者较广，是老人祝寿的理想佳肴。

主　　　料：猪里脊肉 200 克。

调　　　料：鸡蛋 4 个，味精 2 克，料酒 30 克，干淀粉 30 克，精盐少许，香油 10 克，花椒盐 1 碟，熟猪油 1000 克。

烹饪技法：软炸。

工艺流程：选料→切配→腌制→挂糊→炸制→成菜。

制作方法：

（1）将里脊肉洗净，切成长 4 厘米、宽 2 厘米的薄片，放在碗内，加精盐、味精、料酒拌匀，腌制入味。

（2）将蛋清倒入碗内，用筷子顺一个方向连续抽打起泡沫，直到能立住筷子为止，再加干淀粉，仍顺同一方向搅拌均匀，制成蛋泡糊。

（3）炒锅上火，放入熟猪油烧至 150℃时，将腌制好的里脊肉分片粘上蛋泡糊后下锅，用筷子轻轻翻动，大约 5 分钟炸熟捞出装盘。淋上香油即成。可蘸花椒盐食之。

质量标准：软香适口，肉质软嫩。

工艺关键：切配里脊要均匀；腌制时调味比例正确；挂匀蛋泡糊；炸制时油温要控制好。

清炖蟹粉狮子头

　　"清炖蟹粉狮子头"是扬州名菜，已有近千年历史。所谓"狮子头"，扬州称其为"大斩肉"。北方则称为"大肉丸子"。因其炖制成熟后，表面的一层肥肉末呈半溶化状，而瘦肉末凝结，相对显得凸起，肉丸大而圆，恍若雄狮毛发耸起，于是，被人们形象地称为"狮子头"。据《资治通鉴》记载，大业元年，隋炀帝巡游，泛龙舟沿河南下时，"所过州县，五百里内皆令献食，多者一州至百舆，极水陆珍奇"。扬州所献的"珍奇"食馔中，已有"狮子头"。不过当时称为"葵花大斩肉"。至隋炀帝下扬州看琼花时，这款菜已很出名了。清嘉庆年间，文人林兰痴的《邗江三百吟》中记载："肉以细切粗斩为丸，用荤素油煎成葵黄色，俗云葵花肉丸。"并赞曰："宾厨缕切已频频，因此葵花放手新。饱腹也应思向日，纷纷肉食尔何人。"此菜须用调羹舀食，食后清香满口，齿颊留香，令人回味无穷，为"扬州三头"之一。

主　　　料：净猪肋条肉 800 克，蟹肉 125 克，蟹黄 50 克。

配　　　料：虾子 1 克，青菜心 1250 克。

调　　　料：精盐 15 克，黄酒 100 克，味精 1 克，干淀粉 25 克，葱姜汁 20 克，猪肉汤 100 克，熟猪油 50 克。

烹饪技法：炖。

工艺流程：猪肉、菜心加工→调味、搅拌→加工狮子头成形→清炖→上桌。

制作方法：

（1）猪肉细切粗斩成石榴米状，放入盛器内，加葱姜汁、清水、蟹肉、虾子 0.5 克、精盐 7.5 克、黄酒，与淀粉搅拌上劲；青菜心洗净，菜头用刀剖成十字刀纹，菜叶修齐。

（2）炒锅置旺火上烧热，舀入熟猪油 40 克，放入青菜心煸至翠绿色，加虾子 0.5 克、精盐 7.5 克、猪肉汤，烧沸离火。取砂锅一只，用熟猪油 10 克擦抹锅底，再将菜心排入，倒入肉汤，置中火上烧沸。将拌好的肉做成光滑的肉圆，逐个排放在菜心上，再将蟹黄分嵌在每只肉圆上，上盖青菜叶，盖上锅盖，烧沸后移微火炖约 2 小时。上桌时揭去青菜叶。

质量标准：肥嫩异常，蟹粉鲜香，肥而不腻，入口酥化。

工艺关键：要选用猪肋条肉，肥瘦之比以肥七瘦三为佳；在刀工上，要细切粗斩，分别将肥肉、瘦肉切成细丝，然后再各切成细丁，继而分别粗斩成石榴米状，再混合起来粗略地斩一斩，使肥、瘦肉丁均匀地粘合在一起；肉馅加入各种调料后，要搅拌至"上劲"为止；要重视火功，在烹制肉圆时要区别情况，恰当用火；将"狮子头"放入砂锅的沸汤中炖片刻至外表凝结，再改用微火炖约两小时，烹制出的"狮子头"就有肥而不腻、入口即化之妙。

东坡肉

"东坡肉"是杭州名菜。相传,宋代元年间,苏东坡第二次到杭州任职时,把他总结的"慢着火,少着水,火候足时它自美"的烧肉经验传授给了当地厨师,人们食后赞不绝口,成为美谈,并在民间流传。今天的杭州"东坡肉"又有了新的发展,以浙江绍酒(黄酒)代水,成菜味道醇美,盛器古朴优雅,有杭州第一名菜的美誉。

主　　料:猪五花肋肉1500克。
调　　料:白糖100克,黄酒250克,酱油150克,葱100克,姜块50克。
烹饪技法:焖、蒸。
工艺流程:治净猪肉→切配→焯水→洗净→入砂锅→调味→焖制→再焖→装罐→蒸制→成菜
制作方法:
(1)猪五花肋肉刮洗干净,切成10块正方形的肉块,焯水,取出洗净。
(2)取大砂锅一只,用竹算子垫底,先铺上葱、姜块(去皮拍松),然后将猪肉皮面朝下整齐地排放在锅内,加入白糖、酱油、黄酒,再加入葱结50克,盖上锅盖,密封,置旺火上烧沸,改用微火焖2小时左右,至肉刚烂,启盖将肉块翻身(皮朝上),再加盖密封,用微火焖烂后,将砂锅端离火口,撇去浮油,将肉装入特制的小陶罐中,蒸30分钟即成。
质量标准:油润柔烂,咸中带甜,肥而不腻,味美异常。
工艺关键:猪肉选金华"两头乌"猪为佳,并刮洗干净,使成菜表面光亮;一般是大锅制作,小罐分装;掌握焖制的时间,肉要焖至酥烂;肉装罐时,肉皮面应朝上。

桂花肉

"桂花肉"是上海名菜,古称"木樨肉"(见清代顾禄《桐桥倚棹录》),有甜咸之分。此菜用猪肉厚片腌渍入味,挂上粉糊,经油炸而成。因颜色金黄,肉面形如桂花,呈凹凸状,故名。口味松脆嫩香,吃时蘸糖醋卤或花椒盐,更提鲜美口,为佐酒佳肴。

主　　料:瘦猪肉200克。
配　　料:鸡蛋3只。
调　　料:精盐3克,黄酒10克,白糖30克,味精1克,米醋12克,白酱油5克,酱油10克,葱花2克,干淀粉70克,湿淀粉10克,花椒盐3克,色拉油1500克(约耗30克),芝麻油15克。
烹饪技法:炸、炒。
工艺流程:切片→腌制→挂糊→初炸→复炸→炒制→装盘→调糖醋卤→跟佐料上桌
制作方法:
(1)瘦猪肉切成0.5厘米厚的大片,用刀背排剁几下,再切成2厘米宽、5厘米长的片,放在碗里,加入黄酒、葱花(1克)、白酱油、精盐、味精拌匀。
(2)将鸡蛋打碎放在碗里,加入干淀粉拌成糊。将肉放进碗里,用手抓捏,使蛋糊紧裹肉片。
(3)炒锅里放色拉油,用中火烧到油温120℃时,将肉逐片放进锅里炸,并用漏勺不断翻动,炸至淡黄色,捞出,沥去油。待油温复升到180℃热,再放入肉片复炸到外层松脆、色泽金黄如桂花,倒入漏勺里沥去油。将炒锅里的油倒净,将肉片回锅,撒入葱花1克,淋入芝麻油,在旺火上颠翻几下,成桂花肉,出锅装盘。
(4)原锅中放入清水25克,加入白糖、酱油、白酱油、米醋烧沸,用湿淀粉勾成薄芡,再淋入色拉油10克,搅匀成糖醋卤,倒在小碗里,与花椒盐一碟随桂花肉一同上桌。
质量标准:色泽金黄,形似桂花,松脆鲜嫩,酸甜适口。
工艺关键:肉片应该用刀背排剁几下,目的是使肉片中的纤维断裂,成菜鲜嫩;第一次炸,油温不宜太高,炸至外表结盖,内部刚刚熟即可;第二次炸,油温要高,使外表松脆;糖醋芡厚度以能挂上炸过的肉片为度。

云雾肉

"云雾肉"是安徽名菜。安徽沿江一带用盛产的茶叶烟熏烹制菜肴，有浓郁的茶叶香味，沁人心脾。此菜将烤制的肉置熏锅中，采用安徽名茶云雾茶叶烟熏而成。成菜肉皮色深黄，光亮中泛微红，肉质酥烂可口，因烟熏缭绕似云雾，故名。

主　　料：猪五花肉（正方形）750克。

调　　料：精盐5克，酱油40克，醋20克，红糖15克，八角3个，茴香10粒，花椒10粒，茶叶15克，小葱结10克，姜10克，饭锅巴100克，肉汤500克，芝麻油15克。

烹饪技法：烤、炖、熏。

工艺流程：五花肉上叉→烤制→浸泡→炖制→熏制→切片成形→装盘→浇调味汁→淋油。

制作方法：

（1）用铁叉平着叉入五花肉瘦肉中间，在炉火上烤至皮面微焦并起泡时取下，放在淘米水中浸泡15分钟，刮去焦皮层，用水洗净。

（2）肉入炒锅内，加入肉汤，旺火烧开，撇去浮沫。

（3）八角、小茴香、花椒装入小布袋中，扎上口放入锅里，加精盐、葱、姜（拍松），用小火炖至酥烂捞出待用。铁锅中放入捣碎的饭锅巴，放入拌和在一起的茶叶、红糖，上面放铁算子，把肉放在上面（皮朝上），盖好锅盖，旺火加热，待锅里冒出浓烟、熏出香味时离火，焖至烟散尽。

（4）把肉取出，先切成等量的4小块，每小块再切成0.6厘米厚的片，整齐地摆放在盘中，浇上酱油、醋，淋上芝麻油即成。

质量标准：色泽金黄，熏香浓郁，松脆鲜嫩，酸甜适口。

工艺关键：掌握烤制温度，去除焦皮，并洗净外表；肉要炖至酥烂；掌握熏的时间，熏出香味即成；切片、装盘要美观。

荔枝肉

"荔枝肉"是福建名菜。福建盛产荔枝，素有"荔枝之乡"的美誉。唐代诗人杜牧《过华清宫》诗云："长安回望绣成堆，山顶千门次第开，一骑红尘妃子笑，无人知是荔枝来。""荔枝肉"正是借用荔枝盛名而以猪肉仿制其味的一款传统风味菜，此菜以细腻的刀工和精巧的烹调而著称。

主　　料：猪瘦肉300克。

配　　料：净荸荠片100克。

调　　料：番茄酱50克，香醋10克，白糖15克，白酱油15克，味精5克，葱段15克，蒜末3克，湿淀粉35克，上汤50克，芝麻油0.5克，花生油500克（约耗75克）。

烹饪技法：脆熘。

工艺流程：治净猪肉→剞十字花刀→改刀成形→荔枝肉与荸荠上浆→炸制→煸炒葱蒜→糖醋汁烧沸→入炸料翻炒→装盘。

制作方法：

（1）猪瘦肉洗净，先切成块，在每块肉面上剞斜的十字花刀，再分别切成斜形块，入盛器，加入荸荠片，用湿淀粉30克上浆。

（2）将酱油、白糖、香醋、上汤、味精、番茄酱、芝麻油、湿淀粉5克兑成汁。

（3）炒锅置旺火上加入花生油，烧至油温160℃时，放入浆好的肉块及荸荠，拨散，翻炸2分钟，待剞花肉块呈荔枝状时，倒进漏勺沥去油。

（4）另起锅上火，加花生油10克烧热，入蒜末、葱段煸炒，倒入兑汁芡，烧沸，随即下入荔枝肉、荸荠片，翻炒几下装盘即成。

质量标准：色、形、味似荔枝，酥香细嫩，酸甜适中，滑润爽口。

工艺关键：猪肉切块大小为 10 厘米长、5.2 厘米宽、1.3 厘米厚；斜十字花刀刀距是 0.3 厘米宽、1 厘米深。改刀形状大小为 2.6 厘米长、1.7 厘米宽的斜形块；肉块及荸荠下油锅炸时要拨散，以免相互粘连；兑汁芡须烧沸后入炸料，以使成菜光亮。

炸紫酥肉

"炸紫酥肉"是河南名菜。"炸紫酥肉"以炸的烹饪技法和成菜后的色泽而命名，已有一百多年的历史。清光绪二十七年，慈禧太后携光绪皇帝西逃回銮路上驻跸开封，开封府衙管厨孙可发奉命办"皇差"，当时有一条不成文的规定：对迎接随驾大员，只送全席一桌，不送烧烤。而按习俗，没有烧烤的筵席是不能称"全席"的。孙可发采用"炸制法"代之，精心制作了"炸紫酥肉"这道传统名菜，受到庆亲王奕劻及随驾大臣的称赞，遂有"不是烧烤，胜似烧烤"的美誉。此菜以猪硬肋条肉为主料，经过煮、腌、蒸和反复炸制而成，配以葱段、甜面酱佐食，可与烤鸭媲美。

主　　料：带皮猪硬肋肉 750 克。
调　　料：花椒 5 粒，八角 1 个，绍酒 10 克，醋 15 克，精盐 10 克，葱片 10 克，姜片 10 克，葱段 50 克，甜面酱 50 克，花生油 500 克（约耗 50 克）。
烹饪技法：煮、蒸、炸。
工艺流程：选料→煮制→腌渍→蒸制→炸制→复炸→再炸→切片→装盘→外带调味料上桌。
制作方法：
（1）将硬猪肋肉切成 6.6 厘米宽的条，放在汤锅内旺火煮六成熟捞出，把肉皮上的鬃眼片净后放盆中，加入葱片、姜片、花椒、八角（瓣碎）、精盐、绍酒、味精及适量的水，浸腌 2 小时，上笼旺火蒸八成熟取出，晾凉。
（2）炒锅置火上，加花生油，烧制 150℃，肉皮朝下放入锅内，随即将锅移至微火上，10 分钟后将肉捞出，在肉皮上抹一次醋，再下入锅内炸制，如此反复 3 次，炸至肉透，皮呈柿黄色捞出。切成 0.6 厘米厚的片，皮朝下整齐装盘。上菜时外带葱段、甜面酱。
质量标准：色泽棕黄，光润发亮，外焦里嫩，肥而不腻。
工艺关键：猪硬肋肉以皮薄、皮面无杂物者为佳；炸三次，每炸一次都要在肉皮上涂抹一次醋，最终达到皮酥焦的效果。

肘花

"肘花"亦称"扎肉"，是河南名菜，是佐酒冷菜，也是理想的冷拼原料。成菜切成片后，呈现出自然花纹，故名"肘花"。其工艺要求很严，除需要对原料腌制有方外，还需精细的刀工和捆扎技巧，以使卤好的肘花拆去扎绳后皮不开、肉不散，刀切后皮肉相连，不散不碎，且纹理脉络清晰可见。郑州市中原大厦特级烹调师刘应福制作的肘花以其色质纯正、卤香绵长而享誉河南。

主　　料：猪肘 3 个（重 5 000 克）。
调　　料：花椒 150 克，绍酒 150 克，白糖 100 克，生硝 3 克，葱 150 克，姜 150 克，砂仁 10 克，五香粉 15 克，精盐 250 克，八角 100 克。
烹饪技法：氽、腌、卤。
工艺流程：选料→漂洗→氽制→漂洗→腌渍→切片→上味→卷制→捆绑→卤制→切片装盘。
制作方法：

（1）精盐、花椒和生硝一起放入锅中，炒出香味，晾凉备用；猪肘洗净。

（2）白糖和炒好的精盐、花椒与生硝撒在猪肘上，每条揉搓一次，每次约 10 分钟，在盆内揉匀腌制。夏季腌 2 天，冬季腌 6～7 天。

（3）腌好的肘子用冷水漂洗干净，放 80℃ 的热水中余一下，再用冷水洗净。

（4）将肘子上的肥瘦肉均片成 0.2 厘米厚的薄大片（不要伤破肘皮，保持完整）。将片好的肉片分层次排垛在肘皮上，每层撒上五香粉和砂仁粉。最后将肘皮卷起，成 20 厘米长、7.5 厘米粗的圆肉卷，用细麻绳缠均缠紧。

（5）炒锅内放清水烧开，投入猪肘，加葱、姜、绍酒、八角卤制 2 小时捞出凉一下，将麻绳勒紧。晾凉后拆去麻绳，切片装盘即成。

质量标准：肘花纹理脉络清晰，色质纯正，卤香绵长。

工艺关键：生硝的用量要严格控制，不能超过国家规定的标准；腌渍的时间根据季节调控；捆绑要结实，不然其形状易散。

糖醋里脊

"糖醋里脊"是河南名菜。猪里脊肉质地细嫩，营养丰富，无论爆、炒、滑、熘，均为宴席中之美馔。"糖醋里脊"通过精细的刀工处理，以炸、熘技法烹制，成菜以酸甜、滑软、鲜嫩的特色而誉满中原。

主　　料：猪里脊肉 250 克。

调　　料：白糖 100 克，醋 40 克，酱油 5 克，精盐 0.5 克，葱花 5 克，蒜茸 5 克，鸡蛋 1 个，湿淀粉 50 克，干淀粉 10 克，面粉 10 克，花生油 750 克（约耗 100 克）。

烹饪技法：炸、熘。

工艺流程：选料→切配→挂糊→炸制→熘制→调味→烘汁→成菜。

制作方法：

（1）将猪里脊肉片成 1 厘米左右的厚片，两面剞成斜方形花纹，先切成 2 厘米宽的条，再切成 4 厘米长的斜块。

（2）糖、醋、酱油、精盐、葱花、蒜茸与加入适量水的干淀粉兑成糖醋汁。鸡蛋、湿淀粉、面粉和花生油 20 克搅成糊，把里脊肉放入抓匀。

（3）炒锅置旺火上，添入花生油 720 克，烧至 180℃ 下里脊，用勺蹚开，炸成柿黄色时出锅沥油。

（4）炒锅随即重置火上，将兑好的糖醋汁倒入锅内，炒至糖化汁黏，下热油 10 克烘汁，倒入里脊肉，翻锅装盘即成。

质量标准：酸甜适口，滑软鲜嫩。

工艺关键：里脊肉要两面剞花纹，不但美观，而且便于成熟；调糊用料比例要正确，挂糊要均匀；糖醋汁炒至粘，用热油才能烘起。

滑熘肉片

"滑熘肉片"是河南名菜。滑熘有水滑与油滑之分。"滑熘肉片"使用的是水滑法。"水滑"，即将加工好的肉片上浆，放开水锅中稍煮即可捞出，以保持其鲜嫩。

主　　料：猪瘦肉 300 克。

配　　料：净冬笋 10 克，水发木耳 15 克，青豆 15 克。

调　　料：精盐 3 克，味精 2 克，鸡蛋 2 个，湿淀粉 50 克，葱 5 克，姜 5 克，蒜 5 克，绍酒 10 克，头汤 50 克，熟猪油 25 克。

烹饪技法：滑熘。

工艺流程：选料→切配→上浆→水滑→熘制→调味→成菜。

制作方法：

（1）立刀顶丝把猪肉切成 5 厘米长、2 毫米厚的片，加入鸡蛋清、湿淀粉 30 克、精盐 1.5 克抓匀。葱切成马蹄片，姜、蒜切成片备用。味精、绍酒和精盐 1.5 克、湿淀粉 20 克加入清汤，兑成汁备用。

（2）炒锅置旺火上，添入两碗清水，烧至 90℃时，把肉片散开下锅，水开后添稍许冷水，将肉片捞出。

（3）炒锅再置火上，添入熟猪油，放入葱、姜、蒜、笋片、木耳、青豆煸炒一下，再将兑好的汁倒入，汁沸后下肉片，翻锅三四次即成。

质量标准：洁白滑嫩，清淡爽口，是夏令佐酒佳肴。

工艺关键：此菜采用立刀顶丝切片；上浆要均匀，滑水时要控制好水温。

荷叶粉蒸肉

"荷叶粉蒸肉"是湖南名菜。夏令时节，用鲜荷叶、炒香碾碎的大米、五花猪肉等为原料蒸制而成。

主　　料：带皮猪五花肉 500 克。

配　　料：巴掌大小的鲜荷叶 24 张，糯米 50 克，粳米 50 克。

调　　料：精盐 1.5 克，绍酒 50 克，酱油 1.5 克，八角 0.5 克，白糖 15 克，熟猪油 15 克。

烹饪技法：粉蒸。

工艺流程：选料→治净→切配→腌渍→上粉→蒸制→用荷叶包裹→再蒸→成菜。

制作方法：

（1）将五花肉皮上的毛和杂质刮干净，切成 7 厘米长、4 厘米宽、0.7 厘米厚的片，加入绍酒、酱油 25 克、精盐、白糖与五花肉拌匀，腌制 5 分钟左右。

（2）将八角与糯米、粳米一起下锅干炒，待米炒成淡黄色时起锅，碾成粗粉。

（3）用米粉将肉片拌匀，再逐片平放盘内，上笼用旺火蒸至半熟时，用清水 50 克，加入酱油 5 克，均匀地淋在粉蒸肉上，继续蒸至软烂。

（4）将鲜荷叶洗净，取出蒸好的粉蒸肉，逐片用鲜荷叶包好，整齐地摆入钵内，均匀地淋上熟猪油 15 克，再上笼蒸 10 分钟，取出扣入盘中即可。

质量标准：咸鲜微甜，质地软糯，色泽红亮，荷叶清香突出。

工艺关键：五花肉除净杂质，切片做到厚薄均匀；拌粉后，蒸制途中要用清水和酱油调兑好的汁，淋在粉肉上使之入味；用荷叶包裹整齐后入钵内加热。

黄州东坡肉

"黄州东坡肉"是湖北名菜。苏轼是我国北宋时期著名的文学家、书画家、美食家。1080 年初，苏轼因"乌台诗案"被贬至黄州任团练副使。由于薪俸不多，他率家人在黄州城东开垦耕种数十亩地，在闲暇时，苏轼常与人赋诗下棋，或者亲自烹制各式菜肴。苏轼在《猪肉颂》里详细介绍了这道菜的制作方法与吃法："洗净锅，少着水，柴头罨烟焰不起。待他自熟莫催他，火候足时他自美。黄州好猪肉，价贱如泥土。贵者不肯食，贫者不解煮。早晨起来打两碗，饱得自家君莫管。"

"黄州东坡肉"因其味美香醇，脍炙人口，备受人们喜爱，是鄂东地区筵席饮宴中的一道名菜。

主　　料：带皮猪五花肉 600 克。

配　　料：净冬笋 100 克。

调　　料：精盐 1 克，绍酒 30 克，酱油 40 克，味精 2 克，胡椒粉 2 克，冰糖 35 克，葱结 75 克，姜片 50 克，葱花 5 克。

烹饪技法：煮、煨。

工艺流程：选料→烤皮→刮洗→切配→浸漂→煮制→煨制→调味→成菜。

制作方法：

（1）用叉子串好猪五花肉后，放至火上烤黄，然后刮洗干净；切成
8块正方形肉块，入清水锅煮5分钟捞出。

（2）砂锅洗净，锅底铺上葱结和姜片，放入肉块，下入冷水1 250
克、绍酒、精盐、酱油、冰糖、笋片，盖上锅盖，旺火烧沸，
微火煨2小时左右，加入味精、胡椒粉、葱花，扣入特制的汤
盆中即可。

质量标准：咸中带甜，色泽红亮，香气浓郁。

工艺关键：将带皮猪五花肉进行烤制、刮皮、浸漂是烹制此类名菜
的传承做法。

香芋扣肉

"香芋扣肉"是广东名菜，选用猪五花肉为原料，配以去皮荔浦芋头和多种调料蒸制后扣
在碟上而成。荔浦芋头生产于广西荔浦县，芋头个大，肉白细，味香浓，蛋白质丰富。香芋
又名里芋、芋艿、毛芋、山芋，是天南星科植物多年生草本芋的地下块茎；原产于我国和印
度、马来西亚等热带地区，口感细软，绵甜香糯，营养价值近似于土豆，又不含龙葵素，易
于消化且不会引起中毒，是一种很好的碱性食物。

主　　料：猪五花肉500克，去皮荔浦芋头400克。

调　　料：精盐2.5克，白糖5克，深色酱油25克，南乳10克，蒜泥100克，湿淀粉10克，八角
末0.5克，淡二汤200克，花生油1 500克（约耗75克）。

烹饪技法：煮、炸、蒸。

工艺流程：选料→火燎→刮洗→煮制→上色→炸制→浸漂→切配→定碗→蒸制→浇汁→成菜。

制作方法：

（1）将芋头切成长6厘米、宽3.5厘米、厚4毫米的长方块。用火燎去肉皮上的毛，刮洗干净，放入
沸水锅中煮至七成软烂取出，用酱油10克涂匀。

（2）将蒜泥、南乳、精盐、八角末、白糖和酱油2钱调成汁。

（3）用中火烧热炒锅，下油烧至180℃，放入芋头块炸至熟捞起，接着放入猪肉炸约3分钟至大红色，
捞出沥油，用清水冲漂约半小时，取出切成与芋头同样大小的块。

（4）将肉块放入料汁碗内拌匀。然后逐块（皮向下）与芋块相同排在大碗里，入蒸笼用中火蒸约1
小时至软烂，取出沥出原汁待用。将肉、芋头扣入碟中。

（5）用中火烧热锅，倒入原汁，加二汤和酱油用湿淀粉勾芡，加油15克推匀，淋在扣肉上便成。

质量标准：肉色红润，荔芋软糯，肉富芋味，芋富肉香，风味别致。

工艺关键：煮肉时，煮至用筷子插入，可把肉提起为度。不够烂插不进，过烂则提不起肉；炸芋头
时待芋头浮出油面即可捞起。

菠萝古老肉

"菠萝古老肉"是广东名菜。菠萝原产巴西，南洋称凤梨，是热带和亚热带地区的著名水
果，在我国主要栽培地区有广东、海南、广西、台湾、福建、云南等省区。菠萝果顶有冠芽，
性喜温暖。台湾菠萝表皮细腻，有的略呈倒圆锥形，无涩味，水分充足。菠萝果形美观，汁
多味甜，有特殊香味，深受人们喜爱的水果。猪肉是我国主要的肉类食品之一，因为猪肉纤
维较为细软，结缔组织较少，肌肉组织中含有较多的肌间脂肪，因此，经过烹调加工后肉味
特别鲜美。

主　　料：猪肉 150 克，菠萝 50 克。

配　　料：青椒 10 克，红椒 0.25 克，山楂片 2 克，青辣椒 1 克，

调　　料：精盐 2 克，白糖 18 克，白醋 3 克，番茄酱 11 克，料酒 1 克，葱段 2 克，蒜茸 2 克，味精 1 克，全鸡蛋 12 克，胡椒粉 0.1 克，生粉 7 克，食用油 50 克。

烹饪技法：炸、熘。

工艺流程：选料→切配→腌制→挂糊→炸制→熘制→兑味汁→成菜。

制作方法：

（1）将猪肉切成厚约 0.7 厘米的片，放入精盐、味精、鸡蛋、生粉、料酒腌味。青椒、萝卜切三角块。

（2）猪肉片挂上鸡蛋、淀粉糊。

（3）将白醋、番茄酱、白糖、精盐、胡椒粉调成汁。

（4）猪肉片入热油锅内炸熟。

（5）将料头爆香，放入青椒、红椒与菠萝炒熟，放入调好的汁勾芡，下入炸好的猪肉翻炒即成。

质量标准：味酸甜，质地外酥里嫩。

工艺关键：切片厚薄均匀；挂糊稀稠匀称；味汁调兑一次到位。

回锅肉

"回锅肉"是四川民间传统名菜。因其历史悠久，食者甚众，号称川菜"第一菜"，由产于巴楚盆地的农家土猪与川西平原所产的香蒜苗合烹而成，采用典型的熟炒技法。

主　　料：猪坐臀肉 300 克。

配　　料：蒜苗 60 克。

调　　料：豆瓣酱 20 克，料酒 10 克，面酱 12 克，酱油 10 克，白糖 5 克，味精 3 克，熟猪油 35 克。

烹饪技法：煮、炒。

工艺流程：选料→煮制→冷透→切配→炒制→调味→成菜。

制作方法：

（1）将肉切成 4 厘米宽的条，用开水煮熟，改切成 4 厘米宽、5 厘米长、0.15 厘米厚的片；青蒜切成寸段。

（2）炒锅置中火上，将油烧至 150℃，将白肉先下入热油中煸炒，加川盐至肉出油卷起，加入豆瓣酱、面酱炸出味后，下青蒜和其他各种调料，再翻炒几下即成。

质量标准：浓郁鲜香，色泽红亮，微辣回甜，肥而不腻。

工艺关键：水滚开以后，要先放入生姜（用刀拍开）、大葱结、大蒜、花椒吊汤，再放入洗净的猪肉，七成熟后捞起备用，不能煮得太软，待肉晾凉再切，以免粘刀，便于成形；豆瓣一定要选用正宗的郫县豆瓣，用刀剁细，甜面酱要色泽黑亮，甜香纯正；酱油要浓稠可挂瓶壁；掌握火候是做好回锅肉的关键；用中火，下肉片后，即下剁细的郫县豆瓣，混合熬炒，使豆瓣特有的色泽和味道深入肉中；肉片成灯盏窝时，立即放入甜面酱、酱油少许，也可适当放几滴料酒，以增加香味和鲜味，然后马上加入配料，改为大火，翻炒至熟就可起锅；烹制中先放川盐，才能保证菜肴干香。

鱼香肉丝

鱼香，是四川菜肴的主要传统味型之一。成菜具有鱼香味，但其味并不来自"鱼"，而是由泡红辣椒、葱、姜、蒜、糖、川盐、酱油等调味品调制而成。此法源于四川民间独具特色的烹鱼调味方法，而今已广泛用于川味烹饪中，具有咸、酸、甜、辣、香、鲜和浓郁的葱、姜、蒜味的特色。

主　　料：猪肥瘦肉 250 克。

配　　料：水发玉兰片 100 克，水发木耳 50 克。

调　　料：川盐 6 克，泡红辣椒 10 克，酱油 5 克，醋 5 克，糖 10 克，味精 1 克，葱花 10 克，蒜末 1 克，姜末 10 克，豆粉 15 克，混合油 50 克，鲜汤 40 克。

烹饪技法：炒。

工艺流程：选料→切配→上浆→炒制→调味→成菜。

制作方法：

（1）将猪肉切成长约 6 厘米、0.3 厘米粗的丝，加川盐、水豆粉拌匀；玉兰片、木耳洗净，切成丝；泡红辣椒剁细；姜、蒜切细末；葱切成葱花。

（2）酱油、醋、白糖、味精、水豆粉、鲜汤、盐兑成芡汁。

（3）炒锅置旺火上，放油烧热 150℃，下肉丝炒散，加泡辣椒、姜、蒜末炒出香味，再放木耳、兰片丝、葱花炒匀，烹入芡汁，迅速颠翻起锅，装盘即成。

质量标准：色红润、肉嫩、质鲜、咸、酸、甜、辣、香、鲜兼而有之。

工艺关键：要选用三成肥、七成瘦的猪肉；炒时肉丝不过油，不换锅，急火短炒，一锅成菜；调味时应掌握滋汁的多少和芡的厚薄。

蒜泥白肉

"蒜泥白肉"是成都名菜。这是一款凉菜，菜品肉片极薄，色泽红亮，质地细嫩，味道鲜香，红油蒜泥味极浓。

主　　料：带皮猪后腿肉 300 克。

调　　料：川盐、味精各 2 克，蒜泥 30 克，复制酱油 55 克，红油辣椒 30 克。

烹饪技法：煮、拌。

工艺流程：选料→煮制→切配→调味→拌制→成菜。

制作方法：

（1）猪腿肉刮洗干净，煮至熟，在原汤中泡至温热约 40℃。

（2）捞出肉，片成 10 厘米长、5 厘米宽的薄片，装盘。

（3）将复制酱油、蒜泥、红油辣椒、味精，调成蒜泥汁，淋在白肉上即成。

质量标准：肉片极薄，肥瘦相连，鲜辣爽口，蒜泥味浓。

工艺关键：调味时，一定要用加有冰糖和香料的复制酱油，风味才浓厚；煮肉八成熟为宜，肉片越薄越好。

合川肉片

"合川肉片"是四川合川县的传统名菜，用猪腿肉切片，挂全蛋液和淀粉，下油锅中两面煎黄后，再加调配料烹制而成。

主　　料：猪腿肉 200 克。

配　　料：水发玉兰片 30 克，水发木耳 50 克，鲜菜心 30 克。

调　　料：川盐 3 克，郫县豆瓣 30 克，姜、蒜末各 5 克，葱 20 克，酱油 10 克，醋 20 克，糖 10 克，味精 1 克，料酒 10 克，鲜汤 40 克，豆粉 25 克，鸡蛋 25 克，猪油 150 克，香油 5 克。

烹饪技法：煎、炒。

工艺流程：选料→切配→上浆→兑汁→煎制→炒制→调味→成菜。

制作方法：

（1）猪肉切成长约 4 厘米、宽 3 厘米、厚 0.3 厘米的片，加盐、料酒、鸡蛋、豆粉拌匀。

（2）水发玉兰片切成薄片，姜、蒜切末，葱切成马耳朵形，用酱油、糖、醋、味精、水豆粉、鲜汤兑成芡汁。

（3）炒锅置旺火上，放油烧热（约 120℃），将肉片理平入锅，煎至呈金黄色时翻面，待两面都呈金黄色后，将肉片拨至一边，下郫县豆瓣、姜、蒜、木耳、玉兰片、菜心、葱迅速炒几下，然后与肉片炒匀，烹入芡汁，迅速颠翻起锅，装盘即成。

质量标准：色泽茶黄，酥嫩适口，酸甜香鲜。

工艺关键：煎肉片时，用小火；味汁量的多少以亮油为度。

咸烧白

"咸烧白"是四川人的叫法，是四川传统"三蒸九扣"菜式之一。"咸烧白"一个重要的原料是四川宜宾产的芽菜。与"咸烧白"对应的，还有"甜烧白"，在北方，这道菜叫"扣肉"。

主　　料：五花肉 250 克。

配　　料：芽菜 75 克。

调　　料：川盐 3 克，酱油 10 克，豆豉 5 粒，泡辣椒 1 根。

烹饪技法：煮、炸、蒸。

工艺流程：选料→煮制→上色→炸制→切配→定碗→调味→蒸制→成菜。

制作方法：

（1）将猪肉（五花肉）刮洗干净，放入清水中煮熟，捞出；去皮上的油水，马上抹上深色酱油使其上色。

（2）将猪肉放入烧至 180℃的油锅中（皮朝下），炸成棕红色起锅，切成长 9 厘米、宽 3 厘米的薄片；芽菜洗净，擦干切成细末。泡辣椒去籽切 1 厘米长的短节。

（3）将肉片在碗内摆成"信封"形状，然后放入泡辣椒节、豆豉、川盐、酱油，最后放上芽菜按紧，隔水蒸熟。吃时翻扣入碟即可。

质量标准：排列整齐，形圆饱满，软糯适口，色浓味鲜。

工艺关键：肉煮断生即捞起；趁热在肉皮抹上糖色或蜂蜜上色，必须蒸烂。

红烧琵琶肉

"红烧琵琶肉"是云南滇西北及与四川接壤地区普米族、纳西族、藏族和傈僳族的传统名菜，也是他们非常喜爱的一道制作独特的佳肴。每逢节日或招待贵客，他们必用此菜。因这一带地区无霜期短，气候寒冷，整猪宰杀后，借隆冬气温较低加以腌制，成品红白相间，香气扑鼻，造型似琵琶，故称"琵琶肉"。

主　　料：风干猪肉 500 克。

调　　料：白糖 6 克，花椒面 2 克，草果面 2 克，八角面 2 克，胡椒粉 1 克，白酒 10 克，菜籽油 80 克，杂骨汤 350 毫升。

烹饪技法：烤、焖。

工艺流程：选料→烤制→刮洗→切配→焖制→调味→成菜。

制作方法：

（1）割下风干猪肉 500 克，将肉皮用火烤黄，刮洗干净，浸去盐味，切成 4 厘小块。

（2）炒锅烧热，下油烧至 160℃时，放白糖速炒一下，随即下肉块，加草果、八角、胡椒、酱油稍炒，加鲜汤，烧沸后转小火焖制 2 小时左右，至肉酥、汁浓。

质量标准：色泽金黄，肥而不腻，香味浓郁。

工艺关键：下白糖炒是为上色，当白糖变褐色时，再下肉块；杂骨汤要一次加足量，中途不加水，不可断火。

九转大肠

"九转大肠"是山东名菜。"九转"之意源自中国古代道士炼丹术语，意为"多次烧炼"。

清光绪初年，此菜由济南"九华楼"首创。先煮熟焯过，后炸，再烧，出勺入锅反复多次，直到烧煨至熟。相传，当年"九华楼"店主杜某请客，席间有一道"烧大肠"，客人品后纷纷称道，有说甜，有说酸，有说辣，有说咸，座中有一文人提议，为答谢主人之盛意，赠名"九转大肠"，以赞美厨师技艺高超和此菜用料齐全、工序复杂、口味多变的特点。

主　　料：熟大肠750克。
调　　料：精盐4克，黄酒10克，白糖100克，酱油250克，醋50克，香菜末1.5克，胡椒粉0.3克，肉桂粉0.25克，砂仁粉0.25克，葱末5克，姜末3克，蒜末5克，清汤150克，食用油500克（约耗100克），花椒油15克。
烹饪技法：炸、烧。
工艺流程：选料→切配→焯水→炸制→烧制→调味→成菜。
制作方法：
（1）将熟大肠切去尾部，改刀成2厘米长的段，在沸水锅中加葱、姜、黄酒焯水后捞出。
（2）炒锅置中火上，加入油烧至180℃时，将大肠下油锅内炸至银红色时捞出。
（3）另起锅上火，加入25克油，放入葱、姜、蒜末炸出香味，烹入醋、酱油、高汤、精盐、黄酒，放入大肠，再移至微火上烧制，待汤汁剩四分之一时，放入胡椒粉、肉桂粉、砂仁粉，淋上花椒油，颠翻均匀，盛在盘内，撒上香菜末即可。
质量标准：色泽红润，大肠软嫩，兼有酸、甜、香、辣、咸五味合一。
工艺关键：大肠一定要翻洗干净，煮熟时应加入葱、姜、黄酒等香辛调料，中途可换几次水。烧制时掌握好火候，以达到入味、上色、软烂的效果。

辣子脆肠

"辣子脆肠"为"巴国布衣"的代表菜品之一。"脆肠"为猪的"乳肠"，因脆嫩爽口，故名"脆肠"。"辣子脆肠"是将"脆肠"配以去腥、解腻、增香、提色的干辣椒和味辛香而麻的花椒烹制而成。此菜乡土风味独特，食者无不啧啧称赞。

主　　料：乳肠300克。
配　　料：干辣椒30克。
调　　料：川盐5克，料酒20克，花椒15克，辣椒粉15克，葱20克，味精5克，胡椒1克，白糖10克，醋10克，姜蒜片、色拉油各适量。
烹饪技法：炒。
工艺流程：选料→切配→汆水→炒制→调味→成菜。
制作方法：
（1）将乳肠洗净，划成破刀，切成小段，用碱、盐码味，入沸水锅中汆至断生，捞起。
（2）炒锅置火上，下油烧热，放干辣椒炒至棕红色，下花椒炒香，再下乳肠、辣椒粉炒至上色，烹入料酒，加入姜、蒜、葱、川盐、味精、白糖簸匀即成。
质量标准：色泽棕红发亮，质地脆嫩爽口，麻辣味浓，咸鲜醇香，略带回甜。
工艺关键：乳肠汆水时，掌握好时间，以汆至断生为好；掌握各种调味品的用量。

脆炸大肠

"脆炸大肠"是广东名菜。猪大肠根据其功能可分为大肠、小肠和肠头，它们的脂肪含量是不同的，小肠最瘦，肠头最肥。猪肠韧性好，没有猪肚那样厚实，脂肪适量。

主　　料：猪大肠1000克。

调　　料：精盐5克，料酒5克，饴糖25克，红糖15克，丁香5克，陈皮5克，桂皮5克，大小茴香5克，花椒5克，浙醋10克，白醋10克，番茄酱15克，唥汁15克，姜5克，蒜泥5克，葱末5克，辣椒末5克，湿淀粉15克，花生油1500克。

烹饪技法：煮、卤、炸。

工艺流程：选料→洗净→焯水→煮制→卤制→上饴糖水→晾干→炸制→切配→装盘→外带调味料上桌。

制作方法：

（1）将猪大肠用盐或明矾擦洗干净，除去黏液污物，将光滑面翻在外面，先用开水焯过，再洗干净，然后用清水煮至软烂，捞出，控去水分。

（2）炒锅用旺火烧热，下油少许，放姜葱爆香，溅料酒，放沸水、盐、香料（用布包裹），滚1小时，下猪大肠卤入味，捞出控去水分。

（3）把饴糖用开水溶解，加浙醋调匀，涂在猪肠上，挂起晾干水分。

（4）炒锅用旺火烧热，下入花生油，烧至150℃，待大肠炸至色红，捞出，切块上盘。

（5）中火烧热炒锅，下油少许，放蒜泥、辣椒末、葱末、白醋、红糖、精盐、西红柿酱、唥汁煮溶，用湿淀粉勾芡，加包尾油拌匀即成。与脆炸大肠一并上桌。

质量标准：色泽金黄，外脆、里嫩、味香，广东人认为可与烧鹅媲美，故有"无皮烧鹅"之称。

工艺关键：浙醋，即浙江地区生产的一种酸醋，色淡红，比白醋淡，不同于香醋；唥汁，是一种液体调味品，市场有售。

九转肠腐

"九转肠腐"是天津名菜。"九转肠腐"的原型是山东名菜"九转大肠"，因其烹制中讲究火候，反复烧爝，故借"九转"命名。1983年，天津"登瀛楼"将豆腐与大肠同烧，定名"九转肠腐"。青年特级厨师孙元明在第一届全国烹饪名师技术表演鉴定大会上以此菜深获好评，荣登全国十佳厨师之列。

主　　料：猪大肠头9段（约重500克），南豆腐250克。

调　　料：葱段25克，姜片15克，净香菜末3克，花椒2克，精盐2.5克，味精1克，白糖50克，白胡椒粉1.2克，绍酒20克，醋50克，酱油10克，肉清汤150克，熟猪油30克，芝麻油3克。

烹饪技法：煮、烧。

工艺流程：选料→初加工→煮制→焯水→切配→烧制→调味→成菜。

制作方法：

（1）先用剪刀将大肠壁上的油脂剪净，放入盆内，加醋30克、精盐1.5克、花椒1克反复揉搓，去除黏液，冲净，再把每段大肠的肠壁向上下折叠3次，套成4层的圆筒状。然后，将葱段、姜片、花椒、大肠入沸水锅内，用旺火煮沸，改用小火，边煮边用竹签在大肠上扎眼，使油分溢出。煮至大肠用手稍掐即透时，捞出，稍晾，每段大肠两头各切去0.3厘米，成为长2.3厘米的段，再入沸水中烫1~2分钟，捞出，沥净水分。

（2）将豆腐切成长4厘米、宽1.7厘米、厚2.3厘米的长方块（共9块），入沸水中焯约1分钟，捞出备用。

（3）炒锅置旺火上，放熟猪油20克烧至120℃，加入白糖30克，移小火上炒至糖呈红色、泛小泡时，放入大肠连续颠翻，使其上色。然后，烹入绍酒、醋、肉清汤、精盐、白糖、酱油、白胡椒粉和豆腐。视汤沸后，撇去浮沫，用小火烧至汤水剩四分之一时，改上旺火，连续左右晃动炒锅。待汤汁浓稠时，加入味精，淋熟猪油，大翻锅，回火烧1分钟，淋芝麻油，出锅盛盘，撒上香菜末即成。

质量标准：色枣红而富有光泽，质地软烂而柔嫩，入口浓肥而不腻。

工艺关键：洗涤大肠是做好此菜的重要前提；炒好糖色是关键；掌握好烧制的火力关系到菜肴制作的成败。

熘腰花

"熘腰花"是河北传统名菜，以猪腰子为主料熘制而成。中医认为，猪腰性平味咸，有补肾，治腰脊疼痛、身面水肿、遗精盗汗之功效。

主　　料：猪腰子 200 克。

配　　料：玉兰片 20 克，油菜心 25 克。

调　　料：精盐 1.5 克，酱油 15 克，醋 10 克，葱 2.5 克，生姜 2 克，蒜 2 克，湿淀粉 50 克，芝麻油 15 克，花生油 1 000 克（约耗 50 克）。

烹饪技法：熘。

工艺流程：选料→切配→上浆→滑油→熘制→调味→勾芡→成菜。

制作方法：

（1）将猪腰子从中间剖开，去净腰臊，剞上麦穗花刀，改刀成长形块，用水漂净后加精盐 1 克、湿淀粉 30 克上浆；玉兰片切成薄片。

（2）炒锅置旺火上，下花生油烧至 200℃时，下腰花，迅速拨散，倒入漏勺沥油。

（3）炒锅内留油 20 克，下葱、姜、蒜煸香，再放入菜心、玉兰片煸炒，下腰花，加醋、酱油、精盐、香油，用湿淀粉勾芡，炒匀装盘即成。

质量标准：色泽红亮，形似麦穗，汁芡紧裹腰花，味咸鲜微酸，质地脆嫩。

工艺关键：剞花刀时下刀要均匀一致，立刀为原料深度的 4/5，斜刀为 1/2，不要剞破；过油时油温要高，速度要快；熘制时动作要迅速，才能保持腰花脆嫩。

炸核桃腰

"炸核桃腰"是河南名菜。原料经加热后，剞上的刀口绽开，腰块卷成圆形似核桃状，故名"核桃腰"。

主　　料：猪腰子、淀粉。

调　　料：葱、姜、盐、料酒、酱油、胡椒粉、味精、椒盐。

烹饪技法：炸。

工艺流程：选料→刀工（花刀）→腌制→上浆→炸→成菜。

制作方法：

（1）猪腰子除去筋膜，用刀片为两半，片去腰臊，洗净，在光面切十字花刀，刀纹的深度为腰子的 2/3，再切成 4 厘米见方的块。

（2）切好的腰子用葱、姜、盐、料酒、胡椒粉、酱油、味精腌渍 30 分钟，用少许湿淀粉上薄浆。

（3）锅内放色拉油，油热六成时，将腰块下入，炸至刀纹张开，腰子卷起时捞出，油温继续升至七成时，将腰子复炸一下，迅速捞出装盘，撒上椒盐即可。

质量标准：成菜形似核桃，脆嫩利口。

工艺关键：选料时一定要选用新鲜腰子，用淀粉上浆不能太多，薄薄的一层即可，油炸时不宜炸得时间过长，否则易炸老。

紫菜苔炒腊肉

"紫菜苔炒腊肉"是湖北名菜。此菜用武汉市所产的洪山紫菜苔和腊肉合炒而成。紫菜苔又名红菜苔，盛产于江汉平原。武汉市洪山所产的紫菜苔，茎肥叶嫩、质脆味甜，最为上乘。紫菜早在《江夏县志》及清代徐鹍所作的《汉口竹枝词》中均有记载，曾列为贡品进献皇帝，故又被誉为"金殿玉菜"。至今，此菜已是春节期间武汉居民餐桌上的必备品。

主　　料：腊肉 200 克，紫菜苔 800 克。

调　　料：精盐 5 克，味精 1 克，姜末 5 克，熟猪油 75 克。

烹饪技法：炒。

工艺流程：选料→治净→切配→煸炒→调味→成菜。

制作方法：

（1）将紫菜苔掐成 4 厘米长的段，洗净沥干；腊肉切成 3 厘米长、0.3 厘米厚的片。

（2）炒锅置旺火上，下猪油烧热，下姜末稍煸后，放入腊肉煸炒，待肥肉部分炒至透明，瘦肉部分呈粉红色时起锅置盘中。将菜苔入油锅中加盐、味精，煸炒至断生，加腊肉合炒入味后装盘。

质量标准：菜苔紫红，腊肉红黄相间；腊肉香味突出；腊肉干爽，菜苔脆嫩，咸鲜微甜。

工艺关键：此菜在炒制时的关键是掌握好原料的成熟度。

烤乳猪

"烤乳猪"又称"明炉烤乳猪"，是广东名菜。乳猪在西周时期被列为"八珍"之一，即"炮豚"。《齐民要术》记载："色同琥珀，又类金真，入口则消，状若凌雪，含浆膏润，特异非凡也。"此菜几经改进，制作工艺考究，别具一格，质量上乘。广东有"脆皮乳猪"，湖南、广西有"烤香猪"，云南有"五香乳猪"。

主　　料：乳猪 5 000 克。

调　　料：五香精盐（五香粉、八角末各 1 克，精盐 35 克，白糖 15 克拌匀），糖醋 150 克（饴糖 50 克，白醋 75 克，糯米酒 10 克，调匀加热烧浓），白糖 65 克，豆酱、甜酱各 100 克，红腐乳、麻酱、花生油各 25 克，千层饼、酸甜菜、葱球各 150 克，蒜泥 5 克，汾酒 7 克，木炭 7500 克，花生油 25 克。

烹饪技法：烤。

工艺流程：选料→治净→出肋、扇骨→腌制→上叉→涂糖醋汁→烤制→刷油→再烤→成菜→片皮→装盘→外带调味料上桌。

制作方法：

（1）将乳猪放在砧板上（胸朝上），从嘴巴开始到颈部至脊背骨直至尾部，沿胸骨中线劈开（表皮勿破），挖出内脏，内外洗净沥干，使猪壳成平板形。再挖出猪脑，将两边牙关节各劈一刀，使上下分离，取出第三节肋骨，划开扇骨关节，取出扇骨，并将扇骨部位的厚肉和臀肉轻轻划上几刀。

（2）将五香精盐涂猪腔内，用铁钩挂起，腌 30 分钟，晾干水；再将豆酱、腐乳、麻酱、汾酒、蒜泥、白糖 25 克拌匀，涂猪腔内。20 分钟后，用烧叉从臀部插入，跨穿扇骨关节穿至腮部。上叉后将猪头向上斜放，清水冲洗皮上的油污，再用沸水淋遍猪皮，最后涂上糖醋。

（3）将木炭放入烤炉点燃，乳猪上炉用小火烤 15 分钟，至五成熟时取出，在腔内用四厘米宽的木条从臀部支撑到颈部，在前后腿部位分别用木条摆横，撑开成"工"字形，使猪身向四边伸展。将烤曲的前后蹄用水草捆扎，用铁丝将前后腿分别勾匀，烤至猪皮呈大红色时，用花生油均匀地涂遍猪皮。木炭拨成直线形烤猪身，烤约 30 分钟至猪皮呈大红色即可离火。

（4）将烤好的乳猪连烧叉一道斜放在砧板旁，去掉前后蹄的捆扎物，在耳朵下边脊背部和尾部脊背处各横切一刀，然后在横切刀口两端从上到下各直切一刀成长纹形；再沿着背中线直切一刀，分成两边；在每边中线又各直切一刀成四条猪皮；用刀将皮片去（不要带肉），将每条皮切成八块，共计 32 块，将乳猪放在盆中，把猪皮覆盖在猪身上，同千层饼、酸甜菜、葱球、甜面酱和白糖分成两碟一起上桌食用。

质量标准：乳猪色泽大红，有光明亮，皮脆酥香，肉嫩鲜美，风味独特。

工艺关键：烤制时烧叉转动要快，有节奏，火候要均匀，如发现猪皮起细小气泡，要用小铁针插入排气，但不可插到肉肉内。

潮州冻肉

"潮州冻肉"是广东名菜。猪蹄又名猪脚、猪手、猪蹄爪，含有丰富的胶原蛋白质，脂肪含量也比肥肉低，并且不含胆固醇，研究发现，人体中胶原蛋白质缺乏，是人衰老的一个重要因素。猪蹄所含成分能防止皮肤干瘪起皱，增强皮肤弹性和韧性，对延缓衰老和促进儿童生长发育都具有特殊意义。所以，人们把猪蹄称为"美容食品"和"类似于熊掌的美味佳肴"。猪蹄分前后两种，前蹄肉多骨少，呈直形，后蹄肉少骨稍多，呈弯形。

主　　料：猪前蹄 750 克，猪五花肉 500 克。

调　　料：鱼露 150 克，冰糖 15 克，味精 2 克，猪皮 250 克，猪油 6.5 克，明矾 1 克，香菜 25 克，清水 1500 克。

烹饪技法：煮、烧。

工艺流程：选料→治净→煮制→烧制→撇沫→冷却→切配→装盘→外带调味料上桌。

制作方法：

(1) 将五花肉、猪脚、皮刮洗干净，分别切成块（猪肉块重 100 克，猪脚块重约 200 克，猪皮重 50 克），将上述肉料用沸水分别煮约 1 分钟，捞起。

(2) 砂锅放清水烧沸，加入冰糖、猪油和鱼露，放入竹算垫底，把五花肉、猪脚和猪皮放在竹算上面，在中火炭炉上烧沸，转至小火烧约 3 小时至软烂取出，捞起肉料，去掉猪皮，然后将炒锅内浓缩原汤 750 克放回炉上烧至顶沸，加入明矾撇去浮沫，再加入味精，用洁净纱布将汤过滤后倒入砂锅，放在炉上烧至微沸，然后将锅端离火口，冷却凝结后，取出切块放在碟中，镶以香菜叶，以鱼露佐食。

质量标准：晶莹透彻如水晶，味鲜软滑，入口即化，肥而不腻，以鱼露、香菜佐食，风味特殊。

工艺关键：在烧制原料时要撇净汤面浮沫，中途不可加入沸水，否则影响质量；如夏季制作，可放入冰箱冷却。

白云猪手

"白云猪手"是广东名菜。相传广州白云山有一寺院和尚喜嗜荤，经常趁长老下山化缘的机会吃肉。有一次，小和尚正在山门前偷煮猪手时，恰遇长老提前回山，他怕受戒法，性急之中便把肘子扔到寺外的溪水中去。翌日，被一樵夫捡得，回家中重煮，并以糖醋伴食，当时只图一饱而已，不料味觉更加适口。后来，此樵夫食猪手必定煮熟后用泉水浸泡，然后再烹，并常夸耀于人。不久，此法便传遍广州市肆，并成为一道名菜。

主　　料：猪前后脚各 1 只（约重 1250 克）。

调　　料：精盐 450 克，白糖 500 克，白醋 1500 克，五柳料 60 克。

烹饪技法：煮。

工艺流程：选料→治净→浸漂→切配→煮制→再漂→再煮→成菜。

制作方法：

(1) 将猪脚去净毛甲，洗净用沸水煮约 30 分钟，改用清水冲漂约 1 小时，剖开切成块，每块重约 25 克，洗净，另换沸水煮约 20 分钟，取出，又用清水冲漂约 1 小时，然后再换沸水煮 20 分钟至六成软烂，取出，晾凉，装盘。

(2) 将白醋煮沸，加白糖、精盐、五柳料，煮至溶解，滤清，凉后倒入盆里，将猪脚块浸漂 6 小时，随食随取。

质量标准：骨肉易离，皮爽肉滑，不肥不腻，酸甜可口。

工艺关键：五柳料是用瓜英、锦菜、红姜、白酸姜、酸荞头制成的；猪脚要先煮后斩，以保持形状完整；煮后一定要冲透，并洗净油腻；煮猪脚的时间要控制好，时间长了，猪皮的胶原蛋白溶于水中过多，皮质不爽口，时间过短，其皮老韧。

挂霜排骨

"挂霜排骨"是安徽名菜。此菜肉酥离骨，嚼之干香，是根据白糖的结晶原理烹制的，成品外面均匀地包裹着白糖细末似霜，故名。挂霜技法早在宋代就已出现，称为"糖霜"、"珑缠"、"糖缠"。明人宋诩所著《宋氏养生部》中有专门记载。

主　　料：猪小排骨250克。

配　　料：鸡蛋清2个，金橘饼5克。

调　　料：精盐0.5克，白糖150克，黄酒10克，桂花2克，湿淀粉100克，色拉油500克（约耗75克）。

烹饪技法：挂霜。

工艺流程：洗净排骨→剁块→上浆→初炸→复炸→熬糖水→原料入锅挂霜→装盘。

制作方法：

（1）金橘饼切碎；排骨剁成2厘米长的块，加黄酒、精盐拌一下，再加入湿淀粉、鸡蛋清拌匀。

（2）炒锅置旺火上，放入色拉油，烧至油温120℃，入排骨炸至变色，转小火炸透，捞出。再用旺火复炸成金黄色，倒入漏勺沥去油。

（3）另起锅，上微火，放入50克水，加白糖，待溶化后，再放在旺火上，熬至起泡时（不能起丝），再倒入排骨、金橘饼、桂花，将锅端离炉火颠翻几下，使糖汁裹匀排骨便倒在大盘内，再将排骨一个个地迅速分开，冷凉后，装盘即成。

质量标准：色泽金黄，外脆里嫩，香甜润口。

工艺关键：排骨块形要匀称，调糊厚度要适中；油温控制要得当，油炸至排骨内熟、外脆；熬糖要掌握火候，熬至起泡，但不能出丝。

梅子蒸排骨

"梅子蒸排骨"是广东名菜。梅子又名梅、梅实、酸梅、青梅、乌梅。梅子为蔷薇科植物梅的果实。果实将成熟时采摘，其色青绿，称为青梅。青梅经烟熏烤或置笼内蒸后，其色乌黑，称为乌梅。青梅属绿色水果，含有枸橼酸、单宁酸、酒石酸等多种酸。生食能生津止渴，开胃解郁，也适宜加工成多种果脯和蜜饯。此菜所用的梅子是经过腌制的酸梅。《尚书·商书·说命》云："若作和羹，尔惟盐梅。"据此记载，殷商时代，人们尚未发明醋，便利用梅子的酸来调味。猪排骨提供人体必需的优质蛋白质、脂肪，尤其是丰富的钙质可维护骨骼健康。

主　　料：猪排骨250克，酸梅肉15克。

调　　料：白糖15克，深色酱油25克，豆酱10克，味精2克，蒜泥10克，干淀粉25克，花生油25克，芝麻油10克。

烹饪技法：蒸。

工艺流程：选料→治净→腌制→蒸制→成菜。

制作方法：

（1）将排骨斩成10克重的块，洗干净，控去水。

（2）把以上味料与排骨拌匀，摊放盘中，浇适量花生油，用中火蒸约10分钟至熟，取出便成。

质量标准：酸甜咸味适中，色泽幽红。

工艺关键：若喜食软烂排骨，可适当延长蒸制时间。

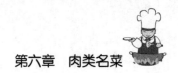

茄汁焗猪肝

"茄汁焗猪肝"是广东名菜。焗，是粤厨俗语，与焖法相近，但焖法要加一定的汤水，焗法一般不加汤水。焗的食物，原汁原味，风味特别。

主　　料：鲜猪肝 400 克。

调　　料：精盐 5 克，番茄酱 25 克，白糖 15 克，料酒 15 克，姜葱 10 克，味精 2 克，喼汁 25 克，胡椒粉 2 克，小苏打 1 克，虾片 15 克，干淀粉 15 克，湿淀粉 25 克，花生油 500 克（约耗 40 克），芝麻油 10 克。

烹饪技法：炸、煎、焗。

工艺流程：选料→洗净→切配→腌制→拍粉→焯水→炸制→过油→煎制→焗制→调味→成菜。

制作方法：

（1）将猪肝除净筋络，斜切成厚片，洗干净，控去水，放精盐、小苏打、姜葱腌 1 小时，去掉姜葱，加干淀粉拌匀，用开水焯过。

（2）把番茄酱、喼汁、精盐、白糖、味精、胡椒面、芝麻油、湿淀粉兑成芡汁。

（3）炒锅上火，下入花生油，烧至 180℃，放入虾片炸脆，捞出，控去油。

（4）猪肝用 150℃的油温，过油至断生，倒入笊篱，控去油，再放入锅内煎熟，调入芡汁，加盖，收干汁液，加包尾油（明油）推匀装盘，用炸虾片围边即成。

质量标准：原汁原味，突出烹饪技法焗。

工艺关键：猪肝先腌渍入味，过油断生，再入锅稍煎，使表面焦香，调入芡汁，以文火焗之，收干汁液，加包尾油出锅。

红油肚丝

"红油"是川菜冷菜常用复合味品之一。"红油"制作方法是：大葱头、老姜皮、辣椒粉一起用植物油煎熬，大葱头、老姜皮、辣椒粉的比例约是 50:1:16。待油温热时，放入葱花、姜末，控制好油温，不可使油滚热。将 10 克花椒粉放在漏勺内，用汤勺舀温油，冲花椒粉，再换 1 大匙研碎的芝麻粉放在漏勺内，同样舀油冲芝麻粉。经过这两道工序制作出来的油，才称得上是地道的四川红油。

主　　料：猪肚 300 克。

配　　料：香菜 10 克，白芝麻 2 克。

调　　料：川盐 6 克，辣椒油 50 克，葱丝 100 克，蒜茸 25 克，姜片 10 克，味精 1 克，白糖 5 克，花椒面 5 克，酱油 5 克，醋 5 克。

烹饪技法：煮、拌。

工艺流程：选料→煮制→切配→拌制→成菜。

制作方法：

（1）猪肚煮熟，放凉后，切成 6 厘米长的细丝。

（2）将蒜茸、红油等调料制成的味汁倒入拌匀，撒上白芝麻、香菜装盘即可。

质量标准：色泽红亮，咸鲜香辣，肚丝爽脆。

工艺关键：在调制红油时，糖不宜加得过多，应掌握各种调味品的用量。

红烧牛肉丸

"红烧牛肉丸子"是青海一道传统清真菜肴。此菜牛肉软嫩、色泽美观，深受当地人们的喜爱。

主　　料：嫩牛肉 300 克。

调　　料：精盐 3 克，料酒 5 克，酱油 10 克，白糖 5 克，味精 3 克，胡椒粉 1 克，葱 20 克，姜 20

克，香菜末 5 克，八角 3 克，花椒 3 克，花生油 1 000 克（约耗 50 克）。

烹任技法：炸、蒸、红烧。

工艺流程：选料→剁肉→制馅→炸制→定碗→调味→蒸制→浇汁→成菜。

制作方法：

（1）将牛肉剁成肉馅，加入姜末 5 克、精盐、料酒、鸡蛋、粉芡、清水搅拌均匀。

（2）炒锅置火上，添入花生油 1 000 克，烧至 180℃时，将肉馅挤成丸子放入油锅中，炸至呈金黄色时，倒入漏勺中；取一蒸碗，将炸好的丸子装入碗中，放上葱段、姜片加入鲜汤、精盐、酱油、料酒、白糖、味精、花椒、八角上笼蒸透，拣出葱姜、八角、花椒，扣入盘中。

（3）原汤倒入锅内，用湿淀粉勾芡，淋入芝麻油，均匀地浇在丸子上即可。

质量标准：色泽红润，软嫩清香。

工艺关键：炸丸子时，油温不要太高，将丸子炸透；蒸制时选用文火。

发丝牛百叶

"发丝牛百叶"是湖南名菜。长沙市清真菜馆曾以善烹牛肉类菜肴著称，其中发丝牛百叶、烩牛脑髓、红烧牛蹄筋为其特色菜肴，被誉为"牛中三杰"。此菜由其菜馆的李合盛师傅创制。

主　　料：生牛百叶 750 克。

配　　料：水发玉兰片尖 50 克。

调　　料：精盐 4 克，黄醋 20 克，味精 2 克，干红椒 1.5 克，湿淀粉 15 克，葱段 10 克，牛清汤 50 克，芝麻油 2.5 克，植物油 100 克。

烹任技法：炒。

工艺流程：选料→浸泡→治净→煮制→切配→再洗净→炒制→调味→勾芡→成菜。

制作过程：

（1）将生牛百叶分割成 5 块放入桶内，倒入沸水以浸没为度，用木棍不停搅动 3 分钟，捞出用力揉搓去掉表面黑膜，再用清水漂洗干净，下冷水锅煮 1 小时，至七成熟捞出。

（2）将牛百叶平铺在砧板上，剔去外壁，切成约 5 厘米长的细丝；玉兰片切成略小于牛百叶的细丝；葱切成 2 厘米长的段。

（3）将牛百叶装入碗中，加黄醋 10 克、精盐 1 克拌匀，用力抓揉去其腥味，再用冷水漂洗干净，挤干水分。

（4）用牛清汤、味精、芝麻油、黄醋、葱段和湿淀粉在小碗中兑成碗芡汁。

（5）炒锅置旺火上，下植物油烧至 240℃，先把玉兰片丝和干红椒末下锅煸香，随即下牛百叶、精盐炒香，倒入碗芡汁，翻锅，装盘即可。

质量标准：色泽洁白，形如发丝，质地脆嫩，味型集成、鲜、辣、酸为一体。

工艺关键：牛百叶在初加工时除净异味是做好此菜的前提。

爽口牛肉丸

"爽口牛肉丸"是广东客家传统名菜，用牛肉捣烂成泥，制丸煮熟而成。据《周礼注疏》和《齐民要术》记载，名为"捣珍"。此菜所用的原料范围较广，牛、羊、猪肉都可，现广东东江地区只用牛肉，但捣法更精，风味特色更佳。

主　　料：去筋膜牛肉 500 克。

调　　料：精盐 7.5 克，白糖 1.5 克，葱花 50 克，胡椒粉 0.5 克，味精 7.5 克，湿淀粉 40 克，上汤 1 500 克，清水 90 克，熟猪油 5 克。

烹任技法：余。

工艺流程：选料→剁茸→制茸→挤丸子→浸漂→余制→再浸漂→浸泡→调味→成菜。

制作方法：

（1）把牛肉放在砧板上，用刀剁约 5 分钟，放入味料盆中拌至起胶。挤丸子，每个约重 15 克，浸入冷水盆内。

（2）将清水、精盐、味精、白糖、湿淀粉放入盆中，调成味料。

（3）把牛肉丸放入沸水锅内，用小火滚（氽），水要保持微沸，火候不宜过旺。12分钟后，捞起牛肉丸放入冷水里浸1分钟，再放入沸水中泡约5分钟至熟捞起，盛入汤盆中，加葱花，撒胡椒粉，淋上猪油。

（4）用中火烧热炒锅，放入上汤，浇至微沸，撇去汤面浮沫，轻轻倒入汤盆内便成。

质量标准：此品系汤菜，制法独特，深受人们喜爱。

工艺关键：氽牛肉丸时，视其浮出水面，便可判定牛肉丸已熟；拌牛肉馅要顺一方向搅动或者用力摔，也可起胶。

铁板黑椒牛柳

"铁板黑椒牛柳"是广东名菜。广东的铁板菜肴源于石烹技法，粤菜厨师将石烹法融入中式烹调和饮食习惯，将大块长方形石板，缩小成长圆的中国鱼盘形状，这样既符合人们的饮食习惯，又使我们从这小小的铁板中领略到就餐的情趣。寒冬食牛肉，有暖胃作用，为寒冬补益佳品。中医认为，牛肉有补中益气、滋养脾胃、强健筋骨、化痰息风、止渴止涎的功效。

主　　料：牛柳300克。

配　　料：洋葱100克，青椒50克，红椒30克。

调　　料：精盐5克，黑胡椒末10克，番茄酱8克，绍酒10克，砂糖8克，生抽15克，味精10克，干葱75克，食粉3克，鸡蛋15克，喼汁3克，蒜茸8克，生粉15克，上汤40克，黄油25克，麻油3克，植物油750克（约耗25克）。

烹饪技法：油泡、炒。

工艺流程：选料→治净→切配→腌制→冷冻→油泡→炒制→装入铁板→浇汁→成菜。

制作方法：

（1）将牛柳去筋后切成长5厘米、厚4毫米的片，然后进行腌制，肉片加入食粉（嫩肉粉）3克，生抽6克、味精5克、绍酒5克、清水75克、生粉10克，拌匀至黏手，再加入鸡蛋15克拌匀，表面淋入净植物油，入冰箱保鲜室（4℃）冷冻约3小时以上备用。

（2）净干葱切细粒，洋葱切细丝，青椒斜刀切抹刀片，红椒切细粒，大蒜拍碎剁成细茸。

（3）熬制黑胡椒汁。炒锅上火烧热，加入黄油熬化后，放入干葱细粒、红椒细粒及蒜茸，煸香后放黑胡椒末稍煸，再加入番茄酱、绍酒、生抽、砂糖、盐、喼汁、味精、上汤，熬开5分钟，倒入碗中备用。

（4）预备大号铁板、灯盏各一个，铁板上火烧热后转小火温着。灯盏中盛入半盏黑胡椒汁。

（5）炒锅上大火烧热，加入750克植物油，烧至170℃时，放入从冰箱中取出的牛柳，泡至八成熟控入漏勺。

（6）炒锅再上火烧热，加入少许底油，下入一半洋葱丝、全部青椒片煸香，再下牛柳，烹绍酒及黑椒汁，勾薄芡，翻炒均匀。盛入烧好的铁板上（铁板在盛菜之前先淋入少许麻油，撒入另一半洋葱丝，再马上将菜盛入），盖好盖，即可跟灯盏一起上桌。

（7）菜上桌，将盖打开，倒入灯盏内的汁，再加盖，等10秒钟即可食用。

质量标准：黑胡椒汁调料比例要准确，口味咸、鲜、微甜，黑胡椒及干葱的香味突出。

工艺关键：此菜最好用牛柳，也可代以去筋牛腿肉，但原料必须新鲜；牛肉在腌制时，根据质量可适当增减食粉和清水的比例。牛肉老，应多加水，适量增加食粉，以使其鲜嫩；牛肉腌制时间应充足，太短则食粉未起作用，肉质不嫩；此品炒菜、盛菜、上菜都要求动作迅速、准确，一个环节掌握不好，功亏一篑；铁板用中火烧热即可，大火易将铁板烧红，盛入菜肴会出现煳底现象；原料下锅，要勤搅动，使其受热均匀；油温不要低于160℃，若过低易出现原料脱水、脱浆的现象，失去滑嫩效果。

水煮牛肉

"水煮牛肉"是四川名菜。相传北宋时期，川盐产于自贡一带，人们在盐井上安装辘轳，

以牛为动力提取卤水。一头壮牛服役，多者半年，少者三月，就已筋疲力尽，故当地时有役牛淘汰，而当地用盐又极为方便，于是盐工们将牛宰杀，取肉切片，放在盐水中加花椒、辣椒煮食，其肉嫩味鲜，因此得以广泛流传，成为民间一道传统名菜。菜中的牛肉片，不是用油炒的，而是在辣味汤中烫熟的，故名"水煮牛肉"。

主　　料：牛肉 250 克。

配　　料：莴笋 125 克，芹菜 75 克，蒜苗 75 克。

调　　料：川盐 4 克，酱油 15 克，郫县豆瓣酱 25 克，湿淀粉 50 克，干辣椒 10 克，花椒 3 克，胡椒粉、味精各 2 克，熟菜油 150 克，肉汤 700 克。

烹饪技法：煮。

工艺流程：选料→切配→腌制→煮制→调味→成菜。

制作方法：

（1）牛肉洗净，切成约 4.5 厘米长、3.3 厘米宽、0.2 厘米厚的片；莴笋切成 6.6 厘米片；芹菜、蒜苗切成 4.5 厘米长的段；干辣椒切段。

（2）将牛肉放入碗内，加川盐、酱油、湿淀粉拌匀稍腌。

（3）炒锅上火，下菜油烧至 120℃，放入干辣椒炸至呈棕红色，下花椒粒炒几下，剁细成辣椒末待用。

（4）炒锅上火，下菜油烧热放芹菜、蒜苗、莴笋片炒断生盛在碗里。

（5）炒锅上火，下菜油烧 90℃时，下郫县豆瓣酱煸出香味呈红色，加肉汤，煮至将要开锅时，下肉片滑散，煮至牛肉片伸展发亮，盛入碗内，撒剁细的辣椒末。

（6）另起油锅烧热至 180℃，将热油浇在盆里即可上桌。

质量标准：色深味厚，香味浓烈，肉片鲜嫩，突出了川菜麻、辣、烫的风味。

工艺关键：牛肉片要切得厚薄均匀，下热汤锅滑至颜色转白断生即起锅；应选择牛后腿部位的元宝肉、子盖、黄瓜条；汤要微开，不宜搅动，否则淀粉会脱落。

干煸牛肉丝

"干煸"是川菜独特的烹饪技法。成菜具有酥软柔韧化渣、麻辣咸香浓等风味特色。

主　　料：牛里脊肉 300 克。

配　　料：芹菜 100 克。

调　　料：川盐 1 克，姜丝 10 克，郫县豆瓣 20 克，花椒面 2 克，酱油 10 克，植物油 150 克，香油 5 克。

烹饪技法：干煸。

工艺流程：选料→治净→切配→中火煸炒→调味→加配料→成菜→撒上花椒面。

制作方法：

（1）将牛肉切成粗丝（8 厘米长、0.3 厘米粗）。

（2）芹菜择洗干净，切成长约 3.5 厘米的段，豆瓣剁细。

（3）清油下锅烧至 180℃，下牛肉丝反复煸炒至水气收干时，烹入料酒，放豆瓣、姜丝继续煸炒，至牛肉酥时放酱油、芹菜，炒至芹菜断生即放醋、味精、香油，快速炒匀装盘，撒上花椒面即成。

质量标准：干香化渣，麻辣咸鲜。

工艺关键：牛肉丝粗细要均匀；用中火干煸，切勿煸焦。

夫妻肺片

20 世纪 30 年代，四川成都郭朝华夫妇，以牛舌、牛心、牛肚、牛头皮为原料，后来又加上了牛肉，反复试验，终于做到了牛肚白嫩如纸，牛舌淡红如桦，牛头皮透明微黄，此后精心搭配红油、花椒、芝麻、香油、味精、上等的酱油和鲜嫩的芹菜等各色调料，从而炮制

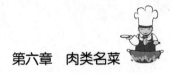

出这后世传诵的美食来。因为原料是从废弃的内脏中挑选出来的，加工时又都切成薄片，故开始时称其为"废片"，又因由夫妻两人制作出来，故又冠以"夫妻"二字，由此得名"夫妻废片"。而后随着食客的日益增多，名声越传越远，就有人嫌其"废片"二字不好听，于是主张将"废"字改为"肺"字，这便是此菜的由来。

主　　料：牛肉300克，牛杂（肚，心，舌，头皮）300克。
调　　料：川盐6克，白酒5克，盐炒花生仁15克，卤水250克，酱油15克，芝麻粉10克，花椒粉2克，味精1克，八角1克，花椒0.4克，肉桂0.5克，辣椒油20克。
烹饪技法：煮、拌。
工艺流程：选料→卤（煮）→切片→调味→拌→成菜。
制作方法：
（1）黄牛肉、牛杂等先在锅中煮熟后捞起晾凉。
（2）切成长6厘米、宽3厘米的薄片，拌上用卤水、熟油辣椒、油酥花生米末、芝麻面、花椒面以及葱节兑成的味汁，拌匀即成。
质量标准：色泽红亮，质软化渣，麻辣香鲜。
工艺关键：掌握煮牛肉、牛杂的火候和时间。

灯影牛肉

"灯影牛肉"是四川达县的传统名食。据传，四川梁平县有一刘姓艺人来到达县，以做腌卤牛肉谋生，由于他不气馁，锐意求新，最终创制成一种薄片状的牛肉干。每当黄昏来临，他就在闹市设摊，专售此种牛肉干。为招徕顾客，特在食摊前撑开一张又大又薄的牛肉片，后面点一盏油灯，映得牛肉片又红又亮，灯影依稀可见，十分吸引过路行人。尝之，麻辣脆鲜，人们称之为"灯影牛肉"。

主　　料：黄牛肉500克。
配　　料：川盐0.2克，料酒100克，姜0.3克，味精0.1克，辣椒面0.5克，花椒面0.3克，白糖0.5克，五香粉0.05克，糖汁20克，混合油150克，香油0.2克。
烹饪技法：烤、蒸、炸。
工艺流程：选料→烘烤→蒸制→切配→再蒸→炸制→成菜。
制作方法：
（1）选黄牛后腿部净瘦肉，不沾生水，除去筋膜，修理整齐，片成极薄的大张肉片。
（2）将肉片抹上炒热磨细的盐，卷成圆筒，放在竹筲箕内，置通风处晾去血水。
（3）取晾好的牛肉片铺在竹筲箕背面，置木炭火上，烤干水气；入笼蒸半小时，再用刀将肉切成长1.5厘米、宽1厘米的片子，入笼再蒸半小时，取出晾凉。
（4）菜油烧熟，加入生姜和花椒少许，油锅端离火口10分钟后，把锅再置火上，捞去生姜、花椒。然后将牛肉片上均匀抹上糖汁下油锅炸，边炸边用铲轻轻搅动，待牛肉片炸透，即将油锅挪离火口，捞出牛肉片。
（5）锅内留熟油，置火上加入五香粉、白糖、辣椒面、花椒面，放入牛肉片炒匀起锅，加味精、熟芝麻油，调拌均匀，晾冷即成。
质量标准：牛肉片薄如纸，色红亮，味麻辣鲜脆，细嚼之，回味无穷。
工艺关键：注意烘烤火力不能大，不用明火，不能重叠。

红烧牛尾

"红烧牛尾"是陕西传统清真名菜，早在周朝就是关中人的主要肉食。相传秦始皇统一六

国后，一次出巡路上，感到饥饿，便走进一家餐馆。碰巧此日店里牛肉已卖完，只有一条牛尾炖在锅里，店主人原准备自己食用，此时只得胆战心惊地端出来进献给秦始皇。谁知歪打正着，秦始皇从未吃过这样味美的牛尾，不但不怪罪店主，反而给予重赏。此菜后经历代不断改进，流传至今。

主　　料：生牛尾 3 000 克。

配　　料：熟胡萝卜块 500 克，湿淀粉 50 克。

调　　料：精盐 15 克，葱段 80 克，姜块 15 克，蒜 30 克，味精 7 克，八角 15 克，白糖 8 克，酱油50 克，甜面酱 15 克，鸡汤 10 克，香油 70 克。

烹饪技法：红烧。

工艺流程：选料→切配→漂洗→煮制→再漂洗→烧制→调味→蒸制→勾芡→成菜。

制作方法：

（1）将生牛尾按骨节剁成段，用清水漂洗干净，放入开水锅中煮五成熟，捞出去净毛，再用清水漂洗干净，沥去水。

（2）炒锅置旺火上，加入香油烧热，下入葱段、姜块、八角、蒜煸出香味，加入甜面酱、牛尾段及适量清水用旺火烧开后，改用文火烧制八成熟，拣去八角、葱段、姜块、蒜。

（3）将牛尾捞出，放入盆里，加入鸡汤、味精、精盐，上笼蒸至软烂，取出倒入汤锅中，加入熟胡萝卜块，上火烧开，收汁，用湿淀粉勾芡，淋入香油，出锅即成。

质量标准：银红明亮，软烂醇香，营养丰富。

工艺关键：牛尾块宜先用小火慢煮，至八成熟，浸入调料味，再上笼蒸，目的是使牛尾软烂；牛尾最后倒入汤锅，目的是给牛尾裹汁；要适度掌握各道工序的火候和调味。

铁盘宫保兔肉丁

"铁盘宫保兔肉"是长春市"宴宾楼"的名菜。此菜根据"宫保肉丁"的制法，用铁盘盛装，适用于一般酒席或大型宴会。兔肉性味甘、凉，有补中益气、凉血解毒的功效，用于消渴羸瘦、胃热呕吐、便血等症。

主　　料：净兔肉 300 克。

配　　料：水发玉兰片 5 克，豌豆 5 克，花生米 100 克，熟胡萝卜 10 克，洋葱 5 克，鸡蛋半个。

调　　料：酱油 1.5 克，辣椒酱 10 克，绍兴酒 15 克，味精 2.5 克，鸡汤 20 克，花椒水 15 克，姜末2.5 克，蒜末 2.5 克，湿淀粉 25 克，白糖 15 克，香油 5 克。

烹饪技法：炒。

工艺流程：选料→切配→上浆→滑油→炒制→调味→成菜。

制作方法：

（1）将去骨的兔肉切成丁，加入鸡蛋清与湿淀粉抓匀；玉兰片，胡萝卜，洋葱均切成丁，姜、蒜切成末。

（2）炒勺内放油，待油至 160℃ 时，把兔肉丁放入勺内，用铁筷子滑开倒出。

（3）用酱油、白糖、味精、鸡汤、绍兴酒、花椒水、湿淀粉兑成汁。

（4）铁盘经烤炉加热后待用。

（5）另起勺上火放入底油，下辣酱煸炒，待出红油时，把备好的配菜下勺，边炒边放滑好的兔肉丁，翻炒两下，再加入兑好的汁水。出勺盛在瓷盘里，然后倒在餐桌上的铁盘里即可食用。

质量标准：肉香鲜嫩，咸鲜麻辣，酸甜适宜，为冬令佳肴。

工艺关键：上浆时，加些油易于滑散；炒辣酱时，油温不可高，以免炒煳；不可过多翻炒，以免主料过老，配料过烂，失去滑、嫩的特点。

酸辣狗肉

"酸辣狗肉"是湖南名菜。民国时期，湖南督军谭延闿写了一首赞颂狗肉宴的打油诗："老夫今日狗开宴，不料请君个个来，上菜碗从头顶落，提壶酒向耳边筛。"谭氏开狗肉宴，说明湖南人对宴席的热衷程度。湖南有"酸辣狗肉"、"红煨狗肉"、"红烧全狗"等名菜。

主　　　料：鲜狗肉 1500 克。

配　　　料：冬笋 50 克，泡菜 100 克，小红辣椒 15 克，青蒜 50 克，香菜 200 克，干红椒 5 只。

调　　　料：精盐 5 克，绍酒 50 克，味精 1.5 克，酱油 25 克，胡椒粉 1 克，桂皮 10 克，湿淀粉 25 克，葱 15 克，姜 15 克，醋 15 克，芝麻油 15 克，熟猪油 100 克。

烹饪技法：煨。

工艺流程：选料→浸漂→煮制→治净→再煮制→切配→煸炒→入砂锅煨制→调味→勾芡→浇汁→成菜。

制作方法：

(1) 将狗肉去骨，用温水浸泡并刮洗干净，下入冷水锅内煮开后捞出，用清水洗净。放入砂锅内，加葱姜（拍松）、桂皮、干红椒、绍酒 25 克、清水，煮至五成熟捞出。

(2) 将狗肉切成 5 厘米长、2 厘米宽的条；泡菜、冬笋、小红辣椒切成末；青蒜切成花；香菜洗净。

(3) 炒锅置旺火上，下熟猪油 50 克，烧至 160℃ 时下狗肉煸出香味，烹入绍酒，加入精盐、酱油和原汤，烧沸后倒入砂锅内，用小火煨至软烂，收干汁液盛在盘内。

(4) 另起锅上火，下熟猪油烧热，下入冬笋、泡菜和红辣椒煸香，再加入狗肉原汤烧开，加味精、青蒜，用湿淀粉勾芡，淋入芝麻油和醋，浇在狗肉上，用香菜点缀即成。

质量标准：咸鲜酸辣，色泽红亮，肉质软烂，香气宜人。

工艺关键：初加工运用漂洗、煮等方法可除净污血和杂质；在砂锅中煨制，可保证菜肴原汁原味。

焦熘肉片

"焦熘肉片"是北京名菜。（瘦）羊肉质地细嫩，容易消化，高蛋白、低脂肪，含磷脂多，较猪肉和牛肉的脂肪含量都要少，胆固醇含量少，是冬季防寒温补的美味之一。羊肉性温味甘，既可食补，又可食疗，为优良的强壮祛疾食品，有益气补虚、温中暖下、补肾壮阳、生肌健力、抵御风寒之功效。

主　　　料：瘦羊肉 100 克。

调　　　料：精盐 1 克，黄酒 2 克，豌豆淀粉 60 克，姜汁 2 克，白糖 40 克，酱油 15 克，醋 10 克，植物油 50 克，香油 3 克。

烹饪技法：焦熘。

工艺流程：选料→切配→挂糊→炸制→复炸→熘制→调味→成菜。

制作方法：

(1) 将羊肉切成长 5 厘米、宽 3.3 厘米、厚 0.23 厘米的坡刀片；把淀粉 50 克加 20 毫升水调成糊；另将白糖、姜汁、酱油、醋、绍酒、湿淀粉 10 克和水 35 毫升放在一起，调成芡汁。

(2) 将植物油倒入炒锅内，置于旺火烧到 180℃ 时，将肉片蘸匀淀粉糊，逐片下入炒锅内，稍炸一下，即用漏勺捞起，将互相粘连的肉片，轻轻拍散，再放入油中。这时，将炒锅端离火口，降低一下油的温度，使肉片内部炸透。然后，再用旺火将肉片外部炸焦，倒在漏勺内沥去油。

(3) 将炒锅再置于旺火上，迅速倒入调好的芡汁炒熟，随即放入炸好的肉片，颠翻几下，淋上香油即成。

质量标准：色红油亮，味道酸甜，焦脆宜人。

工艺关键：焦熘烹饪技法适合于猪（或牛）里脊肉、鸡脯肉、鱼肉等质地细嫩的原料。

葱爆柏籽羊肉

"葱爆柏籽羊肉"是山西省中阳县传统名菜。中阳县地处吕梁山西麓，这里满山遍野生长着小地柏和古老的柏树林，当地饲养的山羊以柏籽、柏叶为食，饮用含有柏汁的山泉水，人

称"柏籽羊"。"柏籽羊肉"是山西中阳县的特产，素以鲜嫩清香、不腥不膻而闻名，当地人称之为"土人参"、"补心丸"，具有调血理气、安神补心等功效。当地老人、产妇常把"柏籽羊肉"作为滋补美食。

主　　料：羊腰板肉 150 克。
配　　料：大葱 75 克。
调　　料：酱油 25 克，绍酒 15 克，姜末 10 克，植物油 400 克（约耗 30 克）。
烹饪技法：葱爆。
工艺流程：选料→切配→腌制→爆制→调味→成菜。
制作方法：
（1）将羊肉的腰板皮剥去，挖掉腰窝油，切成小薄片，加入酱油、绍酒拌匀；葱切成片；姜切成末。
（2）炒锅置火上，加入植物油，烧至 180℃时，把肉、葱、姜同时下入锅里，用旺火爆制，待肉片变色时，出锅即成。
质量标准：肉质细密，纹理清晰，味道鲜美，有独特的柏籽香。
工艺关键：配料用葱，主料用调味品腌制入味，然后爆制为葱爆；葱爆菜肴主料不上浆挂糊、不滑油、不勾芡，用旺火热油，爆透翻匀即可。

醋熘肉片

"醋熘肉片"是山西名菜。"熘"是一种普遍使用的烹饪技法，按口味不同可分为"糖熘"、"糟熘"、"醋熘"、"咸鲜熘"等。按质感不同可分为"焦熘"、"软熘"、"滑熘"等。按颜色又有红色、白色和金黄色之别。山西人好吃醋，有无醋不成菜、不成席之说。醋，自然是山西菜肴中最常用、最普遍的一种调味品，选用山西的名醋调制，地方风味就更突出。

主　　料：羊里脊肉 200 克。
配　　料：冬笋 50 克。
调　　料：精盐 1.2 克，醋 25 克，绍酒 15 克，酱油 50 克，味精 1.5 克，葱丝 25 克，姜末 5 克，芝麻油 15 克，蒜末 5 克，湿淀粉 20 克，鸡蛋清 25 克，花生油 500 克（约耗 30 克）。
烹饪技法：醋熘。
工艺流程：选料→切配→腌制→上浆→滑油→熘制→调味→成菜。
制作方法：
（1）羊里脊肉去筋，斜着肉纹切 0.33 厘米厚的片，加入精盐腌制，用湿淀粉 5 克及蛋清浆好；冬笋切斜象眼片；葱、姜、蒜放入碗中，加酱油、绍酒、醋、湿淀粉 15 克和清水 15 克调成碗芡，再加入味精搅拌匀。
（2）炒勺放在旺火上，倒入花生油烧热至 150℃时，放入肉片和笋片滑油，约 6～7 秒钟沥去油。炒勺再放回旺火上，下入滑好的肉片、冬笋片，兑入调好的碗芡，轻轻推动两下，使汁芡糊化，均匀地挂在肉片上，淋上香油，出锅即成。
质量标准：汁液色金黄明亮，肉质软嫩，味道咸鲜，略带微酸，回有醋香，爽口开胃，不膻不腻。
工艺关键：取料也可选用羊后腿肉，但须切断羊肉纹成片；肉都不可切得过薄，以防肉碎；滑油的时间不能长，断生即可；回锅对碗芡前，芡汁须搅动一下再入锅，下锅后先不要搅动，让芡汁自然糊化变浓，才能达到汁明芡亮的效果。

手把羊肉

"手把羊肉"俗称"手把肉"，是内蒙古地区广为流行的一道传统名菜。因食用时以手把肉，用刀割食，故称"手把肉"。原是蒙古族牧民在长期游牧生活中创制的一道家常菜。后来经菜馆改制，成为菜馆酒楼的名菜，清代时曾经是王府及宫廷名菜。

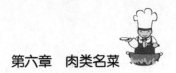

主　　料：去皮、头、蹄、内脏的带骨小羯羊1只。

调　　料：精盐200克，味精25克，葱段500克，姜250克，大蒜100克，小茴香150克，花椒50克，黑胡椒粒50克，草果3枚，山柰25克。

烹饪技法：煮。

工艺流程：选料→切配→浸漂→煮制→调味→成菜。

制作方法：

（1）将羊劈成16块，洗净；将小茴香、花椒、黑胡椒粒、草果、山柰用干净纱布包扎好。

（2）将羊肉块放入清水锅内煮沸，撇净浮沫，下葱、姜、大蒜、精盐、香料包，用微火将羊肉煮熟后捞入盘内，加少许鲜汤、味精拌匀即成。

质量标准：肉呈红色，汤鲜肉嫩，不肥不腻，营养丰富。

工艺关键：应选用体壮腰肥的小口齿羯羊（阉割的小公羊）；羊肉入水中烧开后要撇净浮沫，并用微火煮制，这样方能使羊肉味纯质嫩。

清蒸羊肉

此菜以山羊为主料，因为山羊在饲养期不放牧，只圈在栈内喂养，所以肉质肥嫩。

主　　料：山羊肉800克。

配　　料：鸡血150克。

调　　料：精盐10克，味精5克，白胡椒粉5克，花椒10克，葱段80克，姜块50克，香菜末10克，芝麻油10克。

烹饪技法：煮、蒸。

工艺流程：选料→煮肉→撇沫→切片→定碗→调味→蒸制→成菜。

制作方法：

（1）将鲜山羊肉放入锅内加清水用旺火烧沸，撇去浮沫，煮10分钟左右下入花椒、葱段50克、姜块30克改小火煮至七成熟时，加少许精盐5克，煮至肉烂时捞出；原汁撇去浮沫浮油，用净纱布滤去沉渣，兑入清水约500克和鸡血，倒回锅内，用小火烧至微沸撇去血沫，制成肉清汤。

（2）羊肉晾凉后切成长5.5厘米、宽1.5厘米、厚1.5厘米的厚条，竖起沿碗壁整齐地排装于蒸碗中，加入原汁150克，放入葱段30克、姜块20克、精盐5克，上笼用旺火蒸约1小时取出，拣去葱姜，滗出原汁，扣入汤碗中。

（3）汤锅内放入制好的肉清汤1000克，加精盐、白胡椒粉、姜末，用中火烧沸，放入味精、香菜末，淋入芝麻油，盛入汤碗中即可。

质量标准：羊肉鲜嫩，汤味醇原。

工艺关键：羊肉不要煮得太烂；凉透再切。

羊方藏鱼

"羊方藏鱼"是江苏名菜。鱼羊合烹，味鲜。"鲜"为会意字，相传为尧帝时代的彭铿所创。康熙年间，状元李蟠品尝此菜后作诗赞美曰："一篦鱼羊鲜传解解老餮之馋，调理大羊美羹试试厨师之技。"此技法历代相传，鱼羊合烹佳肴迭出，为餐桌上的美味珍肴，冬令进食尤佳，为人们津津乐道。

主　　料：鲜羊肉（肋脯）1块（重约1000克），活鲫鱼400克。

调　　料：精盐15克，黄酒70克，味精1克，花椒2克，葱30克，姜20克，芝麻油15克。

烹饪技法：焖。

工艺流程：治净羊肉→腌渍→焯水→鲫鱼初加工、剞花刀→焯水→上调味料→鱼藏入羊肉内→焖制→调味→装盘。

制作方法：

（1）羊肉洗净，置盛器内，加用花椒1克、精盐8克、黄酒10克、葱（切段）10克、姜（切片）5

克，搓抹在羊肉上，腌渍 6 小时，焯水，冲洗干净。

（2）将鲫鱼宰杀治净，在鱼面两侧剞上花刀，入沸水锅略烫，取出，用刀轻轻刮去黏液，抹上精盐 1 克、黄酒 5 克，用刀从羊肉侧面剖开，将鱼藏入。

（3）将鱼、羊肉放入锅中，加清水 2 000 克、精盐、黄酒、葱结、姜（拍松）、花椒烧沸，撇去浮沫，用小火焖至羊肉酥烂，加入味精，淋芝麻油，装盘。

质量标准：羊肉酥烂，藏鱼鲜嫩，味香汁浓，色泽明亮。

工艺关键：选用肥瘦相间的羊肋脯、肥而不腻；鲫鱼应选大者，肉厚，宜于焖烧；冬天腌制羊肉的时间加倍；羊肉应焯水，除去膻味；鲫鱼略烫，旨在去腥；烧时皮不宜破裂，鱼背肉厚，剞上花刀既美观又易于成熟；此菜关键是火功要足，即火候要小，加热时间要长，以达到口感要求。

炙子骨头

"炙子骨头"是河南名菜。据《东京梦华录》记载，"炙子骨头"是"天宁节"宋徽宗生日时，群臣祝寿盛大御宴上的第二道下酒菜。及至南宋，成为临安市肆菜的名品。元、明的烹饪专著《居家必用事类全集》和《多能鄙事》中都详尽记载了它的烹制方法，其后在中原一直盛传不衰。

主　料：羊肋肉（或猪肋）1 000 克。

配　料：胡萝卜 200 克，生菜 100 克。

调　料：精盐 10 克，白糖 25 克，葱白 60 克，姜块 10 克，花椒 3 克，绍酒 20 克，醋 5 克，甜面酱 50 克。

烹饪技法：腌、烤。

工艺流程：选料→切配→腌渍→烤制→刷料→再烤→成菜。

制作方法：

（1）选肉质肥嫩，肋骨细小的羊肋 12 根。取肋骨时，要从腰窝处数起，每扇肋骨只取 6 到 8 根，肋骨上要带肥瘦肉 2 厘米。将每根肋骨从中截开，每节 10～12 厘米长。把一端的骨膜刮开，使骨骼翘起。取葱白 10 克切成段，姜块用刀拍裂，连同花椒、精盐、绍酒 15 克、白糖 15 克一起拌入羊肋，腌渍 1 小时。

（2）胡萝卜洗净削皮，制成 12 个蝴蝶形。生菜洗净消毒后取嫩心 12 个备用。甜面酱加入白糖 10 克炒熟装入小碟，将葱白 50 克切成象眼形插入其中，摆成葵花形状的"葱碟"。

（3）将木炭炉点燃，放上烤架。待木炭不冒烟时，把腌好的肋肉放在炉子上炙烤，并不断刷上汁（醋和绍酒 5 克）。至肋肉烤透，色泽红润时装入盘内，骨柄向外，放上生菜、蝴蝶萝卜、甜面酱、葱碟上桌，也可让就餐者自行调配佐食。

质量标准：色泽红润，肥而不腻，嫩香滑美，唇齿留香。

工艺关键：选择和鉴别质优的肋肉是关键；腌渍时，用料比例、腌渍时间要正确；烤制时，木炭不能冒烟，用辐射传热的方式烤制成熟。

京东菜扒羊肉

"京东菜扒羊肉"是河南名菜，源于北宋初年。相传京东菜产于开封，在冬季以鲜嫩大白菜腌渍发酵而成。其质嫩味鲜，既是佐餐佳品，又是烹制多种菜肴的辅料，此菜为一道雅俗共赏的名菜。

主　料：肥嫩熟羊肋条肉 1 000 克。

配　料：京东菜 80 克。

调　料：精盐 3 克，绍酒 10 克，酱油 10 克，味精 3 克，姜丝 3 克，湿淀粉 3 克，羊肉汤 250 克，花椒油 100 克。

烹饪技法：扒。

工艺流程：选料→切配→摆入锅垫→扒制→调味→勾芡→成菜。

制作方法：

（1）羊肉切成 6.6 厘米长、0.5 厘米厚的片，锅垫下放 10 寸盘，呈圆形铺在锅垫上，中间铺京东菜及剩余的碎肉，上面用盘扣住。

（2）炒锅置旺火上，添入花椒油 90 克，烧至 150℃，下入姜丝、羊肉汤和精盐、酱油、绍酒、味精，放入铺好的锅垫扒制，至汁浓菜烂时，翻扣入扒盘内，锅内余汁重新煮沸，勾湿淀粉，淋花椒油 10 克，待汁浓后浇在羊肉上即成。

质量标准：质味鲜美，营养丰富。

工艺关键：在锅垫中将原料拼摆呈圆形是豫菜常用的一种方法；扒制时，旺火烧开转小火加热，直到原料入味、菜烂、汁浓时方可扣入扒盘内。

蜜枣羊肉

"蜜枣羊肉"是湖北随州的乡土名菜，至今已有两百余年的历史。此菜医食结合，冬季享用，具有大补功效。随州蜜枣是湖北十大名产之一，以金黄透亮、体肉丰厚、香甜可口、甘美如饴而久负盛名。此菜是在乾隆年间由随州安居镇人胡凌兴创制，当时金丝蜜枣就已成为贡品，乾隆皇帝称赞说"随州蜜枣似仙桃"。随州地处丘陵，野生草木繁盛，养殖山羊也有悠久的历史。这里的羊体小肉嫩，膻味较小，加蜜枣烹制有助元阳、补精血、疗肺虚、益劳损的功能。

主　　料：羊肉 1 000 克，蜜枣 500 克。

配　　料：橘饼 75 克，莲子 50 克。

调　　料：白糖 100 克，蜂蜜 25 克，熟猪油 1 000 克（约耗 250 克）。

烹饪技法：蒸。

工艺流程：羊肉治净→切配→焯水→过油→定碗→蒸制→扣入盘中→浇汁→成菜。

制作方法：

（1）蜜枣去核，换上用橘饼制作的"枣核"；羊肉洗净切成 2 厘米见方的块；莲子用水浸泡后，通去莲心瓣成两半。

（2）炒锅置旺火上，下清水烧开，放入羊肉焯水后捞出；锅内下猪油烧至 240℃时，将羊肉过油，捞出沥油。

（3）将莲子摆在蒸碗内，周围摆上蜜枣，上面码上羊肉，撒上白糖入蒸笼蒸制 3 小时，取出扣入窝盘。炒锅置旺火上，将蜂蜜入锅熬一下，淋在蜜枣羊肉上即可。

质量标准：羊肉红亮，蜜枣金黄，甜中带香，不膻不腻。

工艺关键：羊肉进行浸漂、切块、焯水、过油等初步处理，都是为正式烹调作准备。

红扒羊肉

"红扒羊肉"是广东名菜。羊，古称"少牢"。古时，广东也以羊为肉食主料，广州又称五羊城，后来，随着生产的发展，优质的食物来源扩大，吃羊肉的人就相对减少。但此菜是广东久盛不衰的传统美食。据明代李时珍的《本草纲目》中记载，羊肉补中益气，安心止惊，止痛，利产妇，开胃健力。因此"红扒羊肉"既是风味名菜，又是滋补佳肴。

主　　料：羊肋条肉 750 克。

配　　料：去皮荸荠 200 克，水发香菇 50 克。

调　　料：精盐 6 克，绍酒 10 克，姜汁酒 25 克，陈皮 1 克，红枣 25 克，深色酱油 20 克，八角 1 克，胡椒粉 0.1 克，味精 2.5 克，葱条 10 克，姜片 10 克，湿淀粉 15 克，淡二汤 1 500 克，花生油 1 000 克（约耗 75 克），芝麻油 1 克。

烹饪技法：烤、汆、炸、煲。

工艺流程：选料→燎皮→治净→切配→汆制→上色→炸制→煲制
→切配→装盘→浇汁→成菜。

制作方法：

（1）将羊肋骨肉皮上的细毛燎净，放入水盆内边刮边洗净，取出；
每隔 4 厘米砍成一刀，砍成骨断肉不断状，放入沸水锅中滚（汆）
约 3 分钟，捞出；用酱油 10 克涂在羊皮上着色。

（2）炒锅用中火烧热，下入花生油，烧至 180℃，将羊肉用笊篱盛
载，放入油中，加盖，浸炸约 1 分钟至大红色，取出，沥油。

（3）将炒锅回放火上，烹姜汁酒，加二汤、精盐、八角、陈皮、
红枣和酱油 10 克，烧沸后，一并倒进用竹笪垫底的砂锅里；
加盖，用中火煲约 1.5 小时，至九成软烂，将汤收浓；加香菇，再煲 10 分钟，取出；拣出姜、
葱、陈皮，待用。

（4）将荸荠切开两半，与红枣、香菇一起盛入盘中，把羊肉切成块状，每块长 4 厘米、宽 2.5 厘米，
仰放在面上。

（5）炒锅用中火烧热，下花生油 20 克，烹绍酒，加原汤、胡椒粉，用湿淀粉调稀勾芡，加味精、芝
麻油和花生油推匀，淋在羊肉上便成。

质量标准：软嫩可口，无膻味。

工艺关键：羊肉表皮用火烤、燎、刮时，不要将皮面刮破，否则影响其形状；上酱油要均匀，晾干
后再炸制；入砂锅煲制时，时间和汤汁要掌握好；调汁要掌握好稀稠程度。

石山扣羊肉

"石山扣羊肉"是海南名菜。羊肉营养丰富，对贫血、产后气血两虚、腹部冷痛、体虚畏
寒、营养不良、腰膝酸软以及一切虚寒病症均有很大裨益，具有补肾壮阳、补虚温中等作用。

主　　料：带皮软肋羊肉 1 000 克。

调　　料：精盐 3 克，白糖 3 克，绍酒 25 克，胡椒粉 2.5 克，老抽 5 克，柱候酱 2 克，味精 3 克，
葱 100 克，姜 50 克，蒜子 30 克，芝麻油 250 克，南腐乳 15 克，棕榈油 1 500 克（约耗
40 克），二汤 150 克。

烹饪技法：煮、炸、焖、蒸。

工艺流程：选料→治净→煮制→炸制→焖制→定碗→蒸制→装盘→浇汁→成菜。

制作方法：

（1）将羊肉皮毛刮净，整块放入烧沸的姜葱水中煮至八成熟，捞出，沥去水。

（2）旺火烧锅，下棕榈油烧至 160℃，将羊肉块放入油锅炸至略呈金黄色，倒入笊篱，再放清水中漂
净油分。

（3）旺火烧锅，倒入芝麻油，下姜块、葱段、蒜子、八角、桂皮、陈皮、南腐乳、柱候酱等，推匀，
爆香；接着下羊肉块，烹入绍酒，再加清水、老抽、精盐、糖、味精、胡椒粉，推拌均匀；加
盖，慢火焖至皮熟入味，沥出原汁待用。

（4）将熟羊肉连皮切成长方块，皮朝下、肉朝上，整齐排列碗中，加入原汁，上笼蒸至熟透，倒出
原汁，将羊肉反扣入盘中，用原汁加二汤、湿生粉勾芡，淋在羊肉面上，撒少许炸芝麻仁和葱
花即成。

质量标准：色泽金黄，肉质酥烂，润滑适口，气味芳香。

工艺关键：此菜运用煮、炸、焖、蒸多种技法烹制而成，在操作时一定要达到每一环节的要求。

赛蜜羊肉

"赛蜜羊肉"是藏族名菜。在家中的妻子烹制此菜是为款待丈夫打猎回来，以示凯旋、美
满甜蜜之意。

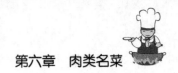

主　　料：羊里脊肉 350 克。

调　　料：白糖 100 克，姜汁 10 克，酱油 30 克，醋 6 克，鸡蛋 1 个，青稞酒 4 克，淀粉 10 克，食
用油 100 克，酥油 30 克。

烹饪技法：熘。

工艺流程：选料→切配→上浆→滑油→调味→熘制→成菜。

制作方法：

（1）把羊肉用斜刀法切成 3 厘米长、2 厘米宽、1 厘米厚的片；加鸡蛋黄、酱油、淀粉、清水上浆。

（2）将白糖、青稞酒、醋、姜汁、糖、酱油、淀粉，加清水调成汁。

（3）炒锅上旺火，加油烧至 150℃，下肉片滑散，呈白色时捞出沥油。

（4）勺内留少许底油，上旺火，倒入料汁，用手勺推动，待汁起泡时，下肉片，迅速翻拌，淋入酥
油即成。

质量标准：色泽光亮，质地软嫩，甜咸适口，香味浓厚。

工艺关键：肉片滑油的油温，应控制在 120～150℃；上浆时，浆要叠匀并且上劲。

扒羊肉条

　　"扒羊肉条"是一道传统的清真名菜，久负盛名。"扒羊肉条"主要选用的是羊腰窝肉，其肉肥瘦相间，红白分明，又鲜又嫩，适于炖、扒、焖。此菜用扒法制成，做出的菜颜色金黄，汁明芡亮，内软烂而浓香，是清真筵席上不可缺少的一道佳品。

主　　料：羊腰窝肉 250 克。

调　　料：精盐 3 克，酱油 25 克，姜 5 克，八角 2 克，料酒 5 克，
味精 1 克，大葱 5 克，淀粉 15 克，香油 25 克。

烹饪技法：扒。

工艺流程：选料→洗净→浸漂→煮制→切配→扒制→调味→勾芡→
成菜。

制作方法：

（1）将羊腰窝肉切去边缘不整齐的部分，用凉水泡去血水，放在开
水锅中煮熟，并取出肉晾凉；肉汤留用；葱切段；姜切片。

（2）将晾凉的羊肉剥掉表面的皮，横着肉纹切成长 10 厘米的宽肉条，光面朝下，整齐地码在碗里。

（3）在炒锅里放香油 10 克，上火烧热，下大料、葱段、姜片，炸出香味后，加入酱油 10 克及煮羊
肉的汤 100 克，烧开后，倒入扒肉条碗中，将肉条上笼旺火蒸制 20 分钟。

（4）将肉条碗里的汤汁滗入炒锅（不要弄散肉条），将肉条翻个儿，盛在盘里。拣去汤汁中的大料、葱姜，
上旺火烧开，加入酱油 15 克、味精，用淀粉 30 克调稀勾芡后，倒在肉条上面，再淋上香油即成。

质量标准：色泽红润，羊肉熟烂不腻，味道浓郁。

工艺关键：羊肉一定要横着肉纹切成 10 厘米的宽肉条；勾芡不要太浓，这样会破坏肉的口感。

波斯烤羊腿

　　"波斯烤羊腿"由古城西安清真传统菜改进而成。相传最初烤羊腿始于唐代，因波斯商人在往返于"丝绸之路"的途中，常用明火烤熟羊腿充饥，后传入"丝绸之路"起点的长安饮食市肆。因所用配料有芹菜、西红柿、葱头，均系经丝绸之路从西方传入我国，所用主料、烹饪技法均与古波斯有关，故而得名。

主　　料：羊后腿 1 只。

配　　料：芹菜 200 克，西红柿 250 克，葱头 500 克。

调　　料：精盐 30 克，西红柿酱 100 克，花椒水 1 000 克，桂皮 5 克，八角 10 克，草果 2 个，生姜
50 克，羊肉汤 500 克。

烹饪技法：烤。

工艺流程：选料→腌制羊腿→调味→烤制→装盘。

制作方法：

（1）将羊腿洗净，用铁钎子均匀地戳遍小孔或用刀划些小口，置容器里，加精盐、花椒水腌制 4～6 小时。

（2）烤盘里加桂皮、八角、草果、生姜、番茄酱和羊肉汤，再放进腌过的羊腿，在羊腿上放些葱头、番茄、芹菜。待烤箱温度升至 100℃时，将烤盘推入烤箱内，每小时翻动一次，烤约 3～4 小时，汤汁烤干，羊腿即熟，取出装盘，用香菜点缀即成。

质量标准：色如红枣，形态美观，酥嫩鲜美，醇厚馨香，回味悠长。

工艺关键：主料需用 1 年左右的羯羊（小公羊经过阉割后成长）后腿；羊腿腌制时间要适宜，长则易烂，短则入味不充分；烤盘内羊肉汤量要根据羊腿大小和烤箱温度而定，最好是汤毕而同时羊腿熟。

烤全羊

"烤全羊"是蒙古族传统名菜。在《达斡尔蒙古考》中记载："餐品至尊，未有过于乌查（即烤全羊）者。""烤全羊"蒙语称"昭木"。一般选用草原膘肥、体重 40 斤左右的绵羊宰杀后，去毛带皮，腹内加葱、姜、椒、盐等佐料整体烤制而成。根据《元史》记载，12 世纪时，蒙古人"掘地为坎以燎肉"。《朴通事·柳蒸羊》记载："元代有柳蒸羊，于地作炉三尺，周围以火烧，令全通赤，用铁芭盛羊，上用柳枝盖覆土封，以熟为度。"专用烤炉，制作复杂讲究。清代蒙古的王公府第几乎都用"烤全羊"招待贵宾。清康乾年间，北京"罗王府"（即阿拉善王府）的"烤全羊"师傅蒙古族厨师嘎如迪名满京城。

主　　料：大尾白色羯羊 1 只。

调　　料：精盐 95 克，酱油 300 克，糖色 100 克，芝麻油 100 克，葱 250 克，姜 250 克，花椒、八角、小茴香各 25 克。

佐　　料：葱丝、面酱、荷叶饼。

烹饪技法：烤。

工艺流程：选料→宰杀→烫毛→打气→开膛→洗涤→上料→凉制→烤制→成菜。

制作方法：

（1）将羊颈部的动脉割断，放血后在水中烫毛、去毛，在后腿里侧，横拉一刀，打进气，刮洗净；在腹部顺开一刀口，掏出内脏，擦净膛内血污，以专用铁链将羊拴挂好。

（2）将葱、姜、花椒、八角、小茴香、精盐 75 克填入膛内；在羊腿里处用尖刀捅上洞，放入炒干碾成末的花椒、八角、小茴香、精盐，在羊皮上刷上酱油、糖色、芝麻油晾 30 分钟。

（3）将羊仰挂在用木柴烧约 3 小时的烤羊炉内，烤炉口盖上铁锅，用黄泥密封，约烤 3～4 小时至羊皮金红、焦脆，羊肉熟香即开炉取羊。

（4）将整羊卧于特制的木盘内，羊角系上红绸，抬至餐室请宾客观赏，献上哈达，随后剥羊皮剁块装盘上席，再割下肉切成厚片配以葱丝、面酱、荷叶饼上桌。

质量标准：羊形完整，羊跪在方木盘内，色泽金红，羊皮酥脆，羊肉嫩香。

工艺关键：选用 1～2 岁的内蒙古大尾白色羯羊为佳；给羊上调料时，需将调料在羊的腹内及羊腿内抹擦均匀；烤制时应控制好火候，火不宜太旺。

复习与思考

一、填空题

1."油爆双脆"是山东传统名菜。以_____和_____为原料，经刀工精心加工，沸油爆制，快速成熟，口感脆嫩滑润，清鲜爽口。

2．"芫爆"是_____传统烹饪技法之一。"芫爆里脊"由猪里脊加芫荽制作而成，故而得名。

3．"挂霜排骨"是安徽名菜。此菜_____，_____是根据白糖的结晶原理烹制的，成品外面均匀地包裹着白糖细末似霜，故名。

4．"脆炸大肠"是广东名菜，所采用烹饪技法是_____、_____、_____。

5．"回锅肉"是四川民间传统名菜，号称川菜"第一菜"，由产于巴楚盆地的_____与川西平原所产的_____合烹而成，采用典型的熟炒技法。

6．"鱼香肉丝"在选料上，猪肉要选用_____成肥、_____成瘦的。

7．"蒜泥白肉"是成都名菜。煮肉_____成熟为宜，肉片越薄越好。

8．"干煸"是川菜独特的烹饪技法。成菜具有_____、_____等风味特色。

9．"咸烧白"是四川人的叫法，是四川传统"_____"菜式之一。"咸烧白"一个重要的原料是四川宜宾产的_____。与"咸烧白"对应的，还有"甜烧白"，在北方，这道菜叫"扣肉"。

10．"扒羊肉条"是一道传统的清真名菜，久负盛名。"扒羊肉条"主要选用的是羊_____肉，其肉肥瘦相间，红白分明，又鲜又嫩，适于炖、扒、焖。

11．"铁板黑椒牛柳"是广东名菜。广东的铁板菜肴源于_____烹饪技法。

二、简答题

1．"烤乳猪"的工艺关键是什么？

2．川菜在味型变化上和其地方菜有何不同？

3．"京东菜扒羊肉"的工艺关键是什么？

4．简述河南名菜"炸紫酥肉"的制作方法。

5．"清炖蟹粉狮子头"工艺流程是什么？

6．制作"熘腰花"应注意什么问题？

7．"芫爆里脊"的制作要领是什么？

8．"大荔带把肘子"的特点是什么？

第七章 禽类名菜

 学习任务和目标

- 学习禽类名菜，了解不同地方菜肴所选原料的产地、部位和特征。
- 思考菜肴制作工艺流程，涉及的岗位。
- 按照岗位责任要求，做到安全卫生达到标准。

油泼仔鸡

"油泼仔鸡"是辽宁传统名菜，主要选用当年饲养的笋鸡（学名白腹锦鸡）。白腹锦鸡在我国古代属相当高贵的鸟，在官阶中高居二品官鸟。据说皇后（极品官）的服装是凤凰图案，其余的官服一品官是丹顶鹤，二品官是白腹锦鸡，三品官是绿孔雀，五品官是白鹇，八品官是鹌鹑，都经皇帝敕封。

野生的白腹锦鸡在 1989 被列为国家二级保护动物；1996 年，在中国濒危动物红皮书中被列为"易危"。因此，"油泼仔鸡"选用的是人工饲养的笋鸡。

主　　料：笋鸡 1 只（净重 500 克）。
调　　料：精盐 10 克，白糖 15 克，绍酒 15 克，葱丝 10 克，姜丝 10 克，酱抽 20 克，湿淀粉 30 克，花椒 2 克，味精 3 克，肉桂 3 克，大料 3 克，食用油 800 克（约耗 20 克），芝麻油 10 克。
烹饪技法：蒸、炸。
工艺流程：选料→背开→治净→腌制→蒸制→挂糊→炸制→调味→浇汁→成菜。
制作方法：
(1) 将鸡整理好，从背部开膛，除净内脏，剁去鸡嘴、爪、翅尖，用绍酒、白糖、精盐、味精、花椒、大料、肉桂等揉搓鸡身腌制，上笼蒸烂取出，控净汤汁，用淀粉调糊抹匀鸡身。
(2) 炒勺放食用油，烧至 180℃时把鸡放入勺内炸制，使外皮稍硬，将余油倒出，随即放入葱、姜丝炝锅，用酱油、白糖、味精、芝麻油和少许湿淀粉兑好汁卤，放入勺内，颠匀装盘即成。
质量标准：菜肴红中透明，酥脆脱骨，汁鲜味美。
工艺关键：鸡要蒸得酥烂，约 2 小时左右；炸制时，以外皮炸至呈黄色为度；烹制迅速，明汁亮芡。

沟帮熏鸡

"沟帮熏鸡"是辽宁传统名菜。相传清光绪二十五年（1899 年），安徽颍州府人刘世忠，逃难到辽宁沟帮子地区，开始做熏鸡买卖，人称"熏鸡刘"。他在当地老中医的指导下，在原有老汤中加入花椒、八角、生姜、白糖等调料的基础上，又增加了一些开胃助消化的中草药，如桂肉、白芷、陈皮、砂仁、草蔻，使熏鸡味更加浓香，因而闻名东北地区。1905 年，刘世忠去世后，其子接管鸡铺，继续经营。20 世纪 30 年代，沟帮子镇经营的熏鸡店发展到十几家。1942年，在刘家熏鸡铺当学徒的田子成自立门户开设了田家鸡铺，他烹制的熏鸡更有特色，风靡关外，人称"田小鸡"。新中国成立后，沟帮子镇经营熏鸡，制作精细，别具特色，驰名全国。1980年，"沟帮熏鸡"被评为辽宁省优质食品，1983年，在全国名鸡评选会上，被评为全国优质食品，与"山东德州扒鸡"齐名。

主　　料：当年新公鸡1只（约重1 500克）。
调　　料：精盐2.5克，白糖5克，芝麻油10克，味精15克，鲜姜10克，胡椒粉1克，香辣粉1克，五香粉1克，丁香、肉桂、砂仁、豆豉、白芷、山柰、陈皮、草蔻各0.5克，老汤2 000克。
烹饪技法：煮、熏。
工艺流程：宰杀→治净→整形→捆扎→卤浸→熬汤→煮制→熏制→成菜。
制作方法：
（1）将活鸡先宰杀去毛，从鸡的两膀中间下刀，取出鸡食囊，开膛取出鸡内脏，清水洗净，除净血污与杂质。再用刀背将鸡腿骨敲断，再敲打各部位肌肉（不要破坏鸡皮），使其松软，便于渗透和吸收各种调料。同时用剪刀剪断鸡胸部的软骨，然后将鸡腿交叉插入胸膛。将鸡的右翼从宰杀刀口插入口腔里，从嘴里穿出，将左翼扳回。最后，用马蔺将两腿与颈部捆扎牢固，捆扎时鸡身要直，不歪斜，肥胖丰满，投入老汤中腌渍2～3小时。
（2）先将花椒、八角、鲜姜（拍松）及草药调料（其中砂仁、香辣粉、胡椒粉用纱布袋扎严）放碗中，加入沸滚的老汤或沸水，浸泡15分钟。然后将浸泡原料连同汤汁一起倒入锅内，加精盐、味精调味，烧5分钟左右，将鸡放入烧沸后，用小火煮2小时左右（嫩鸡1小时左右，老鸡4小时左右），至鸡熟即取出。
（3）将煮熟的鸡刷一层芝麻油，放在中间带有孔洞铁箅的锅上，用旺火烧锅，待锅微红时将白糖投入锅底，盖严锅盖焖2～3分钟后揭盖，速将鸡翻一个身，再进行投糖并盖严锅熏2～3分钟即成。
质量标准：色泽枣红，肉质白嫩，浓香味鲜。
工艺关键：宰杀时，鸡血要放尽，煺毛时要注意水的温度，皮不能破；熏鸡忌用葱、蒜、红糖、酱油四类调料；煮鸡时，先旺火烧开，转小火煮熟。

清烹沙半鸡

"清烹沙半鸡"是东北传统名菜，主料选用沙半鸡，采用烹的技法，肉质鲜嫩，黄里透红，鲜咸味美，清爽可口。沙半鸡外形似鸽，喙短而微曲，上体沙棕色，并夹有黑色斑纹，体长约40厘米，重约250克，故称沙半鸡。肉可入药，甘平无毒，补中益气，暖胃健脾，可用于中寒泄泻、气虚脱肛、女子崩漏等症。

主　　料：沙半鸡1只。
调　　料：精盐5克，绍酒15克，味精2克，酱油15克，米醋10克，鸡蛋1个，姜丝10克，面粉50克，葱10克，蒜丝5克，芝麻油10克，熟猪油500克（约耗50克）。
烹饪技法：炸、烹。
工艺流程：选料→治净→切配→腌渍→挂糊→炸制→烹制→调味→成菜。
制作方法：
（1）将沙半鸡剥去皮，摘除鸡嗉囊和内脏，洗去污血，剁成约1厘米宽、3厘米长的块装碗，加酱油、精盐腌渍12小时。
（2）炒勺置于旺火上，烧热加入熟猪油500克，烧至180℃，速将腌渍的沙半鸡块加鸡蛋抓匀，撒干面粉，放油勺内炸成红黄色，外焦里嫩时，倒漏勺控去余油。
（3）用小碗加米醋、味精、酱油、绍酒兑成红色的清汁待用。
（4）原勺加底油，放入葱、姜、蒜，然后倒入沙半鸡块，连同兑制的清汁烹炒，点芝麻油装盘即成。
质量标准：肉质鲜嫩，黄里透红，鲜咸味美，清爽可口。
工艺关键：旺火热油，迅速炸黄；汤汁不宜过多，紧包主料。

飞龙汤

"飞龙汤"是黑龙江传统名菜。在东北民间，曾有"天上龙肉，地上驴肉"的说法。所谓龙肉，是指盛产于兴安岭山林中的一种体形较小的飞禽——榛鸡肉。相传其为受过封的一种专给皇帝进贡的山珍，故名飞龙，因肉质细嫩，味道鲜美，早在14世纪就闻名于世。

主　　料：飞龙2只。
配　　料：香菇50克，鲜笋片25克，火腿片25克，油菜心30克，熟猪肉5克。
调　　料：精盐5克，绍酒15克，蛋清1只，味精2克，鸡汤750克。
烹饪技法：蒸、炖。
工艺流程：宰杀→治净→切配→上浆→焯水→配料切片→汆水→加汤调味→撇沫→装碗。
制作方法：
（1）将飞龙宰杀后，去毛、去内脏洗净，去骨，净肉切成小片；加精盐、酒、蛋清、淀粉拌匀，入沸水汆后捞出，沥干水分；香菇切成片。
（2）将飞龙骨架放入鸡汤中，上锅蒸20分钟取出；香菇、笋用开水略焯后取出。
（3）锅中加鸡汤500克和清水250克，烧沸后，将飞龙肉片和笋、香菇等一起下锅，加精盐、绍酒，再烧开，撇去浮沫，倒入汤碗内，淋少许猪油即成。
质量标准：汤清见底，汤中红、白、绿、黑四色相间，味鲜咸。
工艺关键：飞龙肉开水逐片下锅，见肉色变白捞出；汤不要大开，否则汤混。

鸡豆花

"鸡豆花"是一道制作极为精细的工艺菜肴，在四川道佛宫观，"香积厨"有"吃鸡就似鸡"、"吃肉就似肉"的烹饪技艺。在四川餐馆，则反其道而行之，来一个"吃鸡不见鸡"、"吃肉不见肉"，将荤料制成素形，即人们所谓的"以荤托素"。"鸡豆花"就是以荤托素的代表菜。

主　　料：鸡脯肉125克。
配　　料：火腿10克，豌豆苗5克。
调　　料：川盐4克，味精1克，胡椒粉1克，蛋清100克，淀粉20克，特制清汤1500克。

烹饪技法：冲。
工艺流程：选料→制茸→冲→成菜。
制作方法：
（1）将母鸡脯肉用刀背捶成茸，去筋络后装入碗内，加清冷汤澥散，再加鸡蛋清、水淀粉、川盐、味精、胡椒粉等和匀。
（2）炒锅洗净后，放清汤烧沸，将鸡茸浆倒入搅匀，转小火煨，待渐渐凝聚成豆花状时，将余熟的豌豆苗置于汤碗中，再将鸡豆花舀在菜心上，最后将清汤轻轻注入，撒上熟火腿末即成。
质量标准：形似豆花，质地滑嫩，汤清肉白。
工艺关键：要制好鸡豆花，必须选用老母鸡的脯肉，捶茸要精细；豌豆苗其点缀不宜多，用汤、蛋清、水淀粉和精盐比例要恰当；冲豆花时要掌握好火候，保持豆花不走形。

脆香双雉喜相会

"脆香双雉喜相会"是吉林山珍宴中的八道热菜之一。其主料选用长白山特产沙半鸡、鹌鹑、黄瓜香、大红松子仁，采用纸包炸、酥炸、卷包炸的技法制成。"长白山珍宴"是吉林省风味名宴，集长白山山珍野味的精华与名贵的滋补药材为一席，由1个冷拼、8味美碟、8

道热菜、1道汤、2道点心、1道时令鲜果构成。早在1981年10月，吉林省烹饪技术表演团赶香港表演时，"长白山珍宴"一举声名大振，20多家媒体竞相报道，盛赞其是"进补与美食的结合"，"出色的厨艺，科学的配膳"。1985年10月，吉林省烹饪代表团赴美国费城表演，"长白山珍宴"再次受到青睐。如今，"长白山珍宴"已香飘四海，饮誉五洲，使中外宾客饱享口福，成为闻名中外的名宴。

主　　料：沙半鸡肉150克，鹌鹑肉125克，盐渍黄瓜香100克，大红松子仁100克。
配　　料：火腿片20克，大虾50克，猪肥膘肉30克，玻璃纸12张，面包渣50克，红樱桃4粒，鸡蛋150克，蛋清50克，香菜叶20克。
调　　料：精盐15克，绍酒30克，葱末15克，姜末15克，面粉50克，湿淀粉30克，胡椒粉10克，豆油1000克，蚝油15克，芝麻油15克。
烹饪技法：炸。
工艺流程：选料→切配→码味→分档→包制→鹌鹑肉剁碎→制馅→挤成丸子→粘松子→黄瓜香与虾肉、肥膘肉制泥→摊蛋皮→卷泥子→拖蛋滚面包渣→油炸→装盘。
制作方法：
（1）将沙半鸡肉去掉白筋，片成薄抹刀片，放在碗中加入绍酒、蚝油、芝麻油、葱姜末、胡椒粉、味精、精盐拌匀，然后分成12份，用玻璃纸包成长方形。
（2）把鹌鹑肉去掉白筋，加入猪肥膘肉一起砸成泥，放在碗中加葱姜末、鸡汤、蛋清、湿淀粉、精盐、味精搅好备用。将松子仁用开水泡5分钟，去掉皮，再把搅好的泥挤成12个丸子粘上松子仁，做成"松塔形"备用。
（3）将盐渍黄瓜香用凉水泡出咸味后，挤干水分切成3厘米长的段，放在碗中。大虾肉与猪肥膘肉一起砸成泥，调成较稀的黏糊，加入黄瓜香、精盐、味精、绍酒、花椒油和匀。用鸡蛋摊成薄蛋皮，再把蛋皮切成两半，分别放上调好的泥子卷成扦子状，封好口粘上面粉，拖上蛋液，粘匀面包渣备用。
（4）炒勺置旺火上，放入清油，烧至150℃时，将黄瓜香制成的扦子放入油中，炸成金黄色时捞出，斜切成12段，尖角朝外摆在盘内外圈，四角相对，每组3块。
（5）将制成的"松塔"下勺炸好取出，间隔地摆在盘内。纸包沙半鸡用温油炸好，取出摆在盘中间即成。
质量标准：造型优美，色泽金黄，酥脆可口。
工艺关键：纸包沙半鸡在炸制时，要掌握好油温；"炸松塔"时，要将松仁按实，以免炸时脱粒；黄瓜香扦子，先拍干淀粉，再拖蛋液，最后粘匀面包渣，用手拍紧。

铃钟鸡

"铃钟鸡"是山西风味菜肴中有名的清汤菜。"铃钟鸡"因菜不见鸡，食有其味，形如铃钟而得名。

主　　料：净鸡脯肉100克。
配　　料：水发冬菇15克，玉兰片15克，猪肥膘75克，黄瓜25克，蛋清100克，老蛋糕15克，精白面粉15克，火腿15克。
调　　料：精盐3克，绍酒10克，味精1克，熟猪油110克，胡椒粉0.5克，鸡清汤500克。
烹饪技法：蒸。
工艺流程：选料→制茸→切配→定型→蒸制→调味→成菜。
制作方法：
（1）鸡脯肉去筋皮，与肥膘分别砸成细泥，放在一起加入精盐2克、胡椒粉、味精0.5克、料酒5克搅拌均匀，再分数十次搅打进蛋清、熟猪油100克，最后加入面粉调匀制成嫩鸡茸；把玉兰片、火腿、冬菇、老蛋糕、黄瓜（只取皮）分别切成1厘米大的象眼片。
（2）取高脚酒盅12只，盅内先抹上薄薄的一层大油，再把玉兰片、黄瓜片、冬菇片、火腿片、蛋糕片拼摆在盅内，拼成一个色泽间隔的几何图案。将鸡泥茸抹入盅内，上笼用小汽蒸6分钟，熟后逐个扣在一个大圆盘内去掉酒盅。清汤上火，下入精盐、味精、料酒烧开灌入汤盘即成。

质量标准：鸡鲜味浓，汤清色艳，软嫩细腻，回味咸鲜，芳香四溢。
工艺关键：此菜的关键在于制好泥茸料，鸡茸按质地可分硬、软、嫩三种。"铃钟鸡"选用嫩鸡茸，
方法是往鸡泥中加进了一倍量的熟猪油和一倍量的蛋清，使鸡泥成茸变嫩；操作时要像
澥麻酱一样，一点点地把熟猪油和蛋清逐步交替加入，先少后多、先慢后快打进鸡泥中，
并要注意顺一个方向搅拌，打好的泥茸以不反油、不澥劲、细腻白净、嫩而能立者为佳；
蒸制时要用中火小汽，不能蒸得时间过长，一熟即可；如火力不好掌握，可用"虚盖锅"
的方法蒸制。

酱瓜熘山鸡片

"酱瓜熘山鸡片"是山西风味菜中较有名的野味菜肴，选新鲜的山鸡，取下脯肉，洗净改
刀。冷水浸漂原料使鸡肉变白，去净血污，同时除去酱瓜的部分咸味。

主　　料：山鸡脯肉100克。
调　　料：山西酱瓜50克，白糖25克，绍酒20克，蛋清1只，植物油500克，葱丝15克，湿淀粉
　　　　　25克，姜丝10克，香油10克，酱油15克，高汤150克。
烹饪技法：熘。
工艺流程：选料→切配→浸漂→腌制→上浆→滑油→熘制→调味→成菜。
制作方法：
（1）鸡脯肉与酱瓜分别切成车箭条形，在冷水里泡15分钟，捞出用净布揾干水分，脯肉加酱油5克、
　　　蛋清适量、湿淀粉10克，上浆腌制5分钟。
（2）油锅上火，烧至150℃时下入鸡条和酱瓜条滑油，沥出油脂；用酱油、料酒、高汤、白糖、湿淀
　　　粉兑成碗芡。
（3）炒锅置旺火，加入底油25克，下入葱、姜丝，稍炒扣入滑过油的脯肉、瓜条，对入碗芡翻炒匀
　　　透，打明油出勺。
质量标准：色泽浅黄，甜咸香肥，酱味浓郁，口感软嫩而清脆。
工艺关键：山鸡的脯肉，非常肥厚发达，鲜香美味，远比家禽高出一筹；与色泽鲜亮、甜咸适口的
　　　　　酱瓜同熘，是山西风味菜肴中一道佐餐的珍品。

山西熏鸡

"山西熏鸡"为太原"六味斋"的传统名菜，该店以选料精、做工细、风味醇正而闻名，
富有地方特色。

主　　料：肥鸡1000克。
调　　料：精盐25克，大茴香5克，葱段25克，姜片10克，花椒5克，蒜5克，卤汤2500克。
熏　　料：锯木屑。
烹饪技法：卤、熏。
工艺流程：选料→治净→浸漂→浸煮→卤制→熏制→成菜。
制作方法：
（1）将鸡宰杀，拔去羽毛，放尽血水，去掉五脏，洗净，用清水浸泡5～6小时，取出沥干水分待用。
（2）取一铁锅，倒入卤汤中烧沸，将鸡放入卤汤内浸煮5分钟后捞出，用清水洗净，再放入老卤中
　　　浸煮，将大茴香、花椒用洁布包好和蒜、葱、姜、精盐一并放入卤汤中，卤制半小时。
（3）将鸡从卤汤中捞出，用铁钎在鸡脯、鸡腿上刺上几个放气孔，沸煮片刻，后改小火卤约3个小
　　　时取出。沥干水分待用。
（4）取一铁锅，锅内下锯木屑，并放入一铁算子，当铁锅置火上烧起烟后，将鸡放在算子上熏3～5
　　　分钟即可。
质量标准：颜色红润，鲜嫩香郁，风味独特。
工艺关键：煮鸡时，要不断地翻动，使鸡受热均匀，成熟一致；用锯木屑烟熏时，火力不可太大，
　　　　　否则锯木屑易起火，影响其风味。

捶鸡片

"捶鸡片"是山西名菜。"吃鸡不见，芙蓉好看，滑嫩爽口，再碰杯酒"，这是食客对"捶鸡片"的赞誉。此菜将鸡脯捶薄，配以冬笋、银耳余制而成，素以选料精、做功细、火候巧、配色好而著称。

主　　料：鸡脯肉 400 克。
配　　料：冬笋片 20 克，水发银耳 25 克。
调　　料：精盐 5 克，绍酒 25 克，熟猪油 25 克，姜末 10 克，葱 10 根，味精 1 克，白菱粉 200 克。
烹饪技法：余、炒。
工艺流程：选料→切配→漂洗→余制→炒制→调味→成菜。
制作方法：
(1) 将鸡脯肉切成 1.5 厘米见方的丁，用清水拔净血色捞出，案板上铺菱角粉，将鸡脯丁放在粉上用小擀杖轻、慢、均匀地捶成薄片，捶完后抖净粉面，用开水余至断生捞出；葱切成马蹄形。
(2) 炒锅置中火，下猪油烧 150℃时，入姜末、葱、冬笋片、银耳炒出香味后加入余好的鸡片，烹入绍酒、精盐颠翻均匀，加入味精，翻炒两下出锅装盘即成。
质量标准：色泽素雅，质地鲜嫩，清鲜滑嫩。
工艺关键：先余后炒，动作迅速，一气呵成，洁白素雅，不可用有色调味品。

津梨鸡丝

"津梨鸡丝"是天津名菜。梨，古称为"百果之宗"，有较高的营养成分和药用功效。天津鸭梨皮薄肉细，质地脆嫩，汁多无渣，香甜爽口，是我国梨中的优良品种之一，在国际市场享有盛名。以其作为烹饪原料，李时珍认为有"生清六腑之热，熟滋五脏之阴"的功能。此菜至今已有近百年历史。其烹制独出心裁，将鸭梨切成细丝与鸡丝合炒，是"随园酒家"特级烹调师崔连会的特色菜。

主　　料：净鸡脯肉 300 克，净天津鸭梨 175 克。
调　　料：精盐 2 克，味精 1 克，姜汁 3 克，葱末 1 克，姜末 0.5 克，鸡蛋清 1 个半，湿淀粉 25 克，花生油 750 克（约耗 35 克）。
烹饪技法：滑炒。
工艺流程：选料→切配→上浆→滑油→炒制→调味→成菜。
制作方法：
(1) 将鸡脯肉片成薄片，切成长 5 厘米的细丝，加精盐 0.5 克、鸡蛋清、湿淀粉抓匀；另将鸭梨去皮、核，片成薄片，切成长 4.5 厘米的丝，用净湿毛巾盖上，防止变色。
(2) 炒锅置中火上，注入花生油烧至 120℃，下入鸡丝划散，倒入漏勺沥油。
(3) 原锅上旺火，放花生油 10 克烧至 160℃，下葱末、姜末爆香，加入鸡丝、梨丝，边颠炒边倒入以姜汁、精盐、味精兑成的汁，翻炒均匀即成。
质量标准：成菜后两色皆白，清汁无芡，鸡丝鲜嫩，梨丝甜脆，咸甜交合，清心润燥。
工艺关键：切丝、上浆均匀；滑油时防止粘连；掌握好碗芡调配的比例。

德州五香脱骨扒鸡

"德州五香脱骨扒鸡"是山东省德州市的传统名肴，由德州老店"宝兰斋饭庄"创制，后经"德顺斋烧鸡店"的老板韩世公反复研制，不断实践，于 1911 年研制成功，至今已有 90

多年。他们总结了几百年做鸡的经验，做到了工艺精、配料全、焖得烂、脱骨头、香味足，于 1956 年在全国食品展销会上被评为一等奖，于 1981 年分别被商业部和山东省评为优质食品，于 1983 年被评为全国五大名牌鸡之一。

主　　料：净雏鸡 500 克。
调　　料：精盐 25 克，姜 5 克，桂皮 5 克，丁香 5 克，花椒 5 克，陈皮 5 克，砂仁 0.5 克，口蘑 10 克，酱油 250 克，饴糖 50 克，草果 0.5 克，白芷 0.3 克，花生油 2 500 克。
烹饪技法：炸、卤。
工艺流程：选料→宰杀→洗净→挂饴糖水→炸制→卤制→成菜。
制作方法：
（1）在活鸡的颈部横割一刀，将血放净，用 60～70℃的热水冲烫，去净羽毛，剥掉脚上的老皮，在肛门处横开 3 厘米长的刀口，取出内脏并将肛门割去，用清水洗净；将鸡左翅从颈下刀口处插入，使鸡翅由嘴内侧伸出，别在鸡背上，再将鸡右翅也别在鸡背上；将鸡腿用刀背砸断并将鸡爪交叉塞入腹内，晾干。
（2）饴糖加清水 50 克调匀，均匀地涂在鸡身上。锅内放入花生油，上中火烧至 200℃时，将鸡放入油锅，炸至金黄捞出，沥干油。
（3）锅内放入炸好的鸡，加清水以没过鸡为准，调料研碎用布包好，与口蘑、酱油、精盐、生姜一并放入锅内，用筷子将鸡压住，上大火烧沸，滗去锅内浮沫，移至小火上卤制，将鸡煮至酥烂时即可。捞鸡时切勿将鸡皮损坏，以免影响外形美观。
质量标准：色泽金黄，表皮光亮，肉质酥烂，香味扑鼻热时，手提鸡骨一抖，骨肉自然分离。该菜凉食热食均可。冷食风味尤佳。
工艺关键：煮鸡时，大火烧开后移至小火，并保持卤汤微滚的程度，火候不宜过大，否则就会将鸡煮成烂泥，成形不佳；烫毛时，水温是关键；一锅卤多只鸡时，选择鸡的老嫩程度要基本相同，否则嫩鸡已酥烂，而老鸡火候不足会影响其风味。

干烹仔鸡

"干烹仔鸡"是山东名菜。此菜最好选用当年生长的小鸡，刀工加工时，要剔净鸡肉中的骨头，以防影响菜肴的质量和口感。

主　　料：鸡肉 400 克。
配　　料：大白菜 150 克。
调　　料：精盐 3 克，酱油 5 克，醋 2 克，白砂糖 2 克，味精 2 克，大葱 10 克，姜 2 克，豌豆淀粉 45 克，花生油 100 克，香油 5 克。
烹饪技法：炸、烹。
工艺流程：选料→切配→腌制→上浆→炸制→烹制→调味→成菜。
制作方法：
（1）将鸡肉（选用嫩鸡肉）切成 2 厘米见方的块状，放入碗内，用精盐 3 克、白糖、味精腌制 5～10 分钟后，挂淀粉浆；大白菜洗净下沸水锅内焯后捞出沥干，用牛肉汤 40 克煨熟后放精盐 3 克定味；淀粉加水适量搅匀成湿淀粉待用；葱切成马耳形；姜切末；牛肉汤 10 克、酱油、醋盛入小碗中对匀。
（2）炒锅上旺火，热锅注入花生油烧至 160℃时，将蘸匀淀粉的鸡肉下锅内炸至金黄色捞出。炒锅内留油 5 克，放入葱姜，煸炒出香味，放入炸好的鸡块，随即烹入兑好的调料，颠翻均匀，淋香油即可出锅。
（3）将煨好的大白菜，呈放射形围在盘子边上，烹好的鸡块盛入盘中，即可上桌。
质量标准：滑润酥香，鲜脆爽口，色泽明亮。
工艺关键：选用当年的仔鸡；正确掌握腌制调味料的比例；上浆要均匀；烹制速度要快。

白玉鸡脯

"白玉鸡脯"是河北传统名菜。此菜源于历史文化名城保定，由清末保定名厨所创。因其选料考究、制作精细而长期流行于保定及其周边地区。20世纪50年代，河北各地相继将此菜引入，并在用料及制作上不断改进，使其色泽更加和谐，质地更加细腻，味道更加鲜美。"白玉鸡脯"现有两种制法：一种是河北省1983年参加全国烹饪鉴定会的制法，即主料经刀工处理后，采用沸水氽熟；另一种则是传统做法，即主料经刀工处理后，放入油锅中滑熟。两种制法各具特色且有异曲同工之妙，这里介绍的是传统制法。

主　　料：鸡脯肉100克。
调　　料：精盐2.5克，白糖0.5克，味精15克，姜末3克，葱末10克，豌豆苗15克，鸡蛋清6个，清汤100克，湿淀粉10克，熟猪油500克（约耗20克），清油150克。
烹饪技法：烧。
工艺流程：选料→制茸→滑油→氽制→烧制→调味→勾芡→成菜。
制作方法：
（1）鸡脯肉去净筋膜，放在垫有鲜肉皮的砧板上用刀背、刀刃反复排斩成细泥，然后放入大碗内，分次加入清汤、鸡蛋清4个搅匀，另用熟猪油50克、味精、精盐和鸡蛋清2个抽打成泡状，也加入到碗内的鸡泥中，随后顺一个方向搅打成茸。
（2）炒锅洗净上中火，下熟猪油450克，烧至90℃时，将调好的鸡泥用手勺逐片舀入锅内，视鸡茸定形后迅速翻面，待鸡泥片两面都熟后，捞出，再投入沸水锅中氽一下捞出。
（3）炒锅再置旺火，加入熟猪油，用姜末、葱末炝锅后，掺入清汤，调入精盐、白糖、味精，投入鸡泥片烧透，撒入豌豆苗，用湿淀粉勾薄芡，再淋入明油少许，起锅装盘即成。
质量标准：造型美观、色白如玉、质地细嫩、清香适口。
工艺关键：原料选择必须质地新鲜，色泽纯正；熟猪油应使用新炼出的；为防止砧板上的木屑混入鸡脯肉里，在砧板上垫一块鲜肉皮；鸡泥斩得越细越好；调制鸡茸时应顺一个方向搅打，不可来回搅打；鸡蛋清应分三次加入，最后一次加入前，应将其先抽成蛋泡状，这样方可使成菜更加洁白细腻。

芙蓉鸡片

"芙蓉鸡片"是扬州名菜。此菜是在清代"芙蓉鸡"、"芙蓉蛋"的基础上发展而来的。它是将鸡脯肉制成泥，加入发蛋等调制成胶状，行语称"缔子"。用油加热成柳叶形状，因色白如芙蓉而得名。照此方法可做成"芙蓉鱼片"、"芙蓉虾片"。

主　　料：鸡脯肉100克。
配　　料：熟火腿5克，水发冬菇10克、豌豆苗15克、猪肥肉膘25克。
调　　料：精盐4克，黄酒5克，味精1克，葱姜汁10克，鸡清汤100克，水淀粉10克，色拉油750克（约耗70克）。

烹饪技法：滑、熘。
工艺流程：治净鸡脯肉→制鸡胶→加工辅料成形→鸡片成形与预熟→滑炒→勾芡→装盘。

制作方法：
（1）鸡脯肉入清水泡白，剔去白筋，猪肥肉膘切成粒，一同放入搅拌器搅成细泥。然后放入盛器内，先加入少许鸡清汤，再放入精盐，顺着一个方向搅上劲，鸡蛋清搅打成发蛋，加入鸡肉中搅匀，最后再加入水淀粉、黄酒、味精搅成鸡胶；火腿、冬菇切成片。
（2）再将清汤50克、精盐、味精、黄酒、水淀粉兑成汁备用。

（3）锅内放入色拉油，油温烧至80℃时、用手勺将鸡胶剜成柳叶片入油内，慢慢加热，待鸡片浮至油面时捞出，沥油。

（4）炒锅内留油少许，置火上烧热，放入豌豆苗、火腿、冬菇略炒，随即放入鸡片，倒上兑好的汁，淋油，颠翻均匀出锅即成。

质量标准：洁白如芙蓉，形态饱满，鲜嫩滑爽，色泽雅丽。

工艺关键：搅打发蛋，必须顺一个方向，中途不能停，一气呵成；鸡胶要搅上劲，不能过稠或过稀；鸡片入油中加热时要用炒勺轻轻推动，使鸡片受热均匀；倒入兑汁芡后，不要乱搅，再用手勺轻轻推搅、颠翻，注意不要把鸡片推烂，明汁亮芡，保持片形完整。

清汤越鸡

"清汤越鸡"是浙江名菜。绍兴在春秋时期为越国的国都，越王台就建于卧龙山（今府山）的东侧。相传在越王宫内，原先养有一批花鸡，专供帝王后妃观赏玩乐。后来此鸡外流民间，经过当地百姓精心饲养，纯种繁殖，成为优良的食用鸡种，被称为"越鸡"，民间多用它清炖而食，成为古城的传统特色菜。

主　　料：活嫩越鸡1只（约重1250克）。

配　　料：熟火腿片25克，熟笋片25克，水发香菇3朵，青菜心3颗。

调　　料：精盐1.5克，黄酒25克，味精2.5克。

烹饪技法：炖、蒸。

工艺流程：宰杀鸡→治净→焯水→洗净→入砂锅→炖制→调味→蒸制→放熟菜心→成菜。

制作方法：

（1）鸡宰杀、褪毛，洗净，初步处理，在背部离臀尖3.5厘米处开一小口，掏出内脏，洗净，焯水，取出，洗净。

（2）取大砂锅一只，用竹箅垫底，放入鸡，舀入清水2500克，加盖，用旺火烧沸，撇去浮沫，炖1小时，捞出，放入品锅内（背朝下），加入原汁，把火腿片、笋片、香菇排列于鸡身上，加精盐、黄酒、味精、加盖，蒸约30分钟，取出，青菜心焯熟，放在砂锅内，即成。

质量标准：肉质细嫩，鸡骨松脆，汤清味美，造型美观。

工艺关键：选择嫩鸡，以突出鸡的鲜美；鸡背开取内脏，开口要小，成菜造型美观；因长时间加热，砂锅内要用竹箅垫底，以防鸡粘锅；蒸鸡时，汽要足。

八宝鸡

"八宝鸡"是上海名菜。中国菜的命名常用数字来表示，"八宝"是指8种或8种以上原料，一般作馅料，起增味增香作用。此菜是在鸡腹内填入火鸡肫、干贝、虾仁、莲子、香菇、冬笋、青豆等8种辅料，经过蒸制而成，各种酿料相互渗透，含有多种美味，香醇异常。

主　　料：肥嫩光鸡1000克。

配　　料：水发冬菇150克，净笋75克，鸡肫丁20克，火腿丁50克，栗子丁100克，青豆10克，上浆虾仁50克，水发莲心20克。

调　　料：精盐1克，黄酒10克，白糖5克，味精2克，酱油35克，湿淀粉35克，肉清汤100克，色拉油100克。

烹饪技法：蒸。

工艺流程：整鸡出骨→治净→上色→加工配料→制馅→馅心入鸡肚内→蒸制→熘熟虾仁→加配料制卤汁→装盘→浇汁。

制作方法：

（1）光鸡用刀在鸡右肋处剖开，挖去内脏，洗净血水，随后斩去鸡脚，敲断腿骨，将鸡退拨转，抽出腿骨，鸡头斩成两片，再在鸡嗉处斩断颈骨，在鸡胸膛内三叉骨处斩一刀，抽出胸骨，放在

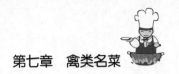

开水锅内烫一下，排出血污，紧缩鸡皮，再洗净，在鸡皮上涂酱油10克上色，将鸡胸朝下放入碗内。

（2）冬菇洗择干净，切成丁、丝各半。生笋2/3切成丁，其余切成片。取碗1只，放入冬菇片、笋片、肉丁、火腿丁、栗子丁、鸡肫丁、莲心、糯米饭、绍酒、白糖、酱油15克、味精1克、肉清汤拌匀成馅，放入鸡肚内，把鸡头、颈、脚放在馅心上面，成八宝鸡坯。

（3）八宝鸡坯上笼火用旺火蒸3小时至酥烂。

（4）炒锅置旺火上烧热，用油滑锅后倒出，放入色拉油烧到120℃时，放入虾仁过油滑熟倒入漏勺沥油。锅里留余油10克，放入笋片、香菇片、酱油、蒸鸡的原汁烧开后，放入虾仁、青豆，接着用湿淀粉勾芡，再放入色拉油，推匀，将蒸熟的鸡，翻扣在大盆里，浇上卤汁即成。

质量标准：色泽红亮，鸡肉酥烂，香糯肥鲜，造型美观。

工艺关键：鸡初加工为整鸡出骨，应出净骨，并保证皮肉完整；掌握蒸制时间，保证鸡肉酥烂；芡汁应均匀地浇在鸡上，光泽明亮。

石耳炖鸡

"石耳炖鸡"是安徽名菜。石耳属地衣类植物，生长在高山背阴处，形、色颇似黑木耳。李时珍的《本草纲目》中有"石耳性甘平无毒、能明目益精"、"作羹饷食，最为珍品"的记载。据有关医学资料介绍，石耳中所含的地衣多糖，具有极强的抗癌活性；地衣中的多糖溶于水，其热水浸出物药效佳，故石耳常用于烧、炖菜肴中。

主　　料：净母鸡1只（约重1000克）。

配　　料：石耳50克，火腿骨5克。

调　　料：小葱15克，姜15克，精盐5克，黄酒15克，熟猪油25克。

烹饪技法：炖。

工艺流程：浸泡石耳→洗净→切配→烧至入味。
　　　　　　治净鸡子→焯水→炖鸡→入石耳炖→调味→成菜。

制作方法：

（1）石耳用温水泡开，搓洗干净，冷水浸泡五六次，洗尽黑水和细沙，切成象眼片，放入锅内，加清水500克，精盐0.5克，黄酒5克，葱、姜（拍松）各5克，在中火上烧开后捞出装入碗里。

（2）鸡入锅内，焯水，捞出，洗净。然后将鸡、火腿骨、葱（打结）、姜一起放入砂锅内，加黄酒10克和清水，用旺火烧开，炖至刚刚烂时，捞出火腿骨，拣去葱、姜，再将石耳放入砂锅里，加精盐，炖至鸡酥烂即成。

质量标准：鸡肉酥烂，石耳酥软，汤清味鲜，气味芳香。

工艺关键：石耳有泥沙，应反复搓洗干净；煮石耳的水和葱姜不用；鸡入锅内的加水量以淹没鸡为度；石耳要后下锅，保证其酥而不烂。

三杯鸡

"三杯鸡"是江西名菜，用仔鸡与食油、米酒、酱油各一杯炖制而成。相传南宋末期，抗元将领文天祥带领义军转战江西、福建、广东一带，因战争失败不幸被俘。去监狱探望文天祥的一位老太太在狱吏的帮助下，在狱中做成"三杯鸡"送给文天祥。文天祥就义后，狱吏回到江西，每年都在文天祥就义之日制作"三杯鸡"来祭奠这位民族英雄。

主　　料：嫩仔鸡1只（重约1000克）。

调　　料：酱油、小磨芝麻油、米酒各80克，葱10克，姜20克。

烹饪技法：焖。

工艺流程：宰杀鸡子→治净→刀工处理→焯水洗净→加三杯调料、葱姜焖制→上桌。

制作技法：

（1）嫩仔鸡宰杀，去毛和内脏，洗净，剁成 1.5 厘米见方的块，连同鸡肫、肝一起焯水，出锅洗净。

（2）鸡料放入砂锅内，同时用容量 80 克左右的杯盏量入酱油、食油、米酒各一杯，放上姜块、葱白段，用微火烧沸，焖制 1 小时，至卤汁收浓即成。拣去葱、姜，上桌。

质量标准：鸡块金黄，口味醇厚，香酥不腻，原汁原味。

工艺关键：鸡应挑选肉质滑嫩、骨软、味鲜的三黄鸡；用微火焖制，约 10 分钟时翻动一次，以防焖糊，盖子不宜多开；掌握好火候和调料的比例，按顺序投料。

清炖武山鸡

"清炖武山鸡"是江西名菜，选用地方特产武山鸡加水清炖而成。明代医药学家李时珍的《本草纲目》记载："乌骨鸡甘平无毒，起补阴补肾，益助阳气，益产妇，治女人崩中带下，消渴中恶，治心腹痛。"此菜突出鸡的原味，加水经文火炖制，能有效地保留其营养成分，便于消化吸收且味鲜肉嫩。

主　　料：武山鸡 1 只 750 克。

调　　料：精盐 7 克，黄酒 15 克，葱 10 克，姜 20 克。

烹饪技法：炖。

工艺流程：宰杀鸡子→治净→开膛→清洗→焯水→炖制→调味→成菜。

制作技法：

（1）鸡宰杀，从翅膀下开一小口，去除内脏，治净，焯水，洗净。

（2）鸡头、鸡腹朝上，放入砂锅，加清水 750 克，旺火烧开，撇去浮沫，加黄酒、葱、姜，加盖密封，用文火炖 1 小时至酥烂，加精盐调味，稍炖即成，上桌。

质量标准：汤清味醇，鸡肉酥烂，滋补健身，乃食疗佳肴。

工艺关键：在鸡的挑选上，应选当年的武山鸡，肉嫩味鲜；鸡开膛方式是肋开，成菜后鸡的形态饱满；用文火炖，在炖至酥烂后加入精盐，使鸡中鲜味物质充分溶出，鸡肉酥烂。

鸡茸金丝笋

"鸡茸金丝笋"是福建名菜，是福州满汉全席中的上品。此菜在清代官场中享有很高的声誉，后经福州"三友斋"创建人郑春发与名厨陈水妹发掘、改进后流传至今。此菜以精湛的刀工和绝妙的烹调技艺著称，细如金丝的冬笋丝与鸡茸蛋糊融为一体，乘热而食，香气扑鼻，味尤美，让人称绝。

主　　料：净鸡脯肉 125 克，净冬笋 250 克。

配　　料：猪肥膘肉 75 克，熟火腿末 5 克，鸡蛋 3 个。

调　　料：精盐 1.5 克，味精 5 克，湿淀粉 10 克，鸡汤 250 克，上汤 250 克，熟鸡油 100 克，色拉油 500 克（约耗 50 克）。

烹饪技法：炸、煮、炒。

工艺流程：冬笋焯水→煮制→切丝→调蛋液鸡茸糊→炸金丝笋→上汤煮金丝笋→鸡汤煮金丝笋→炒金丝笋鸡茸蛋糊→装盘→撒火腿末。

制作方法：

（1）冬笋焯水，换清水再煮 15 分钟捞出，切成 5 厘米长的细丝；鸡脯肉、猪肥膘肉用刀背分别剁成细茸，一并放在碗里；鸡蛋液搅散，与精盐、味精、湿淀粉一起放入鸡肉茸中，搅匀，拌成鸡茸蛋糊。

（2）油锅烧至 140℃时，下入金丝笋，炸 3 分钟，倒进漏勺沥去油。

（3）炒锅回放微火上，加入上汤，放入笋丝稍煮，用铁勺搅开捞出，倒去汤，锅内加入鸡汤，放入金丝笋，加熟鸡油 25 克煮 20 分钟，待鸡汤大部分被金丝笋所吸干时，起锅装碗，稍凉，加入

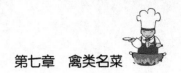

鸡茸蛋糊中，轻轻拌匀。

（4）炒锅置旺火上，加熟鸡油75克烧至100℃时，将拌好的鸡茸金丝笋糊入锅，转微火速炒3分钟起锅，装入盘中，撒上火腿末即成。

质量标准：呈金黄色，鸡茸松软，笋丝嫩脆，鲜润爽口。

工艺关键：冬笋切成的细丝细如金丝为好；炸金丝笋用小火；鸡蛋液放入鸡肉茸中要充分搅匀，成菜细腻和润；鸡茸金丝笋糊入锅，应迅即提锅移至微火炒，保证成菜细嫩，食时不拖油带水。

炸八块

"炸八块"又名"八块鸡"，是河南名菜。因"干搂炸酱不要芡，一只鸡子剁八块"的响堂报菜语而来。相传清乾隆皇帝巡视河道驻跸开封时曾领略过它的风味，至今已有200年的历史。19世纪20年代，开封市"又一新饭店"的烹调师刘庚莲等人对此菜加以改进。

主　　料：净仔鸡1只（约重750克）。

调　　料：精盐5克，绍酒10克，酱油15克，姜汁10克，花椒盐10克，辣酱油20克，花生油1 000克（约耗100克）。

烹饪技法：炸。

工艺流程：选料→洗净→切配→腌制→炸制→顿火→再炸制→装盘→外带调味料上桌。

制作过程：

（1）将经过初步加工的仔鸡洗净，去头颈和内脏。将鸡身一破两开。左手拿住鸡爪骨，鸡皮向下，右手用刀尖由元骨下面下刀，顺着腿骨划开，再从二节骨下面截断掀起，使其骨离肉但不去掉，把肉剁断，再由中节骨下把骨截断掀起。前膀先把肩骨筋割断，再顺膀骨把肉划开，把膀由上节骨下截断掀起连在鸡脯肉上，再掀起双骨把膀上的肉带在双肩上。用此法将鸡的双腿和鸡翅膀加工成8块放入盆内。

（2）将绍酒、精盐、酱油、姜汁放一起兑成汁，均匀地泼入放鸡块的容器内拌匀，使之入味。

（3）炒锅置旺火上，下入花生油，烧至160℃，入鸡块炸成柿黄色，起锅顿火（端离火口，使油温降下来），使鸡块在油中浆至肉能离骨捞出。

（4）将锅再移至火上，油温升至180℃时入鸡块炸呈柿黄色，顿火，再复炸至色泽红亮时捞出装盘。外带花椒盐或辣酱油上桌。

质量标准：色泽红亮，外焦里嫩。

工艺关键：选用当年仔鸡为佳；加工"八块"时，一定要斩断筋络，以免影响菜肴质量；炸制时，控制好两次下锅的温度很重要，顿火的作用是使鸡块内部成熟。

八宝布袋鸡

"八宝布袋鸡"是河南名菜。仔子鸡经整鸡出骨后，形似布袋，内装入八种山珍海味作配料，故名"八宝布袋鸡"。据《清稗类钞》记载，清朝乾隆皇帝曾赐御膳"八宝豆腐"给老臣宋荦（商丘人），后经宋荦家厨再作改进而成此菜。

主　　料：仔母鸡1只（约重750克）。

配　　料：净冬笋30克，生火腿30克，水发海参30克，水发鱿鱼30克，水发蹄筋30克，水发冬菇15克，水发干贝15克，青豆15克，鸡肠笋10克。

调　　料：精盐4克，绍酒15克，味精2克，清汤1 500克。

烹饪技法：氽、蒸。

工艺流程：选料→宰杀→洗净→整鸡出骨→酿馅→氽制→入品锅→调味→蒸制→成菜。

制作过程：

（1）将仔母鸡宰杀、褪毛、洗净，经整鸡出骨后，剔除爪骨，剁去鸡嘴尖、膀尖和鸡爪的1/3，加工

成布袋鸡。用清水洗净，撮干水分。

（2）干贝扣去腰箍，放入碗内，加入适量清汤上笼蒸透，取出撕碎，冬菇、冬笋、蹄筋、海参、鱿鱼切成0.5厘米见方的丁，分别焯水，将上述配料放在大碗内，加入精盐2克、绍酒5克、味精2克拌匀，从鸡颈处装入鸡腹内。用鸡肠笋扎封颈口，放入烧开的高汤内氽一下捞出，用温水洗净，放在品锅内。

（3）炒锅置旺火上，注入清汤，放入精盐2克、绍酒10克，汤沸撇沫，起锅倒入品锅内，盖上锅盖上笼蒸2小时取出，即可上桌。

质量标准：体态完整，肉烂、柔软、滑润。

工艺关键：整鸡出骨时，避免戳破鸡皮；"八宝"料应分别加工，分别焯水，避免串味；用鸡筋笋扎封颈口，放入高汤内氽一下，其目的是让"八宝布袋鸡"先预热一下，避免在蒸制时鸡皮被旺火大气冲破。

道口烧鸡

"道口烧鸡"是河南名菜，是道口镇"义兴张"烧鸡的俗称。据《滑县志》记载，"义兴张"烧鸡创始于清顺治十八年（1661年）。乾隆五十二年（1787年），"义兴张"烧鸡传人张炳得御厨姚寿山所传"要想烧鸡香，八料加老汤"的诀窍，并试制成功，所制烧鸡被世人称为色、香、味、烂"四绝"，从此道口烧鸡声名大振，相传至今，在1956年全国食品展览会上被评为名特佳肴，1981年又被商业部评为优质产品。

主　　料：活鸡10只（约重10000克）。

调　　料：精盐20克，糖稀50克，肉桂15克，良姜1克，白芷15克，丁香0.5克，草果5克，陈皮5克，砂仁2.5克，豆蔻2.5克，花生油4000克（实耗约300克），老卤汤20000克。

烹饪技法：炸、卤。

工艺流程：选料→宰杀→治净→整形→漂洗→上糖稀→晾干→炸制→卤制→成菜。

制作方法：

（1）选用半年以上2年以内重约1000克的活鸡。宰杀时将血放净，在60～70℃的热水中浸透后，把鸡毛褪净（皮面保持完整）。用清水洗净，从脖上开口取出鸡嗉；从鸡臀部开口，取出内脏。用食指捅进口腔，去掉脏物，洗净血迹。腹部向上放案子上，用刀将肋骨划开，腹部留个口，用高粱秆把鸡腔撑开，双腿别入胸腹部下边刺口内，两翅插入鸡的口腔内，再用温水漂洗一遍，晾干后，全身抹上糖稀。用纱布将肉桂、良姜、白芷、陈皮、丁香、草果、砂仁、豆蔻包好，并将口扎紧，做成香包料。

（2）铁锅置旺火上，下花生油，烧至200℃时，下鸡炸至柿红色，捞出沥油。

（3）将炸鸡放入卤锅中，加入老卤汤、精盐、香料包，用铁算子压在上面，旺火烧开，撇去浮沫，改用小火焖约5小时即成。

质量标准：色泽红亮，外形美观，鸡形完整；口味咸鲜，香味浓重，质地软烂。食时提起鸡腿一抖，骨与肉自行分离。

工艺关键：选料是做菜的前提，要把宰杀、烫毛、开膛、整形每个环节做好；上糖稀要在鸡皮温热时，擦干水，涂抹均匀；掌控卤制，火候先旺火烧开，撇去浮沫后转小火卤制。

清汤荷花莲蓬鸡

"清汤荷花莲蓬鸡"是河南名菜。此菜以鸡糊和鱼肚为原料，是中华名厨赵继宗在传统菜"莲蓬鸡"的基础上改制而成。1983年在全国烹饪名师技术表演鉴定会上被评为优秀菜肴。

主　　料：鸡脯肉150克，猪肥膘80克，水发鱼肚150克。

配　　料：熟火腿茸25克，青豆105颗，老蛋糕丝15克。

调　　料：精盐5克，绍酒15克，味精4克，姜汁20克，菠菜汁100克，湿淀粉20克，鸡蛋清6

个，高级清汤 2 000 克，熟猪油 13 克。

烹饪技法：蒸。

工艺流程：选料→剁茸→漂洗→制茸→制"莲蓬"或"荷花"→蒸制→组合→调味→成菜。

制作方法：

（1）鸡脯肉与猪肥膘肉一起用刀剁成泥，放鸡蛋清、姜汁、精盐 3 克、味精 3 克、绍酒 10 克、湿淀粉、高级清汤 250 克搅成糊。将糊一分为二：一份糊加上菠菜汁搅匀成绿糊；另一份白糊待用。

（2）莲蓬造型步骤：取小酒杯 15 个，里边抹一层熟猪油，把打好的绿糊装杯内（八成满），每个杯子上放 7 颗青豆，即成"莲蓬"，上笼蒸透取出。

（3）荷花造型步骤：将鱼肚改制成荷花瓣形，用精盐 0.5 克、味精 1 克稍浸后，用布揾干，用白糊在上面抹成中间高四周低状。靠瓣的尖部撒上火腿茸，上笼蒸透取出。把花瓣拼成一个整荷花形；底放 5 个花瓣，根部稍抹一点白糊，将另外 5 瓣分别放在 5 个空间粘住，中间放一个莲蓬，也用白糊粘住，蛋糕丝插在莲蓬的周围。

（4）炒锅置旺火上，倒入高级清汤 1750 克，加入精盐 2.5 克和绍酒，汤开起锅盛入品锅内，把成形的荷花放在中间，将另外 14 个莲蓬放在荷花的周围即成。

质量标准：做工精细，造型精美，质地爽嫩，汤鲜味醇。

工艺关键："糊"是河南餐饮业行话，广东称之为"胶"，江苏南京称"缔子"，山东称"泥"，四川称"糁"；制茸时要把握好软硬程度，若糊硬，成菜后其口感不佳，若糊软，造型困难；蒸制时用小火，不可使用旺火。

煎鸡饼

"煎鸡饼"是河南名菜。煎是豫菜的传统技法，早在北宋时期已有"煎肉"、"煎鱼"、"煎鹌子"等多种煎菜。"煎鸡饼"关键在火功，要领是大翻锅。河南厨师对"煎鸡饼"有"登登鼓，柿黄色，外酥里嫩"的操作要求。郑州市原"三味饭店"名厨赵增贤此菜最拿手。

主　　料：净鸡脯肉 150 克。

配　　料：熟糯米泥 50 克，猪肥膘 150 克，荸荠丁 50 克。

调　　料：精盐 3 克，绍酒 10 克，味精 1 克，鸡蛋清 1 个，湿淀粉 100 克，葱丝 2.5 克，姜丝 2.5 克，花椒盐 3 克，花生油 250 克（约耗 100 克）。

烹饪技法：煎。

工艺流程：选料→剁茸→制茸→挤丸子→煎制→顿火→再煎制→装盘→外带调味料上桌。

制作方法：

（1）鸡脯肉去筋膜，同猪肥膘肉一起剁砸成茸，放盆中加入鸡蛋清、湿淀粉、荸荠丁、糯米泥、绍酒、味精搅匀，制成馅料。

（2）炒锅置中火上，添少许花生油，将馅料挤成 18 个核桃般大的丸子，在锅内摆成里七外十一的圆形。再添油煎制，边煎边用勺背轻轻将丸子摁扁，将油烧热至 150℃时，将锅端离火口。顿火 2 次，待一面煎成柿黄色时，将余油滗出。鸡饼大翻锅，重添油煎制另一面。两面均成柿黄色时，把葱姜丝撒上，炸出香味，滗出余油，保持原形状装盘。上桌时外带花椒盐。

质量标准：成菜具有酥、嫩、香、鲜的特色，其形状不离不散。

工艺关键：此菜关键是煎；控制火候、顿火是重点，两面煎呈柿黄色；里七外十一为此菜的形状，大翻锅时要保持其形不散。

东安子鸡

"东安子鸡"是湖南名菜，源于湖南省东安县。"东安鸡"的由来有两种：一是因清末湘军悍将、东安人席保同常以此菜宴请客人而得名；二是民国时，国民革命军第八军军长唐生智在南京设宴待客，席间有一道家乡菜"醋鸡"，颇受宾客称道，客人问是何菜，

唐生智觉得"醋鸡"的菜名不雅，便灵机一动，说是家乡"东安鸡"，从此"东安鸡"名声远扬。

主　　料：嫩母鸡1只（约重1000克）。

调　　料：红干椒10克，花椒1克，精盐3克，绍酒25克，味精1克，黄醋50克，湿淀粉25克，葱25克，姜25克，肉清汤100克，芝麻油2克，熟猪油25克。

烹饪技法：焖。

工艺流程：选料→治净→煮制→晾凉→切配→焖制→调味→成菜。

制作方法：

（1）将鸡放汤锅内煮10分钟，约七成熟时捞出晾凉。

（2）剁去头、颈、爪，再剔除鸡骨，将鸡肉顺丝切成5厘米长、1厘米宽的条；干红椒切成末；花椒拍碎；葱切成3.3厘米的段；姜切成丝。

（3）炒锅置旺火上，放入熟猪油烧至180℃时下鸡条、姜丝、干椒末煸炒出香味，加黄醋、绍酒、精盐、花椒末继续煸炒后，加入肉清汤焖2分钟，待汤汁收干时，下葱段、味精，用湿淀粉勾芡，翻锅，淋入芝麻油出锅装盘。

质量标准：咸鲜中带微辣，肉质软嫩。

工艺关键：东安县芦洪市饲养的鸡，鸡腿小，胸大而肥，选用生长期1年以内的仔鸡最好；煮鸡的时间不宜过长，以腿部能插进筷子拨出无血水为准；鸡从脊背一开两片再去骨，去骨时先去身骨再去腿骨（紧贴骨头进刀），是保持鸡形完整的关键；勾芡要少而匀，原料抱汁即可。

黄焖子铜鹅

"黄焖子铜鹅"是湖南名菜。"铜鹅"产于湖南武冈，按照当地民俗，男子在订婚时，必用一对鹅作聘礼，象征夫妻恩爱，白头偕老。利用"铜鹅"可以烹制"米粉鹅"、"烙天鹅"、"红烧鹅"等风味菜肴。

主　　料：去骨子鹅肉500克。

配　　料：鲜红辣椒100克，嫩姜50克，蒜瓣25克。

调　　料：精盐2克，绍酒50克，酱油15克，味精1克，湿淀粉25克，杂骨汤500克，芝麻油1.5克，熟猪油100克。

烹饪技法：焖。

工艺流程：选料→治净→切配→煸炒→调味→焖制→勾芡→成菜。

制作方法：

（1）将去骨子鹅肉洗净，切成3厘米见方的块；鲜辣椒去蒂去籽，切成长2厘米、宽2厘米的薄片；嫩姜洗净去皮，切成0.7厘米的菱形片。

（2）炒锅置旺火上，下熟猪油75克，烧热后下嫩姜煸香，再下鹅肉煸炒，烹入绍酒，炒2分钟，加入精盐1.5克、酱油炒匀，再加蒜瓣、杂骨汤焖制15分钟，待鹅肉柔软后盛出。

（3）另起锅上火，下熟猪油25克烧热，下鲜红辣椒、精盐0.5克炒熟，再倒入鹅肉，加入味精，用湿淀粉勾芡炒匀，淋入芝麻油装盘即可。

质量标准：色泽黄亮，质地软嫩，味咸鲜辣。

工艺关键：鹅肉切块大小均匀；焖制时控制好火候；芡汁包裹原料要均匀。

琵琶鸡

"琵琶鸡"是湖北沙市、江陵一代的名菜。此菜造型酷似乐器琵琶，故而得名。在当地凡婚丧喜事举行的宴会上，"琵琶鸡"总是以主菜出现在宴席上。

主　　料：母鸡1只（约重1250克）。
配　　料：鸡蛋清4只，面包粉200克。
调　　料：精盐20克，绍酒50克，酱油20克，味精1.5克，鸡蛋个，淀粉200克，葱姜蒜末15
　　　　　克，植物油1000克（约耗30克）。
烹饪技法：炸。
工艺流程：选料→治净→切配→腌制→挂糊→造型→炸制→装盘→外带调味料上桌。
制作方法：
（1）母鸡宰杀处理干净，取鸡脯肉、鸡腿、鸡翅切成8块，1块配鸡骨1根作琵琶把用。
（2）用刀将鸡肉等拍松，加精盐、味精、料酒腌制5分钟。逐块放入调好的淀粉、面粉、鸡蛋清糊
　　　中裹匀，粘上面包粉，做成琵琶形。
（3）炒锅置旺火上，下植物油烧至180℃时，将做好的琵琶鸡块下入，炸呈金黄色捞出，整理装盘。
　　　食用时外带调好的麻油、酱油、葱花、姜末等蘸食。
质量标准：形似琵琶，色泽金黄。外松泡而不枯，爽口而不腻。
工艺关键：母鸡宰杀治净，加葱姜腌制时，要翻动拌匀；炸制时，控制好油温，确保色泽一致。

豆酱鸡

　　"豆酱鸡"是广东名菜。此菜为广州八大名鸡之一，八大名鸡指"大同脆皮鸡"、"伴溪香
液鸡"、"北园花雕鸡"、"广州文昌鸡"、"大三元茶香鸡"、"东江盐焗鸡"、"利口福鸡"、"南
园豆酱鸡"。孔子《论语》曰："不得其酱不食。"善于用酱，是厨艺的一个关键，"豆酱鸡"
的酱料，选用普宁所产的豆瓣酱，并加芝麻酱、糖等调匀而成。"豆酱鸡"原为潮汕地区的
传统名菜，现为"广州南园酒家"的招牌名菜，并在岭南及港澳地区广泛流传。

主　　料：肥嫩母鸡1只（1250克）。
配　　料：猪肥肉100克，净香菜25克。
调　　料：豆酱40克，白糖5克，绍酒10克，味精6克，葱条10克，姜片10克，芝麻酱10克，
　　　　　淡二汤200克。
烹饪技法：焖。
工艺流程：选料→治净→切配→腌制→摆入锅箅→调味→焖制→拼摆→成菜。
制作方法：
（1）将鸡宰净，晾干，敲断颈骨，斩断鸡脚，脱出柱骨。将猪肥肉切成薄片，轻划数刀。
（2）把豆酱中的豆瓣捞出压烂，与原酱汁一起调匀，再加芝麻酱、绍酒拌匀，遍涂于鸡身内外，让
　　　其腌约15分钟，再加姜、葱、香菜于鸡腔内。
（3）将砂锅洗净擦干，以竹箅垫底，上铺肥肉片，然后放鸡和鸡脚，沿锅边注入二汤，加盖，用湿
　　　草纸贴封盖边，以减少泄气；然后将锅放在炭炉上，先用旺火烧沸，即转入小火焖制约20分钟
　　　至熟。其间要使火候恰到好处，中途不能加水，以熟时锅内有原汁150克为度。
（4）熟后取出，先剁去头、颈和翼，然后起骨肉。把骨砍成段，装在盘中，肉切块，装在骨上，拼
　　　摆成鸡形，取烧沸原汁加味精调匀淋上，以香菜叶点缀即成。
质量标准：豆酱味醇而辛香，皮色金黄，肉质嫩滑，鲜香浓烈。
工艺关键：焖为粤菜常用技法，多数是将主料下味腌过，用砂锅焖制有特殊风味；掌握好火候，用
　　　　　先猛后慢之法，其间要使火候恰到好处，中途不能加水，以熟时锅内有原汁150克为度。

太爷鸡

　　"太爷鸡"又名"茶香鸡"，是广东名菜，由周桂生（江苏人）创制。此人清末曾任广东
新会县知县。清王朝结束后，他举家迁到广州市定居，后因生活窘迫，便在街边设档，专营
熟肉制品。凭借当官时食遍吴粤名肴之经验，巧妙兼取江苏的熏法和广东的卤法之长，制成

了既有江苏特色又有广东风味的鸡馔名菜，称为"广东意鸡"，后来人们知道烹制此菜的原是一位县太爷，所以称之为"太爷鸡"。此后，附近的"六国饭店"以重金买得其制售权，从此"太爷鸡"便转为"六国饭店"所有。"六国饭店"倒闭后，厨师受聘于"大三元酒家"，"太爷鸡"遂成为"大三元酒家"的招牌名菜，在岭南地区广泛流传。

主　　料：肥嫩母鸡1只（1250克）。
调　　料：黄糖粉150克，味精1.5克，水仙茶叶100克，精卤水2000克，上汤25克，花生油150克，芝麻油0.5克。
烹饪技法：煮、熏。
工艺流程：选料→治净→煮制→熏制→拼摆→浇汁→成菜。
制作方法：
（1）将鸡宰净，放入微沸的精卤水盆中，用微火浸煮约15分钟至熟，但浸时要将鸡取出两次，倒出腔内卤水，以保持鸡腔内外温度一致，使之均匀致熟。
（2）用中火烧热炒锅，下油烧至150℃，下茶叶炒，至有香味时撒糖于茶叶上，边撒边炒，炒至冒黄烟为止，即将鸡架于竹算上，放入锅内，以竹算距离茶叶约7厘米为度。加盖并端离火口，让其在内续熏5分钟后至熟。
（3）将熟鸡取出切块，装盘时拼成鸡形。将精卤水75克、上汤、味精、芝麻油调成料汁，淋上即成。
质量标准：色泽枣红，光滑油润，皮香肉嫩，茗味芬芳，吃后口有余甘，令人回味。
工艺关键：在浸的过程中，要把鸡取起倒出鸡腔内的汁，再把滚汁灌入鸡腔，灌满后倒出再灌。反复数次，使内外均匀受热；将盖盖严，使上色均匀，烟香味十足。

东江盐焗鸡

"东江盐焗鸡"是广东名菜。此菜因始于东江一带而得名，至今已流传300余年。相传在20世纪30～40年代的广州，一天有个恶棍式人物向"宁昌饭店"预订了此鸡，当晚22时已过，正要收市，按传统方法再制作一只鸡已来不及了，为了不得罪恶棍，厨师灵机一动，想出了快捷的"水焗法"来应对，结果不但救了急，而且以肉滑皮爽取胜，因此"盐焗鸡"又多了一种烹制方法。

"东江盐焗鸡"的烹制方法有三种，不论用哪种制法，食用时佐以沙姜油盐，味道更加香美。①盐焗法，是正宗的传统制法，成品色味具有盐鸡的各种优点，但微带氯的特殊气味。②气焗法，将沙姜、精盐、麻油等调好涂在鸡腔内外，蒸15～20分钟，此法快捷便当，肉香且滑，但不够爽口。③水焗法，把鸡放在热汤内浸熟后，撕离骨，肉、皮用麻油、精盐等味料拌和，再砌成鸡形上碟。此法肉滑皮爽，但香味稍次于传统盐鸡。

主　　料：肥嫩母鸡1只（约重1400克）。
调　　料：粗盐2500克，精盐12.5克，味精0.5克，八角末2.5克，沙姜末2.5克，锡纸2张，葱条10克，姜片10克，香菜25克，芝麻油1克，熟猪油120克，花生油15克。
烹饪技法：盐焗。
工艺流程：选料→宰杀→晾干→切配→腌制→锡纸包裹→盐焗→拼摆成形→成菜→外带调味料上桌。
制作方法：
（1）用小火烧热炒锅，下味精0.4克，烧热后，放入沙姜末拌匀取出，分盛三小碟，每碟加入熟猪油15克，供佐食用。将熟猪油55克、精盐5克和麻油、味精调成味汁。把锡纸一张刷上花生油待用。
（2）将鸡宰净，吊起晾干水分后，去掉趾尖和嘴上的硬壳，在翼膊两边各划一刀，在颈骨上剁一刀。然后，用精盐3.5克擦匀鸡腔，加入葱、姜、八角末，先用未刷油的锡纸裹好，再包上刷

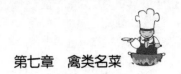

油的锡纸。
（3）用旺火烧热炒锅，下粗盐炒至高温时取出 1/4 放入砂锅内，把鸡放在盐上，然后把余下 3/4 的盐盖在鸡上面，加上锅盖，用小火焖约 20 分钟至熟。把鸡取出去掉锡纸，剥下鸡皮，将肉撕成块，骨拆散，加入味汁拌匀，放在碟上（砌成鸡的形状），香菜放在鸡的两边即成。

质量标准：皮爽肉滑，骨香味浓，粤菜中的上品。

工艺关键：在抹料时，对鸡腹腔内部要涂抹均匀；炒盐时，其温度要符合要求。

脆皮鸡

"脆皮鸡"是广东名菜。此菜先用白卤水浆浸煮原料成半成品，再涂上麦芽糖浆，晾约两小时后，再用油炸至大红色。著名菜还有"二脆皮炸鸡"、"脆皮炸双鸽"等。"脆皮炸鸡"以"大同酒家"制作最佳，20 世纪 50 年代，"盐焗鸡"、"文昌鸡"、"太爷鸡"和"脆皮鸡"合称为"四大名鸡"，享誉内外，其菜制法独特。

主　　料：肥鸡 1250 克。

配　　料：虾片 15 克。

调　　料：糖醋 100 克，糖浆 100 克，白卤水 2500 克，蒜泥 1.5 克，细葱末 1.5 克，辣椒末 1.5 克，湿淀粉 25 克，花生油 1500 克

烹饪技法：卤、炸。

工艺流程：选料→宰杀→治净→卤制→上糖浆→风干→炸制→淋炸→拼摆成形→成菜→外带调味料上桌。

制作方法：

（1）将鸡宰净，取出眼珠，挖净鸡肺，放入沸水锅里浸约 1 分钟，取出洗净浮油、绒毛、污物。

（2）把鸡放在煮沸的白卤水盆中，用微火浸煮至六成熟取出，将两翼向外扳离鸡身，再放入盆内浸煮至刚熟，取出用沸水淋匀鸡身，洗去咸味。

（3）用铁钩钩住鸡的双眼，用手将糖浆淋在鸡身上，使鸡皮均匀地粘上糖浆，然后，挂在阴凉通风处，晾至 2～3 小时，待鸡身干洁时，即可油炸。

（4）先将鸡头连颈剁掉。用旺火烧热炒锅，下油炸至五成熟，放入鸡头，炸至金黄色，随即倒入虾片一同炸，至虾片浮起，鸡头呈大红色时捞出。

（5）炒锅端离火口，将鸡胸朝上放入笊篱内，置于油锅上，将沸油从鸡腹开口处淋入鸡腔内，连淋三次，再将炒锅放回炉上，待油烧至 120℃时，用笊篱托着鸡，边炸，边摆动，边淋油，炸至鸡皮呈大红色时，取出盛在碟中。将油倒回，锅放回炉上，放入蒜、葱、辣椒末、糖醋，用湿淀粉调稀勾芡，盛在两小碟中。

（6）鸡炸好后马上切块，先切鸡头，后切鸡身，在碟上砌成鸡的原形，四周放上虾片即成。食时配糖醋汁、淮盐。

质量标准：鸡皮大红，虾片洁白，皮脆，肉鲜骨香。

工艺关键：鸡身淋糖浆，一定要均匀，特别是翼底部分，否则炸后表皮颜色深浅不一；炸鸡时，切忌火太旺、油太沸，否则皮焦而肉不熟；火候太小，油温不足，则不着色，皮不脆；切鸡时要将砧板抹干，鸡皮朝上不要贴住砧板，否则会影响鸡皮脆度和美观。

花雕鸡

"花雕鸡"是广东名菜。"花雕鸡"是广州八大鸡之一，为"广州市北园酒家"的招牌名菜。它以砂锅为炊具，利用煎猪肥肉分泌出来的油脂传热，再加少量料汁、花雕酒助烹，将一只整鸡焖熟。

主　　料：母鸡 1 只（约重 1250 克）。

配　　料：猪肥肉 75 克。

调　　料：蜂蜜 30 克，蚝油 50 克，花雕酒 100 克，葱条 35 克，姜块 35 克，淡二汤 125 克，味精 5 克。

烹饪技法：煎、焖。

工艺流程：选料→治净→余水→晾干→上蜂蜜→煎制→焖制→拼摆成形→浇汁→成菜。

制作方法：

（1）将鸡宰净，放入沸水锅中余约 2 分钟，取出去净绒毛污物，再略滚，捞出，晾至皮干。先涂蚝油，再涂蜂蜜于皮上。猪肥肉切成薄片，将剩下的蚝油、蜂蜜、味精及二汤放在碗中，调成料汁。

（2）炒锅用旺火烧热，贴猪肥肉片于锅底，煎至有油脂分泌，即将鸡侧放在肉面上。煎至两面微黄，加姜、葱拌匀，续加入花雕酒，略煎，下料汁，加盖用旺火烧开，即端离火口；待温度稍降再端回炉上。如此反复 8 次，其间把鸡身翻转 3 次，即每焖一面，需端离火口两次；如此反复焖，约需 12 分钟，最后 1 次端离火口，需待 3 分钟后才揭盖，拣去姜、葱、油渣，将鸡取出。切块，装盘时拼砌成鸡形，淋原汁于面即成。

质量标准：制法独特，色如琥珀，鲜美可口，闻名遐迩。

工艺关键：花雕鸡反复焖制，经过 8 次之多，入味甚佳，而肉质脆嫩，方为正宗。

白切鸡

“白切鸡”又名“白斩鸡”，是广东名菜。清人袁枚在《随园食单》中称之为“白片鸡”，书中记载：“鸡功最巨，诸菜赖之，故令羽族之首，而以他禽附之，作羽族单。”单中列鸡菜数十款，用于蒸、炮、煨、卤、糟的都有，之首就是“白片鸡”，此菜具有“大羹元酒之味”。如今的粤菜厨坛中，鸡的菜式有 200 余款之多，而最为人常食不厌的正是“白切鸡”。

主　　料：肥嫩母鸡 1 只（约重 1250 克）。

调　　料：精盐 5 克，葱白丝 50 克，姜泥 50 克，花生油 60 克。

烹饪技法：煮。

工艺流程：选料→治净→浸煮→晾干→拼摆成形。

制作方法：

（1）将姜、葱、精盐拌匀，分盛 2 小碟。炒锅用中火烧热，下花生油烧至微沸，取出 50 克分别淋在 2 小碟的姜、葱、精盐中，剩下 10 克盛起待用。

（2）将鸡宰杀干净，放入微沸的沸水锅中浸约 5 分钟可熟，然后挂起晾干表皮，在盘中拼砌成鸡形即成。食时以姜泥、葱丝为佐。

质量标准：原质原味，皮爽肉滑，大筵小席皆宜。

工艺关键：浸鸡时要提出水面两次，即每隔 5 分钟一次，提出后立即倒出鸡腔内的水，复放锅中，以保持腔内外温度一致，使之均匀致熟。然后用铁钩钩起，立即放入冷开水浸没，使之迅速冷却，从而皮爽肉滑，并洗去绒毛黄衣。

江南百花鸡

“江南百花鸡”是广东名菜。此菜夏末秋初用夜来香，秋末冬初用白菊花，时令分明。“江南百花鸡”原为“广州文园酒家”的招牌菜，是将虾胶摊瓤在鸡皮内侧蒸熟而成。装盘时以江南名花“夜来香”或“白菊花”伴边，故称为“百花鸡”。因虾胶适应性强，可用于蒸、煎、炸诸法，能制成各式各样的名菜美点，成为一种用途广泛的基本馅料，故人们又称虾胶为“百花馅”。

主　　料：嫩母鸡 1 只（约重 1250 克）。

配　　料：虾胶 350 克，蟹肉 25 克。

调　　料：精盐 0.5 克，绍酒 2.5 克，胡椒粉 0.05 克，味精 1.5 克，干淀粉 5 克，湿淀粉 10 克，白

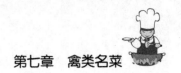

菊花瓣 15 克, 鸡蛋清 30 克, 净夜来香花少许, 上汤 200 克, 熟猪油 250 克 (约耗 30 克), 芝麻油 0.5 克。

烹饪技法: 蒸。

工艺流程: 选料→治净→初加工→蒸制→拍粉→抹虾胶→再蒸→切配成形→浇汁→成菜。

制作方法:

（1）将鸡宰杀净, 剖背 (自颈直剖至尾端), 完整地将鸡皮剥出。剥时, 从两翼处徐徐剥开。剥后, 切下鸡头、翼尖和鸡尾, 蒸熟备用。其余鸡肉另作他用。

（2）将鸡皮上的黄膏和筋骨去净, 在砧板上戳小孔数个, 翻转仰摊于竹算上, 拍上薄干粉。将虾胶与蟹肉拌匀, 摊瓤在鸡皮上, 取鸡蛋清涂上抹平, 放入蒸笼, 用旺火蒸约 6 分钟至熟, 取出; 切成 3 条, 每条切作 8 件, 共 24 件, 每件均成 "日" 字形, 按 3 行覆装于盘上; 鸡头、鸡尾拼摆于两端, 翼尖分伴于两侧, 使之成鸡形。

（3）炒锅用中火烧热, 下熟猪油搪锅, 去油; 再烧热, 下熟猪油 10 克, 烹绍酒, 加上汤、精盐、胡椒粉, 沸后用湿淀粉调稀勾芡; 最后下味精、芝麻油和熟猪油 20 克推匀, 淋在鸡皮上。取夜来香或白菊花瓣镶于四周便成。

质量标准: 色泽诱人, 造型美观。

工艺关键: 制作虾、蟹胶, 要掌握好原料和调味比例, 否则影响菜肴质地和口感; 两次蒸制, 要把握好火力和蒸制时间。

金华玉树鸡

"金华玉树鸡" 是广东名菜。"金华" 指金华火腿, "玉树" 指围在边上的菜心, 因油菜心绿如翠玉, 由此而得名。

主　　料: 光嫩母鸡 1 只 (约重 1 000 克)。

配　　料: 熟火腿 150 克, 菜心 125 克。

调　　料: 精盐 8 克, 白糖 10 克, 料酒 20 克, 味精 3 克, 胡椒粉 1 克, 淀粉 1.5 克, 上汤 300 克, 猪油 30 克, 鸡油 15 克。

烹饪技法: 煮。

工艺流程: 选料→治净→浸制→切配→定碗→扣盘→浇汁→成菜。

制作方法:

（1）光鸡去内脏洗净, 放入汤锅内, 加入盐、味精, 待鸡浸熟捞起, 砍下鸡头、尾、翼 (留用), 去鸡骨, 将鸡肉切成长 5 厘米、宽 1.5 厘米的块, 共 40 块。火腿切成比鸡块略小一些的片, 共 40 片。随后将鸡肉和火腿夹叠成一块, 排扣在碗里, 鸡骨斩件也放入鸡的扣碗中, 覆在菜盆里。

（2）菜心下锅略炒后, 放入精盐、味精, 炒熟捞出, 沥干水分, 围在四边, 揭去扣碗, 安上鸡的头、尾、翼, 排成原鸡状。随即起油锅加入料酒、上汤、味精、精盐、白糖、鸡油、胡椒粉, 待烧开后用水淀粉勾薄芡, 浇在鸡上即成。

质量标准: 色泽丰富, 红、白、绿相间, 色调和谐。鲜香滑嫩, 极为爽口。

工艺关键: 可取一深盘, 分两行把鸡和火腿一片压一片地码在盘里, 加调料及汤, 上笼蒸透, 取出反扣在盘里, 用菜心围边。

海南文昌鸡

"海南文昌鸡" 是海南名菜。因此菜首创时选用海南文昌县的优质鸡为原料而得名, 文昌县产的鸡体大, 肉厚, 去骨取肉, 用切成大小相等的火腿和鸡肉拼配成形, 扬其所长, 避其所短, 恰到好处。数十年来, 文昌鸡已传遍国内外。

主　　料: 肥嫩鸡 1250 克。

配　　料: 熟瘦火腿 6 克, 鸡肝 250 克, 郊菜 300 克。

调　　料：精盐 5 克，绍酒 0.5 克，味精 0.4 克，芡汤 25 克，湿
淀粉 15 克，上汤 225 克，淡二汤 2 000 克，熟猪油 75
克，芝麻油 0.5 克。

烹饪技法：煮。

工艺流程：选料→治净→浸煮→切配→拼摆成形→浇汁→成菜。

制作方法：

（1）将鸡宰净，放入微沸的二汤锅内用小火浸约 15 分钟至刚熟，
取出晾凉后，起肉去骨，斜切成长日字形共 24 片。

（2）在浸鸡的同时，将鸡肝洗净放入碗中用沸水浸没，加入精盐
3.5 克，浸至刚熟，取出切成 24 片，盛在碗中，将火腿切成与
鸡肉一样大小的薄片共 24 片。

（3）将鸡肉片、火腿片、鸡肝片间隔开，在上形碟上砌成鱼鳞形，连同鸡头、翼、尾摆成鸡的原形，
入蒸锅，用小火蒸热后取出，滗去水。

（4）用中火烧热炒锅，下油 20 克，烹绍酒 5 克，加上汤、味精，用湿淀粉 10 克调稀勾芡，最后加
入麻油和猪油 15 克推匀，淋在鸡肉上便成。

质量标准：造型美观，芡汁明亮，三样拼件颜色不同，滋味各异。

工艺关键：在浸鸡时，将鸡提出两次，倒出腔内的汤，以保持鸡腔内外温度一致；在浸鸡肝时，如
一次未浸熟，可用盐沸水再浸。

宫保鸡丁

　　"宫保鸡丁"是四川名菜。丁宝桢原籍贵州，清咸丰年间进士，曾任山东巡抚，后任四川
总督。他很喜欢食用以辣椒为主调味料，以猪肉、鸡肉为主料，经过爆、炒烹制的菜肴。据
说在山东任职时，他的家厨制作"酱爆鸡丁"等菜肴，很合他的胃口；调任四川总督后，每
遇宴客，他都吩咐家厨用花生米、干辣椒和嫩鸡肉炒制鸡丁，很受客人欢迎。后来他由于戍
边御敌有功被朝廷封为"太子少保"，人称"丁宫保"，其家厨烹制的"炒鸡丁"也就被称为
"宫保鸡丁"。

主　　料：鸡脯肉 250 克。

配　　料：盐炒花生米 50 克。

调　　料：精盐 8 克，料酒 10 克，干红辣椒 10 克，花椒 3 克，酱油 20 克，醋 10 克，白糖 5 克，
味精 1 克，葱丁 20 克，姜片 5 克，蒜片 5 克，水淀粉 25 克，清汤 35 克，花生油 80 克。

烹饪技法：炒。

工艺流程：选料→切配→上浆→炒制→调味→成菜。

制作方法：

（1）鸡脯肉切 1.5 厘米丁，加酱油，精盐，料酒码味，用水淀粉拌匀。

（2）将酱油、白糖、醋、味精、清汤、水淀粉调成芡汁。

（3）炒锅置火上，油热 150℃，将干红辣椒、花椒炸至棕红色，加入鸡丁炒散，放入姜、葱、蒜炒匀，
烹入芡汁，收汁亮油，加花生米翻炒均匀装盘即可。

质量标准：色泽棕红，鸡肉鲜嫩，花生米香脆，咸辣略带酸甜。

工艺关键：将切好的干辣椒下锅，用小火炒香后，再放入花椒粒炒香；最后加入花生米，炒拌均匀
就可以起锅了。

棒棒鸡

　　"棒棒鸡"又名"乐山棒棒鸡"、"嘉定棒棒鸡"。此菜原始于乐山汉阳坝，选用良种汉阳
鸡，经煮熟后，用木棒将鸡肉捶松后食用。在中国烹饪史上，曾有用木棒敲打的名馔"白脯"，

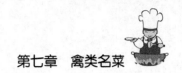

见于贾思勰《齐民要术》。但它棒打的目的是使肉紧实，而"棒棒鸡"制作时用棒打则是为了把鸡的肌肉捶松，使调料容易入味，食时咀嚼省力。

主　　料：白皮仔公鸡 750 克。

配　　料：葱白 20 克。

调　　料：精盐 5 克，酱油 30 克，醋 25 克，辣椒油 30 克，花椒面 5 克，白糖 15 克，味精 2 克，香油 15 克，芝麻 15 克。

烹任技法：拌。

工艺流程：选料→漂洗→煮制→拌制→调味→成菜。

制作方法：

（1）将鸡脯肉、鸡腿肉煮熟后晾凉，撕去鸡皮（鸡皮可用刀切），剔净鸡骨，用木棒轻捶，捶松后，撕成丝装盘（葱白切段垫底）。

（2）将芝麻酱、酱油、醋、白糖、味精、花椒粉、香油、红油、味精、芝麻调匀成麻酱辣椒汁，浇在鸡丝上即可。

质量标准：麻辣咸香，肉质细嫩，味美爽口。

工艺关键：煮鸡不要过火；木棒轻捶，不要用力过大。

椒麻鸡片

"椒麻"是川菜独有的味型。四川汉源清溪"红袍花椒"早在唐元和年间就被选为贡品，故又称"贡椒"。"椒麻鸡片"是用此椒调制而成的凉菜，具有浓烈的麻香味，鸡片肉质细嫩，入口鲜爽化渣，咸鲜香麻，味道浓郁。

主　　料：熟鸡肉 300 克。

配　　料：木耳 10 克，莴笋 25 克。

调　　料：川盐 3 克，酱油 20 克，味精 2 克，葱叶 25 克，红袍花椒 6 克，鸡汤 30 克，芝麻油 15 克。

烹任技法：拌。

工艺流程：选料→煮制→拌制→成菜。

制作方法：

（1）木耳用水略烫；莴笋切成菱形片，一起装入盘内。

（2）熟鸡肉片成 5 厘米长、0.3 厘米厚、3.3 厘米宽的片，依刀口在盘中摆成风车型。

（3）将花椒去籽，鲜葱叶、川盐混合铡切成极细的"葱椒茸"，盛入碗内，加酱油、味精、芝麻油、鸡汤调成椒麻味汁，淋在鸡片上即成。

质量标准：鸡片细嫩，咸鲜香麻，味道浓郁。

工艺关键：凉鸡汁与酱油决定色泽，川盐、味精决定咸鲜味，最后放入椒麻和芝麻油即成独特的"椒麻"味汁；掌握各料用量。

小煎鸡

"小煎鸡"是重庆"小洞天餐厅"的传统名菜，是用川菜独特的小煎、小炒技法烹制而成的。

主　　料：鸡腿肉 300 克。

配　　料：芹黄 25 克，莴笋 60 克。

调　　料：精盐 5 克，料酒 20 克，泡辣椒 25 克，葱 25 克，姜片 10 克，蒜 10 克，酱油 10 克，醋 3 克，白糖 5 克，味精 1 克，鲜汤 50 克，淀粉 25 克，猪油 75 克，

烹任技法：炒。

工艺流程：选料→切配→上浆→炒制→调味→成菜。

制作方法：

（1）鸡腿肉去骨，用刀拍松，剞菱形花刀，斩成长约5厘米、宽1厘米的"一字条"形（入碗加精盐、料酒、水淀粉和匀）；莴笋切成长约4厘米、宽0.7厘米的条状，用少许精盐腌制；泡辣椒切成长约2.5厘米的段；芹黄切成短节；葱切成"马耳朵"形。

（2）酱油、醋、白糖、精盐、料酒、味精、水淀粉、鲜汤兑成芡汁。

（3）炒锅置旺火上，下猪油烧至150℃，下鸡肉炒散，加泡辣椒、姜、蒜片炒出香味，再下青笋、芹黄和葱炒匀，烹芡汁，待收汁亮油，起锅装盘即成。

质量标准：色泽橘红，辣而不燥，质嫩爽口。

工艺关键：注意突出泡辣椒的浓香味，滋汁用量要适当，醋为增香，糖为回甜，皆不宜重用；刀花纹深浅、条块大小都要一致。

怪味鸡丝

"怪味鸡丝"是四川名菜。"怪味"是冷菜常用的复合味型。

主　　料：鸡胸肉300克。

配　　料：葱丝50克。

调　　料：精盐5克，芝麻酱25克，酱油30克，白糖25克，味精2克，醋25克，熟芝麻6克，花椒面2克，香油15克，辣椒油45克。

烹饪技法：煮、拌。

工艺流程：选料→煮→切配→拌制→成菜。

制作方法：

（1）鸡胸肉煮熟晾凉，撕成0.4厘米丝，放在盘中葱丝上。

（2）芝麻酱加酱油稀释拌匀，放精盐、白糖、醋、味精、辣椒油、花椒面、香油拌匀成怪味酱，将怪味酱浇在鸡丝上，再撒上白芝麻。

质量标准：质嫩鲜香，咸、甜、麻、辣、酸、香、鲜兼备。

工艺关键：芝麻酱先要用酱油稀释后才能使用；各种调味品必须齐备，才能做到咸、甜、麻、辣、酸、香、鲜兼备；怪味汁要浓稠才有滋味；鸡丝要顺肌肉纹路撕。

汽锅鸡

"汽锅鸡"是云南传统名菜。云南建水出产一种别致的土陶蒸锅，叫"汽锅"。汽锅鸡是将汽锅置于一口放满水的汤锅上，将加工好的鸡块，入锅氽过洗净，装入汽锅内，用文火长时间蒸制而成。

主　　料：仔母鸡1只（约1500克）。

调　　料：精盐5克，葱10克，姜20克，胡椒面2克，味精1克，清汤1500克。

烹饪技法：蒸。

工艺流程：选料→剁块→氽水→装入盛器→蒸制→调味→成菜。

制作方法：

（1）将鸡剁成4～5厘米见方块，鸡块入锅氽过洗净，装入汽锅内，放入姜片和葱段；汤或清水灌入汽锅内淹过鸡块盖上盖。

（2）汽锅放在事先已加水的蒸锅上，接口交接处用布或白棉纸封严，再将面粉少许用清水调成面糊，使其密封不漏气。在文火上蒸约4～5小时，至鸡肉蒸烂后，拣去姜片、葱段，放入精盐、胡椒面、味精调味即可。

质量标准：清澈透明，鸡肉鲜嫩，汤味鲜醇。

工艺关键：鸡块用清水漂净血污，焯水后冲洗净，再放入汽锅中；接口交接处用布或白棉纸封严，使其密封不漏气。

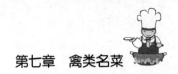

樟茶鸭子

"樟茶鸭子"是四川成都的熏烤名菜，由名厨黄静临创制，以秋季上市肥嫩公鸭为主料，经腌、熏、蒸、炸而成。其中用樟树叶和花茶叶烟熏的工序最为关键。成菜色泽红亮，外酥里嫩，带有浓厚的樟木和花茶香味，风味十分独特，以成都"福禄轩鸭店"制作的最著名。

主　　料：肥公鸭1只（约重1500克）。
调　　料：精盐6克，料酒25克，花椒2克，芝麻油10克，味精1克，胡椒粉1.5克，醪糟汁50克，菜油1000克（耗100克），火硝2克。
熏　　料：香樟叶、花茶、柏枝、锯末适量。
烹饪技法：熏、蒸、炸。
工艺流程：选料→腌渍→熏制→蒸制→炸制→切配→成菜。
制作方法：
（1）将鸭从背尾部开小口，取出内脏洗净，以调料抹全身，腌后以沸水紧皮，沥干水。
（2）将鸭入熏炉内，以樟树叶、花茶叶拌稻草点燃，待鸭皮熏呈黄色时取出，置大碗中蒸后晾凉。
（3）将鸭入油锅中炸至鸭皮酥香时捞出，切段，复原于盘中即成。
质量标准：色泽红润，外酥内嫩，富含樟树和茶叶特有的香气。
工艺关键：以秋季上市肥嫩公鸭为主料，掌握腌渍时间与调料数量；出坯后，待晾干水汽后再熏制；熏制时炉内不能燃明火或冒浓烟，上色要均匀；油炸至皮酥呈棕红色为佳。

北京烤鸭

"北京烤鸭"是北京传统名菜。用填鸭制作的北京烤鸭始于明代，在北京较著名的有"便宜坊"烤鸭、"全聚德"烤鸭、"六合坊"烤鸭、"金华馆"烤鸭等，并有焖炉烤、挂炉烤和叉烧烤等不同的烤制方法。烤鸭需切片上桌。切片技术要求较高，每只鸭要出120片左右，而且须片片带皮带肉，肥瘦相间。

主　　料：净填鸭1只（约2000克）。
配　　料：饴糖水35克。
调　　料：甜面酱、葱段、蒜泥等。
烹饪技法：烤。
工艺流程：选料→打气→掏膛、洗膛→挂钩→烫皮→打糖→晾皮→烤制→片鸭→装盘。
制作方法：
（1）首先向鸭体皮下脂肪与结缔组织之间注入气体（约八成满），使鸭体膨胀，再掏膛取出内脏、气管、食管，将高粱秆做成鸭撑放进鸭膛；将鸭子挂在铁钩上，用开水洗烫鸭皮，直至鸭皮绷紧、油亮光滑后打糖色（在鸭子身上均匀地浇淋上饴糖水，使鸭皮呈浅枣红色），将鸭子挂在阴凉通风处吹干。
（2）烤制有挂炉烤、焖炉烤和叉烧烤烤等几种方式，通常用的是挂炉烤。在烤鸭入炉之前，先在肛门处塞入8厘米长的高粱秆一节（即堵塞，杆节处要塞入肛门里）；鸭进炉后，先烤鸭的右背侧，即刀口的面，使热气先从刀口进入膛内，把水烤沸。约6～7分钟后转向左背侧烤3～4分钟，再烤左体侧3～4分钟，并燎左裆30秒钟，烤右体侧3～4分钟，并燎右裆30秒钟，鸭背烤4～5分钟，再按上述顺序循环地烤，一直到鸭全身上色成熟为止。
（3）烤鸭出炉后，放出腹内开水，再行片鸭。片鸭方法有两种：一是皮肉不分，基本上是片片带皮，可以片成片，也可以片成条；另一种是皮肉分片，先片皮，后片肉。
（4）鉴定是否烤好的依据，除时间外，还可以掂重量，通常熟鸭比烤前的生鸭减重1/3；看色，烤熟

的鸭，色呈枣红，油润光亮。

质量标准：色泽红润，鸭肉片大小一致，味咸甜，腴美醇香，皮脆肉嫩，可根据个人爱好加上适当的佐料，烤鸭肉最适合卷在荷叶饼里或夹在空心芝麻烧饼里，蘸甜面酱食用。

工艺关键：鸭皮不能破损，打气要适中，不要过足，以免造成破口或跑气；也不能充气太少，否则外形皱瘪不丰满；烫皮时水要适中，过多易使脂肪从毛孔流出，不易着色；过少毛孔不能紧闭，容易跑气且皮面松弛；打糖上色需要进行两次，以达到上色均匀的目的；烤炉的温度要稳定在230～250℃之间，过高会使鸭皮收缩，两肩发黑，过低鸭胸脯处会出现皱褶，烤鸭的时间，应根据不同季节和鸭的大小以及数量进行掌控，鸭胸脯不可直接对着火烤。

金陵片皮鸭

"金陵片皮鸭"是广东名菜，却源于南京。相传，明朝第一代皇帝朱元璋在南京建都后，御膳房里就有了完善的烤鸭技术。永乐十九年（1421年）明成祖朱棣迁都北京，也把烤鸭技术带去，而传至岭南，则是后来商业贸易的结果。最初，制法上并无多大差异，到了清末，广州万栈包办馆创立了"紧皮"挂糖明炉烧烤之法，才确立了广东烧烤鸭（鹅）的独特风格，但人们仍习惯称其"金陵片皮鸭"。清朝光绪年间，南海人胡子晋的《羊城竹枝词》云："挂炉烤鸭美而香，却胜烤鸭说古冈，燕瘦环肥各佳妙，君休偏重便宜坊。"并云："西关宝华正中的街口万栈以挂炉鸭驰名，比冈州之江门烤鸭为美，北京米市胡同便宜坊挂炉鸭异常肥甘，常有五六斤者。万栈之鸭却以瘦胜。"

主　　料：毛鸭2 000克，千层饼24块。

配　　料：虾片15克。

调　　料：准盐15克，葱条50克，姜块10克，葱球25克，八角15克，海鲜酱50克，糖水50克，花生油500克。

烹饪技法：烤。

工艺流程：选料→洗净→初加工→焯水→上糖水→晾干→腌制→上叉→烤制→片制成形→外带调味料上桌。

制作方法：

（1）将绳套着鸭的一只脚，再绕过翼吊起，将鸭颈拉直，割开喉管放血，用70℃热水浸烫褪毛。在右翼底部开一小孔，在小孔内用小刀弄断三条肋骨，先挖出食道、气管，再在肛门勾断尿肠和肾的水膜，取出内脏和肺后，剁去脚和翼的下节，用一根直径约12毫米、长约6.5厘米的竹子，撑在腔内，放入沸水锅内泡至鸭皮发硬，取出稍晾干，用糖水涂遍鸭的全身，用铁钩钩住下巴，再用两条小竹枝将两翼撑开，并用一片翼毛曲折后插入肛门，将肛门撑开，吊于阴凉通风处晾干。

（2）将姜块、葱条捶扁，同准盐、八角一起由翼底开口处填入鸭腔内，拔去肛门翼毛，换用木塞塞紧，将鸭置于干净案板上，用长铁叉从两腿内侧插入，从两膊穿出，把鸭颈顺铁叉绕一周，最后用叉尖紧插下颌。

（3）两手持叉柄，使叉尖略向上倾斜，在木炭炉上先烤鸭头、颈部，以及尾部，烤至浅红色；用中火烧热炒锅，下油500克，烧至150℃，放虾片炸至酥脆，

（4）把刚烤好的鸭立即放在案板上，用菜刀片24片，平铺在虾片上面，迅速上桌同时上千层饼、葱球、海鲜酱。

（5）把已片皮的鸭切下头、翼、尾、腿及胸肉，用中火烧热炒锅，下油500克，烧至五成熟，放入鸭头、翼、尾及胸肉，约炸1分钟至熟，取出切块盛碟，砌成鸭形再次上桌。

质量标准：此菜深红明亮，皮脆，肉滑，分两次上桌，滋味各异，原为江苏风味，传入广东有较长历史，在制法上已有不少变化，现已成为粤菜名品。

工艺关键：鸭在褪毛时水温要合适，水温过高，鸭皮不易着色，水温过低，细毛难以拔净，还容易拔破表皮，烤时有花斑；撑鸭时，撑子一端剥平，另一端两面斜削成叉状，平的一端顶着鸭胸，叉的一端顶着脊背；烤时要不断转动，使鸭全身受热均匀。

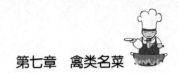

寿字鸭羹

"寿字鸭羹"是孔府传统名菜之一。此菜为"衍圣公"举行大型祝寿宴会时的必备菜品。慈禧太后 60 岁寿辰时，在孔府进早膳中就有此菜，并深得慈禧欢心。此菜选料讲究，用白煮鸭脯肉，配以火腿、口蘑、冬笋；制作工艺精细，鸭脯肉切成小方丁，用红色的火腿肉条拼成"寿"字，衬以洁白的高丽糊，再以孔府特制的高汤"三套汤"调制。

主　　料：白煮鸭脯 250 克。
配　　料：瘦火腿 40 克，水发口蘑 15 克，水发冬笋 15 克。
调　　料：精盐 1.5 克，绍酒 15 克，鸡蛋清 3 个，三套汤 400 克。
烹饪技法：蒸。
工艺流程：选料→切配→组配→调味→蒸制→成菜。
制作过程：
（1）将鸭脯、冬笋切成 1 厘米见方的丁；口蘑一片为二；火腿切成 0.5 厘米宽、0.1 厘米厚的条；水发口菇、冬笋用毛汤余过备用。
（2）取一平盘，正面抹上油备用。
（3）将蛋清打成高丽糊，放入盘中用抹子修成直径 15 厘米、厚 1 厘米的圆形，上面用火腿摆成"寿"字，放入笼内，微火蒸 2 分钟取出。
（4）炒勺内加入三套汤、鸭丁、笋丁、口蘑、绍酒、精盐，见开打去浮沫，倒入汤盘内，将蒸好的"寿"字推入盘内即成。
质量标准：成菜白底红字，鲜艳夺目，恰似一朵出水芙蓉，碗底三套汤清澈见底，鸭肉、冬笋和口蘑，分别呈淡红色、玉白色、浅灰色，色彩协调，以淡制胜，味香且醇，羹鲜亦嫩，寿宴酒席献此佳肴，富有寿比南山之意。
工艺关键：切丁大小均匀；顺一个方向搅拌高丽糊；掌握火力大小是制作此菜的关键。

柴把鸭子

"柴把鸭子"是北京"谭家菜"的名肴。此菜用油菜薹将鸭肉条、冬菇条、冬笋条、火腿肉条捆扎成形，如一捆捆的柴把，故名。

主　　料：北京填鸭 1500 克。
配　　料：冬笋 300 克，香菇（干）50 克，火腿 500 克。
调　　料：精盐 8 克，黄酒 25 克，酱油 15 克，白砂糖 15 克，鸡油 15 克，淀粉（蚕豆）10 克，油菜薹 75 克。

烹饪技法：蒸。
工艺流程：选料→治净→清洗→蒸制→剔骨→切配→捆绑→调味→蒸制→浇汁→成菜。
制作方法：
（1）将填鸭子宰杀治净，自脊背部开膛，掏去内脏洗净，放入盆内，上笼屉蒸至七成熟取出，滗去汤。
（2）鸭晾凉后剔去鸭骨，要保持鸭肉与鸭皮完整不破。
（3）把鸭子（皮朝上）放在砧板上，竖切两刀成宽度一致的 3 条，然后再横切成宽 1 厘米的小条。
（4）冬笋、水发香菇、熟火腿均切成宽度为鸭条的 1/2、长度与鸭条相同的条，再将冬笋条、香菇条用开水烫一下，捞出，用凉水过凉。
（5）将油菜薹用温水泡软，再用清水洗净，粗的要从中间破成 2 根。
（6）将油菜薹 1 根横放在砧板上，先取 1 条鸭肉条（皮朝下）横放在油菜薹上，取 1 条香菇条放在鸭肉上，香菇上面再依次放上冬笋条、火腿条，然后用油菜薹将鸭肉条、冬笋条、火腿条一起

捆成柴把状。

（7）把捆好的柴把鸭、鸭皮朝下码入一深圆盘内。再把余下的零碎的香菇、冬笋、火腿及鸭肉放在上面。再加入鸡汤、熟鸡油、精盐 5 克、白糖 10 克、黄酒 15 克，上笼屉蒸 20 分钟取出。

（8）将盘内的汤滗入炒锅内，置于火上，下入精盐 3 克、白糖 5 克、黄酒 10 克、酱油调汁。待锅烧开后，用调稀的湿淀粉勾薄芡，浇在翻扣在大盘内的柴把鸭子上即成。

质量标准：甜咸适口，工艺精细，造型美观。

工艺关键：鸭肉一定要治净；配料加工要达到标准；蒸制时掌握好时间和火力；调味和芡汁稀稠度在操作时一步到位。

玛瑙野鸭

"玛瑙野鸭"是天津名菜。野鸭又称水鸭，古时称凫。其体型较小，趾间有蹼，善游水，以鱼虾、螺蛳、蛤蚌为食。因其长期飞翔浮游，运动量充足，故肉质紧而结实，蛋白质丰富，脂肪少，肉味香美，胜过家鸭，为野味上品。清代童岳荐在《调鼎集》中曾说："家鸭取其肥，野鸭取其香。"以野鸭入肴，两千多年前的《礼记·内则》即有记载。清代为"禽八珍"之一。其雌者肥于雄者，食味则以后者较优。按津门饮食业的习惯称呼，野鸭有巴儿鸭（学名绿翅鸭）、红腿（绿头鸭）、尖尾（yǐ，音"以"）儿（镰刀鸭）、孤丁和鱼鸭之分，以前两种最为常用。鸭肉、豆皮二者合为一盘后，豆波"吱吱"作响，酸甜略咸，有声有色有味。因其主料色、形犹如玛瑙，故名"玛瑙野鸭"，又名"豆皮野鸭"、"两吃野鸭"。目前多选用饲养的鸭烹制此菜。

主　　料：熟鸭肉 200 克，鲜豆皮 1 张（约重 50 克）。

配　　料：净冬笋 20 克，水发木耳 20 克，嫩黄瓜 20 克。

调　　料：葱丝 5 克，姜丝 5 克，蒜片 5 克，白糖 50 克，绍酒 20 克，醋 60 克，酱油 10 克，湿淀粉 50 克，肉清汤 120 克，花椒油 10 克，花生油 1 000 克（约耗 80 克）。

烹饪技法：炸、熘。

工艺流程：选料→切配→上淀粉浆→炸制→熘制→调味→成菜。

制作方法：

（1）将野鸭肉剁成长 3 厘米、宽 2 厘米的块；冬笋、黄瓜切成稍短、稍窄的薄片；木耳撕成小朵；豆皮剪成长约 4 厘米的菱形片。

（2）炒锅置旺火上，注入花生油烧至 180℃，将鸭块蘸匀湿淀粉，下入锅内炸至呈嫩红色，倒入漏勺沥油。原锅留余油 15 克，下葱丝、姜丝、蒜片爆香，烹绍酒、醋、酱油，下入白糖，加入肉清汤、鸭肉、冬笋、木耳、黄瓜。汤沸后，以湿淀粉勾芡，淋入花椒油，盛在大碗中备用（注意保温，越热越好）。

（3）炒锅置旺火上，注入花生油烧至 160℃，下豆皮炸至发红、起泡，倒入漏勺沥油，放入大汤盘内，淋少许热油，与鸭肉大碗一并迅速上桌。食用时，将碗内野鸭肉及卤汁浇在豆皮上即可。

质量标准：鸭肉软嫩鲜香，芡汁滚烫，豆皮刚出热油，酥脆清爽。

工艺关键：冬笋、黄瓜刀口不能大于主料；鸭块上湿淀粉要均匀；炸制豆皮要控制好油温。

酱汁鸭子

"酱汁鸭子"是山西名菜。鸭肉中的脂肪酸熔点低，易于消化，所含 B 族维生素和 E 族维生素较其他肉类多，能有效抵抗脚气病、神经炎和多种炎症、抗衰老。鸭肉中含有丰富的烟酸，它是构成人体内两种重要辅酶的成分之一，对心肌梗塞等心脏疾病患者有保护作用。鸭肉性寒凉，味甘、咸，大补虚劳，滋五脏之阴，清虚劳之热，养胃生津。

主　　料：肥鸭子 2 250 克。

配　　料：冬笋 20 克，香菇 20 克，绿色菜心 250 克。

调　　料：精盐 2 克，白糖 15 克，料酒 50 克，熟猪油 100 克，甜面酱 100 克，鲜姜 23 克，香油 15 克，大葱 30 克，味精 3 克，花椒 10 克。

烹饪技法：炖。

工艺流程：选料→煮制→脱骨→置扒算→调味→炖制→点缀→浇汁→成菜。

制作方法：

（1）鸭子背开，去内脏杂透洗干净，入白汤锅中煮六成熟捞出冷却，脱去鸭骨，保持鸭子的原形，放竹算子上，一同入砂锅加上原汤，基本没过鸭子，放上葱 25 克、姜 15 克、料酒、味精 1 克、甜面酱、白糖、冬菇、冬笋（切片）大火烧开，微火炖至酥烂。

（2）绿色菜心用油 15 克、葱花 5 克、姜末 3 克、精盐 2 克、味精 1 克炒熟，菜头朝外摆在大盘中，其余鲜姜去皮切米粒大。鸭子同竹算子一起出锅，翻扣在大盘中，然后去掉算子，用菜心围好边。

（3）炒勺上火加入熟猪油，下入花椒，炸成花椒油，去掉花椒，把炖鸭酱汁倒入锅内，用中小火炒成浓酱汁，浇抹在鸭子的皮面上，撒上姜粒，淋少许香油即可。

质量标准："酱汁鸭子"色泽金红油亮，甜咸适口，软烂醇厚，酱香浓郁。

工艺关键：鸭子脱骨后操作要轻，不能伤皮，下砂锅炖时皮朝下，用竹算子托着炖烂（如没有合适的竹算，也可用大孔的纱布包着下锅），其目的是保持鸭子原形，不使其破碎；出锅时要充分控净汤汁，然后再装盘；装盘时皮朝下，完整、原汁是装盘的基本标准；炒酱汁是此菜的技术关键，用中小火顺一方向搅动，炒香、炒红、炒浓，以浇抹在鸭子上能挂上为准，并要挂均抹匀，使鸭子的表皮全部挂上酱汁，没有多余的酱汁流在盘子上为好；甜面酱要事先蒸透后使用，防止有生酱味；垫底的菜心，也可改用小青葱。

砂锅冬菇黄酒蒸湖鸭

"砂锅冬菇黄酒蒸湖鸭"是天津名菜。此馔为"登瀛楼帅府宴"中的一款北方风味佳肴，将湖鸭盛入砂锅内，加以冬菇及大量黄酒（又名"绍酒"）蒸制而成。因黄酒本身含有酯类、醛类、糖类等挥发性物质和醇，与脂肪酸发生酯化反应，产生芳香。故在烹调中适量加入黄酒，可使原料中含有的芳香被溶解、释放出来，与黄酒的鲜香互相交融，相辅相成，增鲜除腻，起香去腥。黄酒是烹调此菜不可或缺的调味佳品。

"砂锅冬菇黄酒蒸湖鸭"与一般清蒸鸭相比，其不同特色在于黄酒的用量上。一般菜肴投放量为 15～25 克，而此菜却为 150～200 克。加之采用食纸封闭式的清蒸，故成肴后在湖鸭、冬菇散发出的清香中，含有浓郁不散的黄酒醇香。

主　　料：净湖鸭 1 只（约重 2 250 克）。

配　　料：水发冬菇 100 克。

调　　料：精盐 5 克，绍酒 150 克，葱段 25 克，姜块 25 克，味精 2 克，鸭清汤 1 500 克。

烹饪技法：煮、蒸。

工艺流程：选料→加工→浸漂→煮制→调味→蒸制→再调味→成菜。

制作方法：

（1）将鸭子去掌，由背部剖开，取出内脏洗净，在冷水中浸 10 分钟后，入沸水锅煮 15 分钟，捞出，洗去血沫，腹部朝上放进大砂锅内，加入鸭清汤、冬菇、绍酒、葱段、姜块、精盐，蒙上食纸封严，上笼用旺火蒸约 3 小时至软烂。

（2）将蒸好的鸭子下笼，揭去食纸，拣去葱段、姜块，调入味精，在砂锅底下垫一平盘，即可上桌。

质量标准：鸭肉香软肥嫩，柔和滋润，入口醇美清鲜，原汤清心爽口。

工艺关键：做好鸭子的初加工是制作此菜的前提；蒸制时间和火力要掌控好。

小乔炖白鸭

"小乔炖白鸭"又称"柴桑鸭",是江西名菜,用白鸭与泽兰、冬虫夏草两味中药清炖而成。传说此菜因出于三国时驻军柴桑(今九江)的周瑜爱妻小乔之手而得名。泽兰又名地瓜儿苗、地笋、地石蚕、蛇王草,为多年生草本,唇形科植物,含挥发油黄酮甙、皂甙、酚类、糖类及鞣质,主治活血化瘀,行水消肿,用于月经不调、闭经、痛经、产后淤血腹痛、水肿等。

主　　料: 白肥鸭1只(重约1500克)。
配　　料: 泽兰5克,冬虫夏草10克。
调　　料: 精盐8克,黄酒20克,葱10克,姜20克。
烹饪技法: 炖。
工艺流程: 宰杀鸭→治净→焯水→炖制→调味→复炖→成菜。
制作方法:
(1)白肥鸭宰杀放血、去毛,从尾脊处开一小孔,去除内脏,用水洗净。
(2)白鸭焯水,出锅再洗净,放入瓦钵中,加入生姜块(拍松)、葱结、泽兰、冬虫夏草,加黄酒和清水,炖2小时。待鸭子刚熟时,加入精盐,再炖半小时即成。
质量标准: 汤汁鲜醇,鸭肉酥烂,形态饱满。
工艺关键: 白鸭用沸水焯水;加清水以淹没鸭为度。

麻仁香酥鸭

"麻仁香酥鸭"是湖南名菜。此菜由湘菜大师石荫祥创制。石荫祥是湖南烹饪界的一代宗师。"麻仁香酥鸭"表面贴桃仁叫"桃仁香酥鸭",贴碎花生在上面则称"花生仁香酥鸭",如果将肥鸭换成鸡,就成了"麻仁香酥鸡"。

主　　料: 肥鸭1只(约重2000克)。
配　　料: 鸡蛋1个,鸡蛋清3个,芝麻450克,熟猪肥膘肉50克,熟瘦火腿10克,香菜100克。
调　　料: 精盐12克,绍酒25克,白糖10克,味精2克,花椒粉1克,花椒20粒,葱15克,姜15克,干淀粉50克,面粉50克,芝麻油10克,花生油1000克(约耗100克)。
烹饪技法: 蒸、炸。
工艺流程: 选料→腌渍→蒸制→切配→挂糊→炸制→装盘→成菜。
制作过程:
(1)将净鸭用精盐、花椒子、绍酒和葱姜(拍松)腌渍约2小时,上笼蒸至八成熟取出。
(2)先切下鸭子的头、翅、爪,再将鸭身骨剔净,从腿、脯肉厚的部位剔出肉切成丝;火腿切成末;肥膘肉切成细丝。
(3)用全蛋、面粉、干淀粉10克、清水50克调成糊。
(4)将鸭皮表面涂上一层全蛋糊,摊放在抹过油的平盘中,将肥膘肉和鸭肉丝放在余下的蛋糊内,加味精拌匀,平铺在鸭皮内,下油锅炸至金黄色捞出装入平盘中。
(5)将蛋清打成蛋泡,加入干淀粉40克调匀,制成蛋泡糊。将蛋泡糊铺在鸭肉上面,撒上芝麻和火腿末。
(6)炒锅置旺火上,下花生油,烧至180℃入麻仁鸭,炸至金黄色,滗油,撒上花椒粉,淋入芝麻油捞出,切成5厘米长、2厘米宽的条,整齐地摆放在盘内,用香菜围边即可。
质量标准: 此菜集成、鲜、甜、麻、松酥、质嫩为一体。
工艺关键: 腌渍的时间要充分;蒸制的火候和成熟度要控制好;挂糊要均匀;用油淋炸时,防止油温上升过快,使鸭表面上色不均匀。

佛山柱侯酱鸭

"佛山柱侯酱鸭"是广东名菜，已有180多年的历史，是典型的岭南风味。柱侯，是清末的一位厨师，姓梁，受聘于佛山三元市"三品楼"。"三品楼"与祖庙的万福台相邻（万福台是我国现存的古戏台之一，建筑形式与清宫内的戏台相似）。19世纪末，佛山祖庙香火旺盛，每年的庙会更是车水马龙，游人络绎不绝，"三品楼"的生意十分兴隆，常常是夜市还未开档，夜宵就已卖完。某天夜市店中仅乘两只毛鸡，而几位老熟客非吃不可，老板为了照顾交情，只好让厨师尽力而为。当时梁柱侯运用昔日烹制"卤水牛脯"的技艺，取上等原油面鼓捣烂成酱，再加上其他调料，用砂锅烧热油爆香，加汤煮沸，将鸡浸煮，然后斩件、淋汁上席。食客品尝后个个拍案叫绝。"柱侯鸡"由此名扬远近。

主　　料：肥嫩光鸭1500克。
调　　料：精盐5克，料酒25克，柱侯酱100克，生抽1500克，蒜茸5克，酱油10克，白糖15克，味精10克，姜葱25克，胡椒粉0.5克，麻油0.5克。
烹饪技法：炸、蒸。
工艺流程：选料→治净→上酱油→炸制→抹柱侯酱→炖制→拼摆成形→浇汁→成菜。
制作方法：
（1）将光鸭剖腹，取出内脏，斩去鸭脚洗净，抹干水分，皮上用酱油抹匀，下沸油锅炸至金黄色时取出，盛入盆内。
（2）柱侯酱内加入味精、精盐、酱油、蒜茸、糖、料酒、胡椒粉、麻油拌匀，涂在鸭子腹壁内外，抹匀，葱姜煸香后放入鸭肚内，上笼蒸1小时左右取出，除去葱姜，切去鸭头、鸭尾，将鸭身斩件，排放在盆内，鸭头、鸭尾摆成鸭形状，将原汁淋在鸭面上即成。
质量标准：色呈酱红，香浓润滑，肥而不腻。
工艺关键：本品蒸制，以猛火为主，在水烧沸时上笼，迅速蒸熟即可，以保其鲜嫩。如用鸡制成，则名为"柱侯蒸鸡"，周围如围上菜苔，则称"翡翠柱侯鸡"。

壮家烧鸭

"壮家烧鸭"是广西名菜。鸭肉营养价值很高，含有蛋白质、脂肪、钙、磷、铁等微量元素和维生素 B_1、B_2 及烟酸等成分，可扩张血管，降低胆固醇，促进细胞新陈代谢，有镇静降压、补中益气、祛病延年之效。

主　　料：仔鸭1只（约重800克）。
调　　料：精盐4克，白糖5克，白酒3克，酱油5克，青蒜苗10克，生姜5克，砂姜5克，胡椒粉2克，味精2克。
烹饪技法：烤。
工艺流程：选料→洗净→晾干→腌制→烤制→成菜。
制作方法：
（1）鸭宰杀，褪毛，去内脏，洗净，用钩挂起，晾干。砂姜捶成泥，与白糖、白酒、精盐调成汁，抹匀鸭的全身。生姜、青蒜苗切成丝，与胡椒粉、酱油、味精拌匀，装入鸭腹内，用竹签别好开口处。
（2）在烤炉内烧燃栗炭火，放上湿甘蔗渣，把鸭子挂入炉内，烘烤至呈金黄色即成。
质量标准：外脆内嫩，肉味醇厚，辛辣回甜，蔗味芳香。
工艺关键：先将烤炉烧热，挂入腌好的仔鸭，大火上色，中火烤熟，烤时要不断地转动鸭身，使受热均匀。

芥末鸭掌

"芥末鸭掌"是北京名菜。鸭掌含有丰富的胶原蛋白,与同等质量的熊掌的营养相当。"掌"为运动之基础器官,筋多,皮厚,无肉。筋多则有嚼劲,皮厚则含汤汁,肉少则易入味。从营养学角度讲,鸭掌多含蛋白质,低糖,少有脂肪,为绝佳减肥食品。

主　　料: 鸭掌 300 克。
配　　料: 生菜叶 100 克。
调　　料: 精盐 2 克,酱油 10 克,醋 15 克,芥末 2 克,香油 3 克。
烹饪技法: 煮。
工艺流程: 选料→煮制→脱骨→切配→调味→成菜
制作方法:
(1) 把鸭掌剥去外皮,用开水煮熟,脱骨并去掌筋,把鸭掌的腕部切下,掌部再竖切两半,码在盘内。
(2) 生菜去根,用水洗净、消毒,切成 1.2 厘米长的块,码在盘的周围。
(3) 将芥末调好,晾凉后加入精盐、香油、醋、高汤等拌匀,浇在鸭掌上即成。
质量标准: 此菜呈淡黄色,韧中透脆,浓辣含酸,清爽不腻。
工艺关键: 煮制时,要控制好鸭掌的成熟度,便于脱骨、抽筋的顺利进行。

拆烩鸭膀

"拆烩鸭膀"是天津名菜。"拆烩"是津门饮食业擅长、常用的传统烹调技艺。先将原料(通常均为带骨原料)入汤锅煮熟或蒸熟,再将净肉拆下,配以不同配料、调料一并烩制,如"拆烩鸡"、"拆烩元鱼"等。"拆烩鸭膀"选用肉质细嫩、蛋白质丰富、易消化的鸭膀为主料烩制成菜。其肉质软烂醇香,配料脆、滑兼具,鲜咸味长,汤汁稠和,为佐饭美味。

主　　料: 熟鸭膀 500 克。
配　　料: 水发海参 50 克,净冬笋 25 克,净南荠 40 克。
调　　料: 精盐 2.5 克,绍酒 15 克,葱末 1 克,味精 1 克,鸭清汤 450 克,牛奶 50 克,湿淀粉 30 克,熟猪油 20 克。
烹饪技法: 炸、焖。
工艺流程: 选料→煮(蒸)熟→拆骨→炸制→焖制→调味→勾芡→成菜
制作方法:
(1) 把每只鸭膀的骨头拆去。将海参切成长 3.5 厘米、宽 1.2 厘米的条。冬笋切成长 3 厘米、宽 1.8 厘米的长方片。南荠切成月亮片,与海参、冬笋分别入沸水锅中焯一下,捞入漏勺沥水。
(2) 锅置旺火上,放熟猪油烧至 180℃时,下葱末爆香,烹入绍酒,加入鸭清汤、鸭膀肉、精盐。汤沸后,加锅盖焖数分钟。待熟猪油与汤融合为一体、汤色发白时,下入南荠、海参、冬笋、牛奶。汤再沸时,下入味精,以湿淀粉勾芡,盛入大汤盘即成。
质量标准: 各料滋味相互融合,清而不淡,香醇鲜嫩。
工艺关键: 配料分别焯水,以免窜味;掌握好焖制时间。

潮州烧雁鹅

"潮州烧雁鹅"是潮汕传统名菜,在岭南地区广泛流传,广州市内,店店有卖,家家必食,其美味适口,可想而知。之所以称"烧雁鹅"是因为最初系用野雁制作。雁是大型的飞禽,属候鸟类。大小外形一般似家鹅,每年春分后飞往北方,秋分后南回,因季节更换,飞雁难

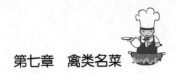

得，而且它又是受保护的野生动物，现改用家鹅代替，制法不变，风味相仿。

主　　料：宰净肥鹅 2 000 克。

配　　料：酸甜菜 150 克，香菜叶 2.5 克。

调　　料：精盐 20 克，绍酒 50 克，南姜 50 克，八角 5 克，白糖 50 克，胡椒油 2.5 克，湿淀粉 30克，深色酱油 250 克，桂皮 5 克，甘草 5 克，熟猪油 2 500 克。

烹饪技法：煮、炸。

工艺流程：选料→治净→煮制（两次）→切配→上湿淀粉→浸炸→成形→外带调味料上桌。

制作方法：

（1）将桂皮、八角、甘草放入小布袋里。扎口后，放入瓦盆，加清水 3 000 克、酱油、精盐、白糖、绍酒，用中火烧沸后，放入肥鹅转用小火滚约 10 分钟后，倒出鹅腔内的汤水，再放入瓦盆中，边滚边搅动，约 30 分钟至熟，取出晾凉后，片下两片鹅肉，脱出四柱骨，把鹅脊骨剁成方块，用湿淀粉 10 克拌匀，另用湿淀粉 20 克涂匀鹅皮。

（2）炒锅用中火烧热，下油烧至 150℃，先将鹅肉皮向上，端离火口浸炸，边炸边翻动，约炸 7 分钟再端回炉上，继续炸至骨硬皮脆，呈金黄色时捞起，把油倒回油盆。把鹅骨放入碟中，鹅肉切长 6 厘米、宽 4 厘米、厚 5 毫米的块，覆盖在骨上，用酸甜菜和香菜镶边，将胡椒油淋在上面，以潮州甜酱佐食。

质量标准：色泽红润，皮脆肉嫩，以甜酱佐食，甘香味浓。

工艺关键：此菜原系用雁鹅为主料，现以家鹅代替；南姜为潮州特产，皮红、肉黄、姜香、味浓，若无南姜可用普通姜替代；雁鹅炸至用筷子插入胸肉无血水流出即熟；酸甜菜为配菜之用，糖醋萝卜、糖醋黄瓜均可，比例是主料 500 克，加入白糖 150 克、白醋 7.5 克、精盐5 克、少许鲜辣椒，腌 6 小时即可；潮油甜酱，将潮安豆酱 100 克，加入清水 150 克搅匀，滤净，用中火烧热炒锅，下熟猪油 100 克，放入葱条 25 克炸至金黄色弃掉，加入豆酱和甘草 0.5 克、白糖 250 克约煮 10 分钟，溶解后去掉甘草，用干面粉、八角调稀匀芡，推匀即成。

蚝油扒鹅掌

"蚝油扒鹅掌"是广东名菜。广东地暖，草木常青，农家普遍养鹅。鹅，食百草，成长期短，体大肉丰。鹅掌富含胶原蛋白，为历代美食家所嗜食。

主　　料：鹅掌 24 只。

配　　料：冬笋 100 克，火腿 25 克，湿冬菇 100 克。

调　　料：精盐 3 克，料酒 25 克，白砂糖 5 克，酱油 10 克，葱姜 25 克，蚝油 15 克，味精 2 克，上汤 250 克，猪油 50 克，麻油 5 克。

烹饪技法：扒。

工艺流程：选料→治净→煮制→拆骨→氽水→扒制→调味→勾芡→成菜。

制作方法：

（1）将鹅掌脱净外皮洗净，冷水下锅煮至八成熟取出，拆去骨头，再下开水锅，加入葱姜、料酒，氽水取出。笋、冬菇、火腿均切成片待用。

（2）炒锅烧热，加入猪油，投入鹅掌、笋片、火腿、冬菇，略炒一炒，烹入料酒，加入上汤、蚝油、酱油、精盐、味精、白砂糖搅匀，盖上锅盖，用文火扒制，再用湿淀粉打薄芡，淋入麻油推匀，起锅装入烩盆内即成。

质量标准：鹅掌脱骨、外形美观、质地酥烂、原汁原味、明油亮芡。

工艺关键：扒，有整齐美观的含义，鹅掌加工时，要在形态上、刀口上精工细做，整齐划一；汤和菜要比例合适，汤和芡融合，紧紧依附在菜肴中，使菜肴表面油润、光滑；扒菜在锅内不能散乱，出锅时也不能散乱，勾芡均匀，菜肴整个翻锅，以保持其完整。

飞奴

"飞奴"是山西名菜。"飞奴"即鸽子，此菜出自《史记·魏世家》。鸽子在古代是传寄书信的工具，俗称"飞奴"。秦始皇二十二年，魏国假请降，遣人至咸阳，用鸽子偷寄军情于魏。秦王得知，宰杀咸阳所有鸽子而食。秦始皇二十六年统一中国后，在庆典筵席中又以鸽子入馔。现今制作的"飞奴"选用乳鸽，经汽锅蒸制而成。常食此菜，对高血压、动脉硬化等疾病有治疗效果。

主　　料：乳鸽2只（约重750克）。
配　　料：水发玉兰片15克，熟火腿15克，鸡腿肉60克。
辅　　料：精盐3克，绍酒10克，葱段10克，姜片10克，肥瘦猪肉50克。
烹饪技法：蒸。
工艺流程：选料→治净→漂洗→切配→蒸制→调味→再蒸制→成菜。
制作方法：
（1）将乳鸽宰杀、褪毛、去内脏、洗净，剁去嘴尖、尾尖、脚爪，放开水锅内焯过，再用清水漂净，剁成核桃般大小的块。
（2）肥瘦猪肉切梳子花刀片，鸡腿剁块，玉兰片、熟火腿均切片。
（3）汽锅内用猪肉片、鸡块垫底，再将乳鸽块摆成原鸽形，添入清水至与原料齐平。加入绍酒、葱、姜，入笼旺火蒸40分钟取出，拣出葱姜。
（4）将汽锅中的汤汁滗入炒锅内，旺火烧沸，撇净浮沫，加入精盐后仍倒入汽锅内，用玉兰片和火腿片码面，再入笼旺火蒸10分钟取出，原汽锅上桌即成。
质量标准：原汁原味，鲜香四溢。
工艺关键：汽锅必须加盖，或用绵纸封严，蒸时避免水蒸气渗入，以保持原汁原味。

双燕还巢

"双燕还巢"是芜湖传统名菜。此菜取其含意，寓意吉祥，成为婚宴中的一个重头菜。菜品选用一对鸽子，其造型如燕，以发菜等制"巢"，制作精巧，形色似真，肉酥香，味醇厚。

主　　料：净菜鸽2只（约重500克）。
配　　料：熟鸽蛋12个，鳜鱼肉150克，发菜15克，水发冬菇丝50克。
调　　料：精盐10克，酱油25克，黄酒15克，白糖15克，八角2只，白胡椒粉0.5克，鸡蛋清2个，葱10克，姜10克，干淀粉25克，湿淀粉10克，鸡汤500克，鸡油5克，芝麻油15克，色拉油1000克（约耗100克），冻猪油10克。
烹饪技法：蒸、炸、焖。
工艺流程：治净鸽子→炸制→焖制→备用。
　　　　　洗净发菜→制鱼茸→蒸制→成形→造型。
　　　　　配料炒制→勾芡→浇汁→成菜。
制作方法：
（1）鸽子开膛，洗净，去血水，放入清水中浸泡；清水洗净发菜，加鸡油蒸7分钟；鳜鱼肉、肥膘肉入清水洗净，去血水，剁成细茸，放入碗中，加入精盐1克、味精0.3克、黄酒5克、葱姜汁5克、白胡椒粉、鸡蛋清、干淀粉15克搅拌上劲，备用。
（2）鸽子焯水后捞起，趁热抹上酱油，放入140℃的油锅内，炸至金黄色。
（3）炒锅置旺火上，放入色拉油50克，投入葱段5克、姜片5克煸出香味，即放入鸡汤、八角、白糖、酱油、精盐3克、黄酒10克、味精0.3克，放入鸽子，旺火烧沸，小火焖烂。
（4）发菜与鳜鱼肉馅搅和均匀，取12个"燕窝"模子，抹上冻猪油，把馅抹在模子内，放盘中，蒸六七分钟；鸽蛋滚上干淀粉10克，入140℃的油锅内，炸成淡黄色捞出，放在燕巢之中。
（5）香菇丝用芝麻油炒一下，加汤、精盐、味精烧至入味，勾芡出锅备用。
（6）焖烂的鸽子放在大腰盘中，炒好的冬菇放在两个翅膀、脚爪上做羽毛，摆出飞燕姿势。然后用蒸好的"燕窝"鸽蛋围边。将焖制鸽子的原卤勾芡浇在盘中即成。

质量标准：形似双燕，鸡肉酥烂，诸料合鲜，芡汁光亮。

工艺关键：鸽子开膛要小，应泡去血水；葱姜各5克拍松，用50克水浸泡出汁；做"燕窝"时，模子抹上冻猪油，以便熟后取出；鸽子原汁勾芡要稀，称为"明卤"；熟时加入精盐，以使鸭烂味醇。

酱汁鸽子

"酱汁鸽子"是河南名菜。据李时珍《本草纲目·禽部》记载，鸽肉味"咸、平、无毒"，具有"解诸药毒"、"调精益气"之功效。"酱汁"是豫菜民间的一种特殊风味，由传统的"酱炙"技法演变而来。因主料上裹有用汤澥开的甜面酱，食之有酱味，所以称之为"酱汁"。

主　　料：菜鸽4只（约重750克）。

调　　料：甜面酱50克，白糖2克，精盐2克，绍酒2克，味精1克，八角2颗，桂皮2克，清汤500克，葱花3克，姜末2克，葱段2克，姜片2克，芝麻油25克，花生油15克。

烹饪技法：蒸、煨。

工艺流程：选料→治净→浸渍→蒸制→切配→煨制→调味→成菜。

制作方法：

（1）将菜鸽宰杀、去毛、除内脏，剁去爪尖洗净，控去水，用绍酒1克、葱段、姜片浸渍1小时。鸽子放盛器内，加桂皮、八角上笼蒸熟取出，晾凉，剁成小核桃块。

（2）炒锅置旺火上，添入花生油，烧至160℃，放葱花炸出香味后，下入甜面酱炒匀，添入蒸鸽子汤，放入鸽肉、白糖、绍酒1克，煨至汁浓、鸽肉入味时，淋入芝麻油出锅即成。

质量标准：骨酥肉烂，酱香浓郁，回味悠长。

工艺关键：菜鸽在初加工时一定要洗净，浸渍时间要充足；蒸熟后晾凉才能剁成块；蒸制用旺火，煨制用小火。

兰草芙蓉扒乳鸽

"兰草芙蓉扒乳鸽"是甘肃名菜，是在传统名菜"八宝鸳鸯"的基础上演变而成的。

主　　料：乳鸽1对。

配　　料：水发海带25克，火腿末10克。

调　　料：精盐6克，料酒10克，胡椒粉3克，味精2克，葱结20克，姜片20克，花椒10克。

烹饪技法：扒。

工艺流程：选料→宰杀→治净→焯水→调味→蒸制→造型→浇汁→成菜。

制作方法：

（1）将乳鸽宰杀、褪毛，从背部开膛去净内脏，清洗干净；锅内添入清水，将洗净的乳鸽焯水捞起，用刀拍松放入盘中，加入开水（以淹没乳鸽为度）、葱结、姜片、花椒包、精盐、料酒上笼蒸烂取出，取十个汤羹匙抹上油，放入鸡蛋清，用海带丝作兰草叶，火腿末作根，上笼蒸制成兰草芙蓉的形状。

（2）将蒸烂的乳鸽捞出，胸部向上摆在盘中间，周围摆上蒸好的兰草芙蓉。

（3）锅放火上，添入蒸鸽子的原汤，加精盐、胡椒粉、味精调味，勾入流水芡，浇在乳鸽上即可。

质量标准：形态美观，质嫩酥烂，味鲜美。

工艺关键：乳鸽宰杀时，采用背开法，以保证成菜美观；蒸乳鸽前，要用刀拍松，容易入味。

复习与思考

一、填空题

1."飞龙汤"是黑龙江传统名菜。"飞龙"是指盛产于兴安岭山林中的一种体形较小的飞

禽_____。

2．"芙蓉鸡片"是扬州名菜。此菜是在清代"_____"、"_____"的基础上发展而来的。

3．石耳属地衣类植物，生长在高山背阴处，形、色颇似黑木耳，常用于_____、_____菜肴中。

4．"清汤荷花莲蓬鸡"是河南名菜。此菜以_____和_____为原料，是中华名厨赵继宗在传统菜"莲蓬鸡"的基础上改制而成。

5．河南名菜"煎鸡饼"的制作关键是_____。

6．"东江盐焗鸡"的烹制方法有三种：_____、_____和_____。

7．"鸡豆花"是_____的代表菜。

8．"汽锅鸡"是将汽锅置于一口放满水的汤锅上，将加工好的鸡块，入锅_____洗净，装入汽锅内，用_____长时间蒸制而成。

9．"樟茶鸭子"是四川成都的_____名菜。

10．"柴把鸭子"是北京"_____"的名肴。此菜用油菜薹将鸭肉条、冬菇条、冬笋条、火腿肉条捆扎成形，如一捆捆的柴把，故名。

11．"飞奴"是山西名菜。制作的"飞奴"选用乳鸽，经_____而成。

12．"小煎鸡"是重庆"小洞天餐厅"的传统名菜，是用川菜独特的_____、_____技法烹制而成的。

13．"花雕鸡"是广州八大鸡之一，为"_____"的招牌名菜。

14．"鸡茸金丝笋"是福建名菜，是福州_____中的上品。

15．"三杯鸡"是江西名菜，用仔鸡与_____、_____、_____各一杯炖制而成。

二、简答题

1．广东名菜"脆皮鸡"的两道制作工序是什么？

2．简述河南名菜"炸八块"的制作要领。

3．制作"东江盐焗鸡"时应注意哪些问题？

4．"椒麻"是川菜独有的味型，应如何调制？

5．简述"麻仁香酥鸭"的操作关键。

6．"北京烤鸭"、"金陵片皮鸭"在制作上有何不同？

7．广东名菜"白切鸡"的制作要领是什么？

8．简述"清汤荷花莲蓬鸡"的工艺流程。

第八章　豆制品类名菜

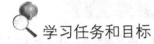学习任务和目标

- ✍ 学习豆制品类名菜，了解与豆制品相关的知识。
- ✍ 重点学习豆制品从初加工到精加工的操作过程，提高刀工技能。
- ✍ 关注多种配料的初步熟处理过程和技术标准。

烧八宝老豆腐

"烧八宝老豆腐"是吉林省传统名肴，主料选用豆腐与几种鲜味原料，通过煮、烧的技法制成。

主　　料：豆腐500克。

配　　料：水发海参25克，水发冬菇25克，火腿25克，熟鸡肉50克，海米10克，冬笋25克，油菜25克。

调　　料：精盐5克，绍酒10克，白糖15克，酱油15克，味精5克，葱10克，姜10克，花椒水10克，芝麻油10克，高汤30克。

烹饪技法：烧。

工艺流程：蒸制豆腐→浸凉→切配→烧制→调味→勾芡→成菜。

制作方法：

(1) 将豆腐放入盘中，置于笼屉内用急火蒸10分钟，呈蜂窝状（即成老豆腐），然后用水投凉挤净水，切成骨牌块；冬菇用开水泡20分钟，去根洗净，连同冬笋、火腿、熟鸡肉、海参都改成斜刀片；油菜心切段；葱切丁，姜切末。

(2) 炒勺内放油，用葱姜炝锅，加酱油后添汤，放入老豆腐、冬笋、冬菇、火腿、海参、鸡肉、海米烧开，加味精、精盐、花椒水、白糖、绍酒、油菜，用湿淀粉勾芡，淋芝麻油出勺即可。

质量标准：形似海绵，色泽红润，咸鲜香浓，明汁亮芡。

工艺关键：选用嫩豆腐蒸制，旺火气足，蒸制的"老豆腐"孔大质酥；因老豆腐吸汁，芡汁宜稍宽。

三鲜豆腐

豆腐制作工艺在我国已有两千多年的历史，在东北三省有"豆腐就是命"之说。明代，苏平曾咏诗赞美豆腐："传说淮南术最佳，皮肤退尽见精华，一轮磨上滚琼液，百沸汤中滚雪花，瓦缸浸来蟾有影，金刀割破玉无瑕……"豆腐营养丰富，物美价廉，利用豆腐制作的美馔佳肴有几百种，"三鲜豆腐"就是其中的名菜之一。其味鲜质嫩，口感滑软，半汤半菜，再配以特制的汤和多种鲜味原料，更身价倍增，可入高档宴席。

主　　料：嫩豆腐 300 克。

配　　料：水发海参 50 克，熟鸡肉 50 克，水发香菇 50 克，油菜心 50 克，鲜虾肉 50 克，火腿 25 克，鲜贝丁 50 克。

调　　料：精盐 5 克，绍酒 3 克，味精 4 克，蒜末 10 克，清汤 1 000 克，花生油 25 克。

烹饪技法：烩。

工艺流程：切配豆腐→焯水→烩制→调味→成菜。

制作方法：

（1）先将豆腐切成 4 厘米长、3 厘米宽、0.5 厘米厚的片，再入开水锅内余后捞出。

（2）香菇、海参、鸡肉、火腿均切片；虾肉切成抹刀片，与鲜贝丁分别放入碗内加精盐，挂上蛋清糊。

（3）先将虾片、鲜贝丁用温油滑至嫩熟捞出；香菇、海参、鸡肉、油菜心、火腿余后捞出凉晾备用。

（4）炒勺内放花生油，烧热后烹入绍酒，加清汤烧开，依次放入豆腐、香菇、海参、鸡肉、火腿，用小火烩制 5 分钟后，再放入虾肉、鲜贝丁、油菜心、精盐、味精烧开，盛入汤盆后撒上蒜末即成。

质量标准：味鲜质嫩，口感滑软。

工艺关键：清汤要求汤汁澄清、鲜味浓醇；豆腐必须余去卤水苦味，烹制时成形不碎；蒜末用作提味，现做现切。

一品豆腐

"一品豆腐"是天津传统风味名菜，系用豆浆加卤水或石膏凝成软嫩的"豆腐脑"，加入多种名贵配料，包入鲜豆腐皮内蒸熟，再浇以卤汁而成。若制作时没有鲜豆腐皮，可将干豆腐皮用热湿布盖上，焖软替代即可。

主　　料：豆腐脑 500 克。

配　　料：鲜豆腐皮 1 大张，水发鱼骨 25 克，水发干贝 40 克，水发冬菇 30 克，水发海参 30 克，净冬笋 25 克，熟白鸡脯 25 克，熟白肉 30 克，火腿 30 克，熟虾仁 30 克，鲜豌豆粒 30 克。

调　　料：鸡蛋清 2 个，精盐 2 克，味精 1.5 克，姜汁 5 克，酱油 10 克，肉清汤 250 克，熟猪油 30 克。

烹饪技法：蒸。

工艺流程：选料→调制→蒸制→调味→浇汁→成菜。

制作方法：

（1）将火腿去皮，与鱼骨、冬菇、冬笋均切成 1.8 厘米见方的薄片；海参、虾仁、熟白鸡脯、熟白肉切成 1.8 厘米见方的小丁；另将鲜豌豆去皮。然后，将鱼骨、冬菇、冬笋、海参、豌豆入沸水锅中焯一下，沥去水分。

（2）把豆腐脑放入净布内挤去水分，放入大碗，加精盐 1.1 克、味精 0.5 克、鸡蛋清、熟猪油搅匀。随后将各种配料放入，搅拌均匀。

（3）取大碗 1 只，将豆腐皮铺在碗内，倒入拌好的豆腐脑。然后，将豆腐皮周边提起、拧紧，把豆腐脑兜好，连碗上笼用旺火蒸 15 分钟，取出，扣在大汤盘内。

（4）锅置旺火上，注入肉清汤，放姜汁、精盐、酱油。汤沸后，撇去浮沫，加味精搅匀，浇在豆腐上即成。

质量标准：食用时，以羹匙舀食，入口鲜嫩无比，滋味极佳，营养异常丰富，清口不腻。

工艺关键：配料要分别焯水；调味切忌过咸。

奶豆腐

"奶豆腐"是内蒙古创新菜肴。内蒙古饮食服务公司特二级烹调厨师王文亮在 1988 年第二届全国烹饪技术比赛上以此菜获铜牌。

主　　料：奶豆腐 700 克。
配　　料：果脯 100 克，京糕 100 克，鸡蛋清 5 个。
调　　料：白糖 200 克，熟猪油 1 000 克（约耗 100 克）。
烹饪技法：炸、蒸、蜜制。
工艺流程：选料→洗净→切配→挂糊→炸制→蒸制→蜜制→成菜。
制作方法：
（1）取奶豆腐 300 克、果脯 100 克一起切碎，做成圆球形。鸡蛋清搅打成蛋泡糊。
（2）炒锅置于火上，下熟猪油烧至 150℃时，将奶豆腐球逐个裹上蛋糊，入油中炸至淡黄色捞出，装入盘中，撒上白糖 50 克。
（3）取奶豆腐 400 克，切成厚 15 厘米、边长为 4 厘米的菱形块，加白糖上笼蒸透取出。京糕切成边长为 3 厘米的菱形块，置奶豆腐上，摆在炸好的奶豆腐球周围。
（4）炒锅内加适量水烧热，放入白糖熬成蜜汁，浇在菱形块奶豆腐上即成。
质量标准：质地绵软，口味甜酸，奶香浓郁。
工艺关键：蛋泡糊应一气呵成，搅打好的蛋泡糊需迅速裹匀奶豆腐，炸制，不可久放；炸奶豆腐球的油温不宜过高，熬糖的火力不宜过猛。

干炸响铃

"干炸响铃"是浙江名菜。此菜豆腐皮为主料，泗乡豆腐皮为浙江著名特产，薄如蝉衣，色泽黄亮，豆香诱人，闻名遐迩。用豆腐皮把猪里脊肉末包卷成马铃儿的形状，采用炸的烹饪技法，故称"干炸响铃"，闻名于世，泗乡豆腐皮也因此声名远扬。

主　　料：泗乡豆腐皮 12 张。
配　　料：猪里脊肉 50 克。
调　　料：精盐 1 克，黄酒 1 克，味精 1.5 克，鸡蛋黄 1/4 个，甜面酱（炒制）50 克，花椒盐 5 克，葱白段 5 克，色拉油 750 克（约耗 90 克）。
烹饪技法：干炸。
工艺流程：制猪肉泥粒→制馅→加工豆腐皮→包卷成形→切段→炸制→装盘→配佐料上席。
制作方法：
（1）将猪里脊肉剔去筋膜，粗切细斩成泥粒，放在碗内，加入黄酒、精盐、味精和鸡蛋黄拌成馅，分成 5 份，待用；豆腐皮抖松，撕去周围的硬边后，仍整齐叠好，切成正方形；肉馅分别放在每张豆腐皮的一端，揭开（宽约 3 厘米），并在馅上放切下的豆腐皮边料，揭起有肉馅的一端，卷包成筒形，并在卷合处蘸上少许清水使之粘住。如法制完 5 条，然后，切成 3.5 厘米长的段，竖放在盘中。
（2）炒锅内加入色拉油，烧至 140℃时，把豆腐皮卷放入油锅，用手勺不断翻动，当炸至黄亮松脆时，捞出沥干油，装入盘内，配甜面酱、葱白段和花椒盐上席，即成。
质量标准：鲜香扑鼻，食时脆如响铃，配佐料食味更佳。
工艺关键：猪里脊肉用粗切细斩的方法加工成泥粒，肉馅不粘连；切下的边料留用；肉馅涂抹在腐皮上要薄而均匀，以免影响成熟和松脆；卷筒要松紧适宜，以大拇指粗细为标准，切段后应直立放置，以免变形，影响成形美观；掌握油温，油温过低响铃要吸油，过高易炸焦，炸时要连续翻动，使响铃达到黄亮不焦、酥松可口的要求。

杏仁豆腐

"杏仁豆腐"是福建名菜。此菜的新颖独到之处在于以杏仁为原料做成"豆腐"。杏仁磨浆制"冻",成品色白,状似豆腐,食之富有杏仁香味,故此命名。我国食用杏仁已有上千年的历史,据《本草纲目》记载,杏仁有"润肺脾、消食积、散滞气"的功效。其含有丰富的脂肪、蛋白质、糖类以及胡萝卜素、B族维生素、钙、磷、铁等营养成分,其中胡萝卜素的含量在果品中仅次于芒果,并有抗肿瘤的作用,还有养颜美容的功效。

主　　料:杏仁15克。
调　　料:冻粉2.5克,冰糖125克。
烹饪技法:蒸。
工艺流程:浸泡杏仁→磨成浆→过滤→蒸冻粉→晾凉→切块→装盘→熬冰糖水→待凉→倒入盘内。
制作方法:
(1)杏仁入沸水,浸泡10分钟,取出,去膜切碎末,加清水100克磨成杏仁浆,过滤,去杂质。
(2)冻粉洗净,入盛器,加清水100克,蒸15分钟取出,过滤去杂质。将杏仁、冻粉浆放入锅内煮沸,迅速起锅,倒进30厘米直径的盘里,待晾冷凝结成冻时,用刀划成24块菱形杏豆腐块,装入深盘。清水500克煮沸,加入冰糖熬至溶化后,盛入汤碗,待晾冷后,将冰糖水倒入盘中即成。
质量标准:柔滑淡爽,富有弹性,色泽洁白,甜润可口。
工艺关键:杏仁可用纱布过滤,一般需要过滤2次,用细筛过滤,效果更好;冻粉蒸制时,汽要足,使其彻底溶化,并过滤去杂质;冻粉也称凉粉,为琼脂,其在水中加热后溶解,冷却后成冻状,此菜利用其特点,制成豆腐状;冰糖水应冷却后倒入盘中,以免"豆腐"受热溶化。

东江瓢豆腐

"东江瓢豆腐"是广东名菜。东江菜即客家菜,所谓客家,是从中原南迁而来的汉族人。相传,西晋永嘉年间(4世纪初),中原战乱频繁,人民流离失所,一部分汉人南涉渡江。至唐末五代和南宋末年(13世纪),又有大批汉人过江南下至赣、闽及粤东、粤北等地,他们被称为"客家",以粤东东江一带的梅县、兴宁、大埔、五华、惠阳等地最为集中,其菜肴也保留了古代中原的一些特点和风味,称为客家菜。客家人初到东江时,仍保留中原人过年吃饺子的习俗,后来把饺子的馅料填进豆腐取代饺子,虽不如吃饺子那样有情趣,但总可以得到一点慰藉。

主　　料:豆腐600克。
配　　料:去皮猪肉325克,左口鱼末10克,水发海米50克。
调　　料:精盐12.5克,深色酱油15克,胡椒粉0.5克,味精7.5克,葱15克,湿淀粉10克,干淀粉20克,清水50克,淡二汤750克,花生油500克(约耗50克)。
烹饪技法:煎、焖。
工艺流程:选料→切配→造型→煎制→焖制→调味→勾芡→成菜。
制作方法:
(1)将豆腐切成长5厘米、宽4厘米、高2.5厘米的小块,共30块,把猪肉、鱼肉分别剁成黄豆粒大小。虾米切成细粒。
(2)把猪肉、鱼肉放在盆内,下精盐10克、味精0.5克,拌挞至有胶,再下虾米、清水、干淀粉、葱10克、左口鱼末5克,拌挞约2分钟成肉馅。

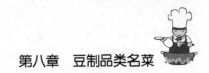

（3）在每块豆腐中间挖一个长 2.5 厘米、宽 1.5 厘米的小洞，然后每块豆腐瓤入肉馅 20 克。

（4）炒锅用中火烧热，下油 25 克，把瓤豆腐逐块放入，边煎边加油两次（每次约 25 克），煎至两面
金黄色，取出放入砂锅，加入二汤、精盐、味精，加盖用中火焖 2 分钟至熟，下酱油调色，用
湿淀粉勾芡，淋油 25 克拌匀上碟，撒上葱、左口鱼末、胡椒粉便成。

质量标准：色泽金黄，质地软嫩。

工艺关键：左口鱼末制法：左口鱼末为广东特产，将左口鱼干剥去头、皮骨，取净肉，用中火烧热
炒锅，下花生油至五成热，放入鱼干炸至金黄色，捞出，晾凉后，碾成末。搅馅时用力
要均匀，顺一个方向搅动。煎时要随时转动锅，避免煳底。

麻婆豆腐

清同治年间，成都北门外万福桥边有家小饭店，面带麻粒的陈姓女店主，用嫩豆腐、牛
肉末、辣椒、花椒、豆瓣酱等烹制的佳肴麻辣、鲜香，十分受人欢迎，这就是著名的"麻婆
豆腐"，后来小饭店也改名为"麻婆豆腐店"。

主　　料：豆腐 250 克。

配　　料：牛肉末 50 克。

调　　料：精盐 3 克，料酒 5 克，味精 1 克，豆豉 10 克，
花椒粉 1.5 克，水淀粉 10 克，郫县豆瓣 20 克，
酱油 10 克，花生油 75 克，鲜汤 150 克。

烹饪技法：烧。

工艺流程：选料→切配→焯水→烧制→调味→勾芡→成菜。

制作方法：

（1）豆腐切成约 1.8 厘米见方的块，放碗里用沸水烫一下（不能下锅烫煮）后，沥干水分；将豆瓣剁
细、蒜苗切"马耳朵"形；豆豉用刀压成茸或剁成细末；牛肉去筋剁成末。

（2）炒锅中放油烧至 150℃，倒入肉末炒散、炒熟后，起锅装碗里待用。

（3）炒锅中放油烧到 120℃，放豆瓣酱、辣椒粉、豆豉炒红炒香，加鲜汤烧沸后，放豆腐、肉末用中
火烧三四分钟，放蒜苗、酱油烧半分钟后，勾芡收汁，视汁浓亮油时盛碗内，撒花椒末即成。

质量标准：色泽红亮，豆腐嫩白，具有"麻、辣、鲜、烫"等特点，豆腐形整。

工艺关键：豆腐宜选用细嫩清香的"石膏豆腐"；牛肉以黄牛肉、牛腱子肉为好；炒豆瓣酱、辣椒粉、
豆豉时，炒红炒香，火力要小、油温宜低；保持豆腐形态不烂，应少搅动，勾芡两次为好。

口袋豆腐

"口袋豆腐"是四川传统汤菜。因成菜后，每块豆腐内胀满浆汁，用筷子提起形如口袋而
得名。

主　　料：豆腐 500 克。

配　　料：冬笋 30 克，菜心 50 克，火腿 20 克。

调　　料：川盐 3 克，料酒 10 克，味精 1 克，胡椒粉 2 克，食用碱 10 克，肉汤 1 000 克，奶汤 700
克，熟菜油 500 克（约耗 50 克）。

烹饪技法：煮、炸。

工艺流程：选料→切配→炸制→煮制→调味→成菜。

制作方法：

（1）将豆腐去皮，切成 6 厘米长、2 厘米见方的条，共 30 条。

（2）冬笋切成骨牌片；菜心洗净。

（3）将豆腐条分次放入 180℃热油炸至金黄色捞出，放入碱水锅内泡约 4 分钟捞起，放入清水中退碱。
上菜时将炸好的豆腐再在沸水中过一次，并用肉汤汆 2 次。

中国名菜

（4）将奶汤入锅中烧沸，加冬笋、胡椒粉、料酒、川盐烧沸后，下豆腐条、菜心、味精调味后，起
　　锅盛入汤碗即成。
质量标准：汁白菜黄，汤鲜味浓。
工艺关键：掌握炸豆腐的火候，豆腐在碱水锅提碱时，水不要大开。

文思豆腐

“文思豆腐”是扬州传统名菜，系清代乾隆年间扬州僧人文思和尚所创制。

主　　料：豆腐450克。
辅　　料：冬笋10克，鸡胸脯肉50克，火腿25克，鲜香菇25克，生菜15克。
调　　料：精盐4克，味精3克。
烹饪技法：烩。
工艺流程：选料→切配→烩制→调味→成菜。
制作方法：
（1）将豆腐削去老皮，切成细丝，用沸水焯去黄水和豆腥味。
（2）把香菇去蒂，洗净，切成细丝；冬笋去皮，洗净，煮熟，切成细丝；生菜叶择洗干净，用水焯
　　熟，切成细丝。
（3）鸡脯肉用清水冲洗干净，煮熟，切成细丝；熟火腿切成细丝。
（4）香菇丝放入碗内，加鸡清汤50毫升，上笼蒸熟。
（5）将炒锅置火上，舀入鸡清汤200毫升烧沸，投入香菇丝、冬笋丝、火腿丝、鸡丝、青菜叶丝，
　　加入精盐烧沸，盛汤碗内加味精。
（6）另取炒锅置火上，舀入鸡清汤500毫升，沸后投入豆腐丝，待豆腐丝浮上汤面，即用漏勺捞起
　　盛入汤碗内上桌。
质量标准：咸鲜味，刀工精细，软嫩清醇，入口即化。
工艺关键：此菜要选用盐卤制作的豆腐3块，约重450克，此菜刀工精细，要求香菇、冬笋、火腿、
　　鸡脯肉都切成粗细一致的细丝。

大煮干丝

“大煮干丝”又称“鸡汁煮干丝”，是淮扬名菜之一，清乾隆时期已名扬天下，近年又呈
重新走红的趋势。

主　　料：豆腐干400克。
配　　料：熟鸡丝50克，虾仁50克，熟鸡肫片25克，熟鸡肝25克，熟
　　　　　火腿丝10克，冬笋丝30克，焯水的豌豆苗10克。
调　　料：虾子3克，精盐6克，白酱油10克，鸡清汤450克，熟猪油80
　　　　　克。

工艺流程：选料→切配→浸烫→烹制→调味→成菜。
制法方法：
（1）选用黄豆制作的白色豆腐干（要求质地细腻，压制紧密），先片成厚0.15
　　厘米的薄片，再切成细丝，然后放入沸水中浸烫，用筷子轻轻翻动拨
　　散，沥去水，再用沸水浸烫2次，每次约两分钟捞出，用清水漂洗后
　　再沥干，即可去其黄泔水的苦味。
（2）炒锅上旺火，舀入熟猪油25克烧熟，放入虾仁炒至乳白色，起锅盛入碗中。
（3）炒锅中舀入鸡汤，放干丝，再将鸡丝、肫肝、笋放入锅内，加虾子、熟猪油55克置旺火上烧约
　　15分钟。待汤浓厚时，加白酱油、精盐。盖上锅盖烧约5分钟离火，将干丝盛在盘中，然后将
　　肫、肝、笋、豌豆苗分放在干丝的四周，上放火腿丝、虾仁即成。
质量标准：色彩美观，干丝鲜嫩绵软，汤汁鲜醇。
工艺关键：此菜豆腐干要好，切得要细，且要烫透，去尽黄泔味；煮时要透，不可缺虾子、猪油、高汤。

镜箱豆腐

"镜箱豆腐"由无锡迎宾楼菜馆名厨刘俊英创制，选用无锡特产"小箱"豆腐烹制而成。20 世纪 40 年代，迎宾楼菜馆厨师刘俊英对家常菜——"油豆腐酿肉"加以改进，将油豆腐改用小箱豆腐，肉馅中增加虾仁，烹制的豆腐馅心饱满，造型美观，细腻鲜嫩，故有肉为金、虾为玉、金镶白玉箱之称。因豆腐块形如妇女梳妆用的镜箱盒子，故取名为"镜箱豆腐"。此菜色呈橘红色，鲜嫩味醇，荤素结合，老少皆宜，是雅俗共品的无锡名菜。

主　　料：小箱豆腐 1 块，约重 500 克。
配　　料：猪肉末 250 克，大虾仁 12 只，水发香菇 20 克，青豆 5 克。
调　　料：绍酒 20 克，精盐 5 克，酱油 10 克，白糖 6 克，番茄酱 30 克，味精 2 克，葱末 13 克，水淀粉 25 克，猪肉汤 200 克，熟猪油 20 克，芝麻油 10 克，熟豆油 50 克。
工艺流程：选料→切配→炸制→烧制→调味→成菜。
制法方法：
（1）将肉末放入碗内，加绍酒、精盐拌和成肉馅。将豆腐对切成 4 块后，每块再均匀地切成长方形的 3 小块（每块约长 4.5 厘米、宽 3 厘米、厚 3 厘米），共 12 块，排放在漏勺中，沥去水。
（2）把炒锅置旺火上烧热，舀入豆油，烧至八成热时，将漏勺内豆腐滑入，炸至豆腐外表起软壳、呈金黄色时，用漏勺捞出沥去油。用汤匙柄在每块豆腐中间挖去一部分嫩豆腐（底不能挖穿，四边不能破），然后填满肉馅，再在肉馅上面横嵌一只大虾仁，做成镜箱豆腐生坯。
（3）将炒锅置旺火上烧热，舀入豆油，放入葱末炸香后，再放入香菇、青豆，锅端离火口，将镜箱豆腐生坯（虾仁朝下）整齐排入锅中，再移至旺火上，加绍酒、酱油、白糖、番茄酱、猪肉汤、精盐、味精，晃动炒锅，使调料融和。
（4）烧沸后，盖上锅盖，移小火上烧约 6 分钟至肉馅熟后，揭去锅盖，再置旺火上，晃动炒锅，收稠汤汁，用水淀粉勾芡，沿锅边淋入熟猪油，颠锅将豆腐翻身，虾仁朝上（保持块形完整，排列整齐），再淋入芝麻油，滑入盘中即成。
质量标准：菜色呈橘红色，鲜嫩味醇，荤素结合。
工艺关键：用汤匙柄挖豆腐时，注意底不能挖穿，四边不能挖破；在勾芡、将豆腐翻身时，要注意保持块形完整，排列整齐。

锅烧豆腐

广东风味名菜。此菜选用内酯豆腐，和虾胶、调味品搅匀，上笼蒸熟，晾凉，挂糊炸制而成。

主　　料：豆腐 250 克。
配　　料：虾胶 15 克、鸡蛋液 125 克、香菜 1 棵。
调　　料：精盐 2 茶匙，味精 1.5 茶匙，麻油 3 茶匙，胡椒粉、发酵粉各 1 茶匙，白糖 2.5 茶匙，干淀粉 1 汤匙，花生油 1000 克，淮盐各 3 茶匙。
烹饪技法：蒸、炸。
工艺流程：选料→切配→蒸制→炸制→成菜。
制作方法：
（1）将豆腐洗净放入盆内，放下虾胶，精盐拌成胶状，放入白糖，麻油、胡椒粉、五分之一的鸡蛋液拌匀，放香菜叶后，放在抹了油的盘内，摆成长方形，放入笼内蒸 10 分钟取出晾凉，后切成小块。
（2）将干淀粉、发酵粉、鸡蛋液调成糊状，涂在豆腐块上。
（3）炒锅上火，加入花生油 1000 克烧至 130℃时，放入豆腐，端离火口。约炸浸 7 分钟后，将锅放回炉上，再炸至硬脆、呈金黄色时，倒入漏勺，沥去油装盘即成。食用时佐噲汁、淮盐。
质量标准：菜品色金黄，皮脆香。
工艺关键：豆腐和虾仁调制稀稠均匀。掌握好糊浆调制及发酵粉的用量。

朱砂豆腐

"朱砂豆腐"是清真传统名菜，始创于北京鸿宾楼清真饭店。本菜用料考究，做工细致，色红油亮，质地细嫩，有如豆沙，味极鲜香，独具一格，大受食客青睐。

主　　料：南豆腐300克。
辅　　料：生鸡脯肉150克，熟咸鸭蛋黄150克。
调　　料：精盐5克，味精3克，鸡汤150克，湿淀粉20克，葱花5克，黄酒20克，鸭油100克。
烹饪技法：炒。
工艺流程：选料→制糊→烹制→成菜。
制作方法：
（1）生鸡脯肉去掉白筋，剁成泥，加鸡汤50克调拌均匀。鸭蛋黄压成泥，加鸡汤50克调拌均匀，豆腐片去上下老皮，捣成泥。
（2）将鸡肉泥、蛋黄泥、豆腐泥分别过箩去渣，加鸡汤50克、黄酒、味精、湿淀粉、精盐搅拌成糊。
（3）炒锅上火，加鸭油80克，烧至五成热，放入葱花稍炸一下，加拌好的肉蛋豆腐糊，翻搅着炒2分钟后，淋入鸭油20克即成。
质量标准：色红油亮，质地细嫩，有如豆沙，味极鲜香。
工艺关键：宜选南豆腐，用开水焯过，除去豆腥味，再片去老皮，然后压成泥。

锅塌豆腐

"锅塌豆腐"是山东最早的传统名菜之一，首创于济南，清乾隆年间成为清宫名菜，后来传遍山东各地及北京、上海等地。

主　　料：豆腐750克。
配　　料：鲜虾仁50克。
调　　料：鸡蛋2个，精盐、干面粉、湿淀粉各5克，葱末2克，姜末、味精各1.5克，绍酒、酱油各10克，鸡汤、熟猪油各50克。
烹饪技法：锅塌。
工艺流程：选料→制馅→蒸制→煎→焖→成菜。
制作方法：
（1）将豆腐切成6.5厘米长、2.6厘米宽、0.5厘米厚的长方片。虾仁剁成泥。取鸡蛋清倒入碗内，搅至起泡，加入精盐、湿淀粉、绍酒、味精与虾泥，搅匀成馅。
（2）先在盘内摆一层豆腐，均匀地抹上虾馅，将剩余的豆腐盖在虾馅上。然后上笼蒸15分钟，取出沥水。将鸡蛋黄、绍酒、味精、精盐和面粉放入碗内，搅成蛋黄糊，均匀地抹在豆腐上。
（3）炒锅内放猪油，在微火上转动一下，烧至六成热，将豆腐推入锅内，煎至两面呈淡黄色时，加入葱姜末、鸡汤、酱油、绍酒、味精，用大盘盖住，塌至汁尽，扣在盘内即成。
质量标准：色泽金黄，味浓鲜嫩。
工艺关键：豆腐可先上笼蒸制，以便去掉豆腥味；煎制时要采取热锅冷油的方法；鸡蛋糊不能蘸太多、太厚；塌制时要用微火，最好使汤汁呈微干状，以便入味。

椒盐丸子

"椒盐丸子"是陕西传统名菜。菜品色泽金黄，香味扑鼻，外焦里嫩，咸香味美。

主　　料：北豆腐1500克。
配　　料：胡萝卜100克，果藕100克。

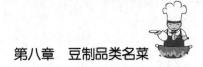

调　　料：精盐2克，味精1克，姜末5克，湿淀粉50克，花椒盐10克，花生油1 000克（约耗50克）。

烹饪技法：炸。

工艺流程：选料→切配→焯水→制馅→炸制→成菜。

制作方法：

（1）将豆腐放在菜板上，用刀拍碎成茸，放入小盆内；将胡萝卜、果藕削去外皮，洗净，切成绿豆粒大的丁。

（2）炒锅内加水，上火烧开，放入胡萝卜丁和果藕丁，略余一下，捞出放入盘中晾凉。

（3）将胡萝卜丁和果藕丁放入豆腐茸中，加入精盐、味精、姜末、湿淀粉搅拌均匀。

（4）将炒锅上火，倒入花生油烧至160℃，用手抓豆腐茸馅，从虎口处挤出圆形的丸子，下入油锅内，待炸至金黄色、外壳焦脆时捞入盘中，撒上花椒盐即可。

质量标准：色泽金黄，香味扑鼻，外焦里嫩，咸香味美

工艺关键：所使用的湿淀粉，用适量清水浸透即可，不可加过多水，以防止豆腐茸过稀；拌馅时调味要清淡一些，因为成菜时要蘸花椒盐食用；炸丸子的油温要保持在180℃。

托烧豆腐

托烧豆腐是一道河南传统菜，采用糖醋熘的方法，色泽红亮，甜酸适口。

主　　料：豆腐250克。

调　　料：精盐1克，鸡蛋1个，粉芡50克，白糖100克，香醋50克，色拉油1 000克（约耗80克）。

烹饪技法：熘。

工艺流程：选料→切配→兑汁→焯水→制糊→炸熘→成菜。

制作方法：

（1）老豆腐洗净，切成骰子丁，放水中焯去豆腥味，控干水。

（2）葱、蒜切碎；白糖、米醋、盐、少许水、淀粉兑成糖醋汁。

（3）将豆腐丁放在用鸡蛋、面粉、淀粉、油和好的糊中拌匀，下热油中炸成金黄色。

（4）葱、蒜炒出香味，倒入兑好的糖醋汁，汁沸，将炸好的豆腐丁放入，翻炒均匀即可。

质量标准：色泽红亮，甜酸适口。

工艺关键：炸豆腐时油温要适中，一次不宜下得太多，调料加热时间不宜过长，否则口感不好。

泰安三美豆腐

"泰安三美豆腐"是泰安风味名菜。泰安产的白菜、豆腐和泰山泉水，历来被誉为"泰安三美"。相传，历代封建帝王到泰安祭泰山，先后建起了不少寺庙、庵堂，吃素吃斋者增多，豆腐便成为这里的重要菜肴，"凌晨街街梆子响，晚间户户豆腐香，泰城家家豆腐坊"，反映了当时泰安城豆腐业兴旺的景象。李白于唐开元二十四年（736年）由湖北安陆迁来济南后，以及杜甫客居山东时，他们都曾多次上泰山，并品尝"泰安三美"菜肴之风味。"游山不来品三美，泰山风光没赏全"，这是当地长期流传的赞誉三美菜肴的佳话。"三美豆腐"一直流传至今，驰名中外。

主　　料：嫩豆腐200克。

配　　料：白菜心150克。

调　　料：鲜汤500克，精盐3克，味精2克，葱末、姜末各10克，鸡油10克，熟猪油40克。

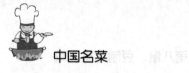

烹饪技法：烧。

工艺流程：选料→蒸透→切配→焯水→烧制→成菜。

制作方法：

（1）将豆腐上笼用旺火蒸透，取出沥水，切成3.5厘米长、2.5厘米宽、1.5厘米厚的片，白菜心用手撕成5厘米长的小条块，分别放入沸水锅中烫过。

（2）炒锅放猪油，烧至五成热，下葱、姜末炸出香味，放入鲜汤、盐、豆腐、白菜烧滚，撇去浮沫，加味精、淋鸡油即成。

质量标准：汤汁乳白而鲜，豆腐软滑，白菜鲜嫩，清淡爽口。

工艺关键：应用鸡汤烹制，吃火时间不要过长，汤与豆腐、白菜入锅烧沸后，移小火略烩一下即成。

复习与思考

一、填空题

1. "奶豆腐"是内蒙古创新菜肴，质地绵软，_____，奶香浓郁。

2. "口袋豆腐"是四川传统汤菜。_____，汤鲜味浓。

3. "大煮干丝"又称"鸡汁煮干丝"，是_____名菜之一。

4. "镜箱豆腐"，菜色_____，鲜嫩味醇，荤素结合，老少皆宜。

5. 广东风味名菜"锅烧豆腐"色金黄，_____。

二、简答题

1. 简述山东名菜"锅塌豆腐"制作方法。

2. 简述"托烧豆腐"的制作工艺流程。

3. 简述"东江瓢豆腐"的制作方法。

4. 四川名菜"麻婆豆腐"的特点是什么？

第九章　其他名菜

🔍 学习任务和目标

- 了解不同名菜所用主料与烹饪技法选择的相关知识。
- 重点学习各个名菜主料、配料刀工成型的形态与烹饪技法之间的联系。

红煨洞庭金龟

"红煨洞庭金龟"是湖南名菜，也是"岳阳味腴酒家"烹制的传统名菜。洞庭湖盛产金龟，色彩斑斓，腹部呈金黄色，肉质细嫩鲜美。

主　　料：金龟肉 1000 克。
配　　料：猪五花肉 150 克，冬笋 50 克，水发香菇 25 克，香菜 50 克。
调　　料：精盐 2 克，酱油 30 克，白糖 2 克，绍酒 25 克，桂皮 2 克，八角 1 克，干红椒 5 只，味精 2 克，胡椒粉 1 克，葱 15 克，姜 15 克，芝麻油 20 克，熟猪油 50 克。
烹饪技法：红煨。
工艺流程：选料→烫制→切配→煸炒→煨制→调味→成菜。
制作过程：
(1) 将龟肉下锅用开水烫过后，除净薄膜，剁去爪尖，洗净沥干，切成 3 厘米长、2 厘米宽的块；将猪五花肉切成 3 厘米长、1 厘米宽、0.2 厘米厚的片；冬笋切成梳形片；香菇去蒂洗净，改刀成片。葱打结，姜拍松；香菜洗净待用。
(2) 炒锅置旺火上，下入熟猪油烧热放入葱、姜煸香，下入龟肉、五花肉稍煸后，烹入绍酒、酱油，下桂皮、八角、干红椒、精盐、白糖、适量清水，烧沸后撇去浮沫，倒入砂锅内，移至小火上煨 1 小时左右；待龟肉软烂，再加入笋片、香菇、味精，撒上胡椒粉，淋入芝麻油，盛入汤盆中，外带香菜一碟同时上桌。
质量标准：色泽红亮，质地软烂，咸鲜微辣，醇厚浓郁。
工艺关键：烫制龟肉，除净污物；煸炒时，要煸出香味，方可装入砂锅煨制。

瓦罉焗水鱼

"瓦罉焗水鱼"是广东名菜。水鱼又名鳖、甲鱼、团鱼、脚鱼、元鱼。用瓦罉（砂锅）烹制，使之达到软烂，是席上滋补佳肴。无论蒸、煮、清炖、烧、卤、煎、炸均能够体现出风味香浓、营养丰富的特色。1995 年，广州出土一件东汉时代的陶灶，此灶呈连环式、船形，前设釜，中设釜甑，后设陶锅。锅内正煮着一只甲鱼，其方法很像现在的"瓦罉水鱼"。

主　　料：净水鱼 750 克。
配　　料：水发香菇 50 克，烤猪肉 150 克，炸蒜瓣 75 克。
调　　料：精盐 1 克，白糖 2.5 克，绍酒 15 克，姜汁酒 10 克，深色酱油 10 克，浅色酱油 2.5 克，

豆酱 15 克，陈皮 2.5 克，味精 5 克，葱条 15 克，姜末 1.5 克，姜片 5 克，蒜泥 0.5 克，胡椒粉 0.05 克，蚝油 10 克，干淀粉 10 克，淡二汤 600 克，花生油 1 000 克（约耗 125 克），芝麻油 0.5 克。

烹饪技法：煨、焖。

工艺流程：选料→治净→切配→焯水→煨制→拍粉→炸制→焖制→调味→成菜。

制作方法：

（1）将水鱼分切成块，每块约重 25 克，用沸水余过，捞出洗净。

（2）炒锅用中火烧热，加花生油 15 克，下姜片、葱条、水鱼块，烹姜汁酒炒匀，加二汤 100 克稍煨，取出，拣出姜、沥去水，先用浅色酱油，后用干淀粉拌匀。

（3）炒锅用旺火烧热，下花生油烧至 160℃，放入水鱼炸约 1 分钟，连油一起倒入笊篱沥去油。

（4）炒锅回放火上，下蒜泥、姜末、陈皮、豆酱、水鱼块，烹绍酒，再下二汤 500 克、精盐、味精、白糖、蚝油、烤猪肉、香菇、炸蒜瓣，略焖后转入瓦罉（砂锅）里，淋花生油 25 克，加盖，用中火焖约 30 分钟至软烂，然后加入深色酱油、胡椒粉、芝麻油及花生油 35 克。鱼裙放在上面，原锅加盖上桌。

质量标准：此菜原锅上席，质地软烂，原汁浓稠，滋味香馥，裙爽肉滑，大补元气。

工艺关键：水鱼加工方法：使水鱼腹部朝上、盖朝下，待它将头伸出时，迅速用刀将头斩下，再使它头腔朝下，控净血，放入八成开的水中烫几分钟（时间的长短应视水鱼老嫩程度而定），再放入温水中用小刀刮去水鱼裙边和腿部的黑膜（下刀要轻，不可划破裙边），并刮去腹部的白膜，再用小刀沿着锯齿形的盖将水鱼切开，撬开盖并取出内脏，剁去爪尖，用凉水冲洗干净即可；也可以先从腹部开刀，除去五脏之后再用水烫，最后再刮膜去骨。

冬瓜鳖裙羹

"冬瓜鳖裙羹"是湖北名菜，距今已有一千多年的历史，据《江陵县志》记载，宋仁宗召见张景曰："卿在江陵有何景？"对曰："两岸绿杨遮虎渡，一湾芳草护龙洲。"又问："所食何物？"曰："新粟米炊鱼子饭，嫩冬瓜煮鳖裙羹。"此菜因此而名扬四方。它的主要原料是雄甲鱼的裙边和甲鱼肉，辅料有水发香菇和嫩冬瓜等。把甲鱼的腿骨和胸骨都去掉，仅取其最优质原料与嫩冬瓜及香菇做成羹。

主　　料：甲鱼 300 克，冬瓜 1 500 克。

调　　料：精盐 6 克，味精 2 克，绍酒 5 克，姜 50 克，小葱 100 克，白醋 25 克，熟猪油 100 克。

烹饪技法：煸炒、煨、蒸。

工艺流程：选料→宰杀→烫制→切配→煸炒→煨制→蒸制→调味→成菜。

制作方法：

（1）将甲鱼宰杀放尽淤血，洗净，放入开水锅中烫煮 2 分钟，捞出后去掉黑皮，去壳去内脏，卸下甲鱼裙，将甲鱼肉剁成 3 厘米见方的块。

（2）冬瓜去皮，将肉瓢挖出削成荔枝大小的 28 个冬瓜球。

（3）炒锅置旺火上，下入熟猪油烧至 160℃时，将甲鱼先下锅滑油后滗油，煸炒一下，再下冬瓜球合炒，加鸡汤 500 克、精盐 5 克，移至小火上煨 15 分钟后待用。

（4）将甲鱼裙垫碗底，然后码上炒好的甲鱼肉，加入生姜、小葱、精盐、料酒、白醋、鸡汤，上笼蒸至裙边软粘，肉质酥烂出笼。

（5）出笼后取出整葱、姜，加味精，反扣在汤盆内，摆好冬瓜球即成。

质量标准：鳖裙软嫩，汤汁清纯，冬瓜清香，原汁原汤。

工艺关键：宰杀甲鱼时污血、脂肪要清除干净；此菜综合运用煮、煸炒、蒸烹饪技法。

珍珠元鱼

"珍珠元鱼"是辽宁名菜。元鱼又名甲鱼、团鱼、王八、脚鱼等。元鱼性味甘、平。蛋白

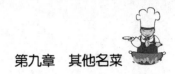

质含量为 16%，同时还含有脂肪、糖类、钙、磷、铁、维生素 B$_1$、B$_2$、烟酸，有滋阴凉血、补肾健骨的功效，适用于崩漏带下、瘰疬、久疟、久痢等症。

主　　料：元鱼 1 只，净鱼肉 200 克。
配　　料：冬笋 25 克，水发香菇 25 克，火腿 25 克。
调　　料：精盐 5 克，绍酒 25 克，酱油 50 克，味精 3 克，胡椒粉 2 克，大蒜 25 克，葱 1 段，姜 1 块，白糖 35 克，淀粉 50 克，鸡蛋清 100 克，猪板油 100 克，鸡汤 1000 克，熟猪油 100 克，芝麻油 20 克，鸡油 50 克。
烹饪技法：炖。
工艺流程：宰杀→治净→烫制→切配→煸炒→烧制→调味→成菜。
制作方法：
（1）将元鱼宰杀，去内脏、甲壳，洗净，用沸水烫透捞出，用刀刮去黑皮，冲洗干净，再用沸水烫透捞出，沥净水；冬笋切长方片；香菇大的一片两半。
（2）炒勺加底油烧热，用蒜片、葱段、姜块炝锅，遂下冬笋片、香菇煸炒，依次放入酱油、绍酒、鸡汤、白糖、胡椒粉，汤沸后放入元鱼，移小火炖半小时，再加味精，使元鱼酥烂，取出装入盘中，剩余汤汁加少许鸡油烧开，浇在元鱼上面。
（3）净鱼肉和猪板油合在一起斩泥，加入鸡蛋清、精盐、绍酒、葱姜水、味精、淀粉搅匀，挤成 12 个大小丸子，用沸水汆熟捞出各用。
（4）炒勺置火上，加适量鸡油烧热后，添鸡汤，加绍酒、精盐、味精，调好口味，再下入汆好的鱼丸。烧至鱼丸入味后，勾入少许淀芡，加明油，拣出鱼丸摆在元鱼周围。
质量标准：此菜红、白分明，细嫩而香，浇汁亮芡，咸香可口，刀工精细。
工艺关键：选用八九月份、重量 0.5 公斤左右的元鱼为佳；素有"桂花时节甲鱼肥"的美誉；宰杀元鱼时，左手拿一厚毛巾，待其头伸出时，将其卡住，右手持刀割断其血管；元鱼为大腥之物，应多用水焯几遍。

白烧鹿筋

"白烧鹿筋"是黑龙江名菜。此处的鹿筋是鹿科动物梅花鹿四肢的筋，具有养筋壮骨之效，用来治疗劳损风湿等症。《本草逢源》记载："大壮筋骨，食之令人不畏寒冷。""白烧鹿筋"加入无色调味品烧制而成，色泽艳丽，黄白绿三色相同，荤素兼有，食之不腻。

主　　料：水发鹿筋 300 克。
配　　料：冬笋 25 克，黄瓜 20 克，油菜 250 克，蛋黄糕 20 克。
调　　料：精盐 4 克，葱 5 克，姜 3 克，味精 3 克，香油 10 克，食用油 400 克（约耗 50 克），湿淀粉 30 克，清汤 250 克。
烹饪技法：白烧。
工艺流程：选料→切配→焯水→烧制→调味→勾芡→成菜。

制作方法：
（1）将鹿筋顺长切成 7 厘米长的条；冬笋、黄瓜、蛋黄糕切成排骨片；葱洗净切末；姜去皮洗净切末。
（2）先将鹿筋焯水，再放入勺内加清汤烧制 2 分钟，然后控净水；冬笋、蛋黄糕用开水略烫。
（3）炒勺内放底油，下油菜心，加精盐、味精、绍酒、清汤烧开，勾薄芡，淋明油出勺，均匀码在盘的周围。
（4）炒勺内放入底油，烧至 150℃放入鹿筋，片刻倒出控油。再放底油，用葱姜炝锅，放入冬笋、蛋黄糕、黄瓜煸炒，放入鹿筋，加入清汤、味精、精盐、绍酒，烧开用淀粉勾芡，淋香油出勺，盛入油菜心中间。
质量标准：口味浓香，色泽艳丽，黄白绿三色相同。
工艺关键：鹿筋要反复清洗、焯水，用清汤烧制除去异味；过油温度不能高，以防鹿筋起泡；汤汁在 1/3 时勾芡，用大火收至明油亮芡、汤汁紧抱原料为佳。

酱焖林蛙

"酱焖林蛙"是吉林传统名菜。林蛙俗称蛤士蟆，形如青蛙，主要产区在我国东北吉林省的长白山区及黑龙江省和内蒙古部分地区，每年4月下旬至9月底离开水面，栖息在比较阴湿的山坡草丛中，秋季比较肥美。民间传说，此蛙以人参苗为食，因而大补气血。雌蛙的产卵腺干制后为蛤士蟆油，不仅营养丰富，还有药用功效，常食可补虚强身，养肺滋肾，是难得的珍品。

主　　料：活林蛙（养殖）10个。
调　　料：大酱40克，绍酒15克，葱段15克，姜片10克，香菜15克，白糖3克，香油10克，醋10克，花椒10粒，大料5瓣，味精2克，湿淀粉30克，花椒油10克，熟猪油70克。
烹饪技法：焖。
工艺流程：宰杀→捆扎→煮制→炒制→焖制→调味→勾芡→成菜。
制作方法：
（1）先将每个活林蛙摔晕，从嘴处取出内脏，剥去皮，剁去爪，然后用线绳扎好、洗净。
（2）炒勺内加鸡汤，放入花椒、大料、葱段、姜片烧开煮5分钟，放入捆好的林蛙，用小火煮15分钟捞出，头朝外，腹朝上摆在盘内呈圆形。
（3）另起勺上火放入大油烧热，下大酱炒散，加醋、白糖、味精，再将林蛙推入勺内，小火焖制15分钟左右，汤汁剩1/5时，勾芡，淋入花椒油，大翻勺，滴入香油，托入盘内，中间放香菜。
质量标准：色酱红，味咸鲜，质地酥烂。
工艺关键：宜选用雌性林蛙，雄林蛙体小且无蛙油，口感较差；此菜若用油炸，则失鲜嫩的特点，不宜采用；大酱要炒熟、炒散；用旺火收芡拢汁，稀稠适度，色泽明亮。

炮糊

"炮糊"是北京清真传统风味。炮、烤、涮中的"炮"是特有的烹饪技法。其实这道菜的形成也与好多名菜一样是偶然发现的，据说20世纪20年代，北京清真馆"馅饼周"店主周小亭当年还在设摊卖"铛炮羊肉"时，有个鼓界大王刘宝全，每天散场后必到此摊吃烤爆肉。因刘喜欢在大铁铛边边吃边与邻座闲聊天，使得炮好的羊肉不能及时吃完，店主只得将其拨放到铛边，微火留炮，稍后食之。这炮羊肉经这样一来二去就变了味道，结果其味更佳，成了色泽油亮、肉质酥嫩、味道香糊的另外一个新菜品了。周小亭及时总结经验，最终创制出"炮糊"。此菜名为"炮糊"，实为"炮焦"，深受广大顾客赞赏，成为清真传统风味佳肴。

主　　料：羊肉250克。
调　　料：葱150克，姜米10克，蒜米15克，料酒10克，米醋15克，虾油25克，香油125克。
烹饪技法：煸炒。
工艺流程：选料→切配→炒制→调味→收汁→再煸炒→成菜。
制作方法：
（1）将羊肉洗净切成薄片；葱切成大柳叶滚刀斜葱。
（2）炒勺上火，放入香油烧热，放入肉片煸炒呈粉红色。
（3）放入姜米、蒜米、大葱煸炒均匀，加入米醋、料酒、虾油，煸炒至汤汁收干、入味。
（4）再加入香油，用微火煸炒至酥焦，散发出焦香葱香时，上旺火加热，最后出勺装盘。
质量标准：质酥焦嫩，味道浓郁，微微带糊香。
工艺关键：羊肉切成薄片一定要均匀；煸炒至酥焦时，防止煳锅。

赤龙夺珠

辽宁名宴"九龙宴"是根据民间传说"龙生九子，各有所好"为题材，选用辽东半岛特产海味珍品为主要原料烹制而成的。宴席由1个拼盘和8个造型乐器围碟，9道热菜，2道点心，1道主食，1道汤菜，1道应季4鲜果品组成。"赤龙夺珠"是"九龙宴"中的第一道热菜。

主　　料：水发海参400克，午餐肉500克。

配　　料：猪肥膘肉75克，鲜虾肉200克，蛋松20克，鸡脯肉150克。

调　　料：精盐6克，绍酒20克，酱油5克，葱15克，姜10克，白糖30克，味精6克，蛋清2个，番茄酱50克，淀粉50克，鲜鸡汤200克，猪油50克，芝麻油10克。

烹饪技法：煨、烧。

工艺流程：选料→剁茸→制茸→成形→氽制→烧制→调味→勾芡→成菜
　　　　　治净海参→切配→煨制→调味→勾芡→成菜。

制作方法：

（1）将虾肉、鸡脯肉和肥膘肉一起剁成细茸，放入大碗内加上葱姜汁、蛋清、精盐、味精、鸡汤搅拌均匀成黏糊状，放入热水中氽制成洁白虾圆；将鸡脯肉切成羽毛片，再用蛋清、湿淀粉抓拌均匀。

（2）将水发海参用水洗净后，放入鲜鸡汤中煨至入味捞出，控净水。

（3）炒勺内放猪油烧热，下入葱、姜块煸炒出香味后，加上酱油，放入海参，烹入绍酒，添上鸡汤、白糖、味精，用小火煨制几分钟后，取出葱姜块，用湿淀粉勾入芡汁，再淋上芝麻油，盛入盘内一端。

（4）另起勺上火加入底油烧热，下入葱、姜块煸炒出香味后，加入鲜汤、绍酒、精盐、味精烧开，取出葱姜块，放入氽制好的虾丸子，勾芡，淋入明油，盛入盘中海参的一边，成"一"字形状。

（5）再起勺上火放入油烧热，把浆好的鸡片放入油中滑散开，熟后捞出。勺内放底油烧热，加入番茄酱、白糖、精盐、鸡汤烧开，勾入湿淀粉，放入滑熟的鸡片翻拌均匀，淋入明油，盛入盘中一边。把午餐肉分别雕刻成龙头和龙尾，摆在盘内两端。再用蛋松围在两侧成龙体形状即成。

质量标准：海参黑中透亮，口感软糯，滋味鲜美；虾圆洁白如玉，鲜嫩如腐；鸡肉色泽红润，鲜香酸甜适口；一菜多味，富有营养，有滋补强身之功。

工艺关键：海参要发得软绵适宜，在制作前需用鲜鸡汤煨至入味，使菜肴口味鲜美；用鸡脯肉和虾肉制作的茸泥，须去掉筋膜，斩剁细腻，顺一个方向搅拌至有黏性。

翡翠蹄筋

"翡翠蹄筋"是宁夏著名传统清真名菜，以羊蹄筋为主料，配以黄瓜，经炸、烧而成，是清真宴席待客常备之菜，流传已久。

主　　料：羊蹄筋200克。

配　　料：黄瓜100克。

调　　料：精盐3克，味精2克，葱段10克，姜片10克，花生油1500克（约耗150克）。

烹饪技法：烧。

工艺流程：涨发蹄筋→治净→切配→烧制→调味→勾芡→装盘。

制作方法：

（1）锅放旺火上，添入花生油烧至100℃时，下入干蹄筋，至蹄筋收缩，油温达150℃时将锅端离火口，慢慢浸泡，油温下降到100℃时，再上火，油温升至150℃时，端下火继续浸泡，如此反复三四次，蹄筋炸至金黄色捞出，用温水泡软，然后用0.5%碱水洗净油污，余水后，切成5厘米段；将黄瓜去掉外皮，剖开挖去瓜瓤，切成3厘米长、1厘米宽的条，倒入油锅中激炸一下。

（2）炒锅置火上，放入花生油50克烧热，下入葱段、姜片炒香，下入鸡汤烧沸后捞出葱姜，下入羊

蹄筋，加入精盐烧至软糯，放入炸好的黄瓜条，加入味精调味，用水淀粉勾芡，淋上鸡油，装盘即可。

质量标准：清淡爽滑，瓜脆筋糯。

工艺关键：涨发蹄筋时，应选用洁净油；烧蹄筋时，应先烧蹄筋，出锅时再放黄瓜条。

虫草扒蹄筋

"虫草扒蹄筋"是天津名菜。虫草，即冬虫夏草，是我国特有的名贵滋补药材，与人参、鹿茸齐名，生长在我国西南部金沙江畔的高山峻岭之上。医书《神农本草经》、《本草纲目》都对其有所记载，其性温味甘，有补肾益精、滋阴润肺之能；其成分除脂肪、粗蛋白、粗纤维、碳水化合物和水外，还含有虫草酸、冬虫夏草素和维生素 B_{12}，具抗菌、平喘、强心、降压等作用。此菜是"惠宾饭庄"特级烹调师谢桂林的佳作，曾获"群星杯"优秀奖。

主　　料：虫草 14 枚，水发猪蹄筋 500 克。

配　　料：净油菜心 2 棵，红樱桃 2 个。

调　　料：精盐 3 克，绍酒 10 克，葱末 2 克，姜末 1 克，味精 1.5 克，鸡蛋清 6 个，面粉 20 克，湿淀粉 20 克，肉清汤 220 克，花生油 750 克（约耗 40 克）。

烹饪技法：蒸、扒。

工艺流程：选料→腌制→蒸制→扒制→调味→勾芡→成菜。

制作方法：

（1）将蹄筋加精盐 1 克、味精 0.5 克、绍酒腌制 10 分钟，添入肉清汤 100 克，上笼用旺火蒸约 1 小时，取出备用；另将冬虫夏草用温水泡开，轻轻洗净，与精盐 0.5 克、味精 0.5 克轻轻抓匀；再将油菜心用沸水焯一下，入冷水过凉，放入锅内，加肉清汤 20 克、精盐 0.3 克略烧入味，拣出备用。

（2）将鸡蛋清倒入大碗内，用打蛋器或 4 根筷子（方头朝下）向一个方向快速抽打成泡沫状（中途不可停顿），能立住筷子为标准。

（3）将锅置小火上，注入花生油烧至 120℃，用筷子夹住冬虫夏草，蘸匀面粉，再蘸匀蛋泡糊，下入锅内慢慢浸炸成长条形（油温须始终保持 120℃），倒入漏勺沥油。

（4）炒锅置旺火上，放花生油 10 克烧至 160℃，以葱末、姜末爆香，加入肉清汤、蹄筋、精盐，汤沸后，加入味精，以湿淀粉勾芡，淋花生油 10 克，盛入平盘内大半侧。然后，将冬虫夏草码放在另半侧，再在虫草两侧摆上油菜心，菜心之间点缀樱桃即成。

质量标准：口味鲜咸，色调素淡，蹄筋金黄软韧，丰满肥大的虫草经裹糊、滑油，色泽雪白，入口油润而脆嫩，加入樱桃与油菜的红、绿点缀，不愧色、香、味、形、养均上佳的席中精品。

工艺关键：蹄筋蒸制后要求达到软绵而不失弹性；虫草挂糊均匀。

五丝驼峰

"五丝驼峰"是以骆驼脊背上的"肉球"为主料，以色彩各异、质感相近的五种原料作配料，运用炒的烹饪技法，经过精细加工而成的名菜。

主　　料：驼峰 700 克。

配　　料：冬笋 50 克，水发香菇 50 克，熟鸡脯肉 50 克，熟火腿 50 克，韭黄 50 克，葱丝 20 克，姜丝 10 克，蒜末 20 克。

调　　料：精盐 4 克，料酒 120 克，酱油 20 克，醋 15 克，胡椒粉 2 克，熟猪油 150 克。

烹饪技法：炒。

工艺流程：涨发驼峰→切配→汆制→炒制→调味→勾芡→装盘。

制作方法：

（1）将驼峰洗去杂物，根据驼峰的老嫩用水浸泡 6～8 小时，锅内添水放入驼峰煮 3 小时左右捞出；用温水清洗干净，切成 10 厘米长的细丝，锅内添水加入料酒，再把驼峰细丝余两次，沥干水；火腿、冬笋、香菇、熟鸡脯肉，切成 6 厘米长的丝；韭黄切成 3 厘米长的段。

（2）炒锅放火上，添入熟猪油烧热，放入葱、姜、蒜炒出香味，放入驼峰丝、鸡丝、火腿丝、冬笋丝、香菇丝、韭黄段，烹入料酒，调入精盐、酱油、醋、胡椒粉、味精煸炒均匀，用淀粉勾芡，颠翻均匀即可。

质量标准：色彩鲜艳，质地软嫩。

工艺关键：余驼峰丝时，一定要加入料酒去除异味；各种配料切丝应均匀整齐。

金饺驼掌

"金饺驼掌"是内蒙古创新获奖品种，以内蒙古草原特产骆驼蹄为主料制作而成。内蒙古饮食服务公司特二级烹调厨师王文亮在 1988 年第二届全国烹饪技术比赛时烹制此菜，荣获铜奖。

主　　料：熟驼掌肉 400 克。

配　　料：鸡蛋 150 克，鲜虾仁 150 克，馒头 100 克，面粉 40 克。

调　　料：精盐 5 克，白糖 25 克，番茄酱 30 克，绍酒 10 克，味精 1.5 克，葱 20 克，姜 15 克，鸡汤 150 克，芝麻油 15 克，植物油 1 000 克，湿淀粉 50 克。

烹饪技法：蒸、炸。

工艺流程：驼肉→选料→切配→调味→蒸制→浇汁→成菜。
　　　　　金饺→制皮→上馅→成形→拍粉拖蛋滚馒头渣→炸制→成菜。

制作方法：

（1）将驼掌肉顶着纤维切成片，整齐地码入碗内，加入鸡汤、精盐 3.5 克、葱段、姜片、绍酒等调料上笼蒸透，滗出汤汁，扣在盘中，原汤烧沸用湿淀粉勾芡，浇在主料上。

（2）将鸡蛋搅匀摊成蛋皮，制成直径约 7 厘米的圆形蛋皮；虾仁剁成茸，加精盐、水、淀粉搅匀；蛋皮包虾馅制成饺子，拍上面粉，拖蛋液，蘸上馒头渣，入油锅炸成金黄色时捞出，摆在蒸好的驼掌周围。

（3）另起炒锅置旺火上，加少许油，下白糖、番茄酱、鸡汤、味精，烧沸后勾芡，淋入芝麻油浇在蛋饺上即成。

质量标准：驼掌质地软嫩，口味咸鲜香，蛋饺酥香鲜嫩，口味酸、甜、咸适中。

工艺关键：驼掌肉需顶着纤维切，摆放应整齐，用旺火蒸至软烂；虾茸要用力搅拌上劲，如无馒头渣，也可用面包渣，但最好不用甜面包。

红娘自配

"红娘自配"是北京名菜。相传，清同治年间，宫廷内规矩重重，其中一条是：每年选一批宫女，同时赶走一批超龄宫女。同治皇帝驾崩之后，光绪皇帝继位，慈禧太后为了全面控制皇帝，责令光绪皇帝从超龄宫女中挑选偏妃。光绪皇帝不干，反而传下圣旨，让超龄宫女一律离宫回家。当时，慈禧太后身边有四名超龄宫女，名厨梁会亭的侄女梁红萍是其中之一。慈禧使用梁红萍得心应手，执意不放。梁会亭心想，侄女这么大了，再不离宫岂不误了终身大事，急得不知如何是好。但是，作为一名御厨，他怎敢向太后进言？于是，梁会亭根据《西厢记》中的一段故事情节，做了一个"红娘自配"的菜奉上，意欲打动慈禧太后的心，使之

快点放走梁红萍。慈禧是有心人，她边吃边琢磨"红娘自配"，这是告诉我，赶快放走梁红萍。慈禧一怒之下，将菜盘摔在地上。气急败坏的慈禧心想：超龄宫女离宫，这是皇帝的旨意，可又实在舍不得放走身边的宫女。后来皇帝几次追问此事，慈禧才答应放她们出宫。一天，梁会亭遵照口谕，又做了一个"红娘自配"送上，慈禧随即唤来身边四名超龄宫女说："红娘自配，其意何如？"宫女故意装作不懂，同时跪答："奴婢无才，不解其意。"慈禧太后又说："尔等可以随时出宫，各自选配如意郎君去吧！"四名宫女听了大喜，再次拜倒在地，口呼："谢谢老佛爷，恩德齐天。"从此，"红娘自配"这道名菜便在民间广泛流传。

主　　料：猪里脊肉175克，对虾300克。
配　　料：火腿10克，冬笋25克，水发海参25克，干香菇10克，肥瘦猪肉50克，香菜2克。
调　　料：精盐6克，黄酒15克，味精2克，番茄酱5克，胡椒粉2克，面包100克，鸡蛋清75克，蚕豆淀粉5克，小麦面粉10克，小葱2克，姜2克，熟猪油50克。
烹饪技法：炸、熘。
工艺流程：选料→加工→腌制→造型→拍粉、挂糊→炸制→浇汁→成菜。
制作方法：
（1）大虾去掉头和壳，留下尾梢，除去虾背沙线，在虾背划一道口，用力拍成大片，加精盐、黄酒、胡椒面、味精腌制3～5分钟。
（2）把猪肉剁成细泥，放在碗里，加入调味品搅拌成泥，再把肉泥夹在虾片中间，将虾身两面拍干面粉，卷成半圆形的虾盒。
（3）再把蛋清搅打成蛋泡，加干淀粉和少许面粉，搅匀呈糊状。
（4）炒勺放在火上，加猪油烧至90℃，用手掐住虾尾，蘸满雪衣糊下勺慢炸，不要翻个，在未沾油的一面按上一个小香菜叶，再在香菜叶的周围，点缀一点儿熟瘦火腿末，而后轻轻翻个，炸呈浅黄色即可。
（5）炸透的虾盒，码在盘子周边。
（6）再把切好的面包丁，下油炸成金黄色捞出，堆放在虾盒中间。
（7）里脊切片，上好浆，放入热油中滑透捞出。
（8）炒勺上火，加入底油，下配料略炒，加入番茄酱、调味品、汤，倒入滑好的里脊片，勾匀湿淀粉，加明油出勺，浇淋在面包上，即可上桌。
质量标准：甜酸适口，质地软嫩。
工艺关键：在铺有干净肉皮的墩子上，压切泥子，以免墩板的木屑脱入茸泥之内，影响菜肴的色泽、卫生与质量；炸面包丁时，油要热，不然面包丁会吸油。

虾籽笃面筋

　　"虾籽笃面筋"是天津名菜。虾籽即雌虾的卵，形小色红，透亮而味鲜。"虾籽笃面筋"是选用渤海湾所产的虾籽，与面筋结合，运用"笃"烹饪技法制作而成的。

主　　料：水面筋300克，虾籽8克。
配　　料：净冬笋40克。
调　　料：白糖12克，绍酒15克，味精1克，酱油30克，葱末2.5克，肉清汤250克，湿淀粉50克，花椒油7克，熟猪油13克，花生油1000克（约耗75克）。
烹饪技法：笃。
工艺流程：选料→切配→挂糊→炸制→笃制→调味→成菜。
制作方法：
（1）把面筋切成4厘米见方的块，与湿淀粉35克抓匀；冬笋切成长2.5厘米、宽2厘米的长方片。
（2）炒锅置旺火上，注入花生油烧至150℃时，下面筋；炸至呈金黄色时，倒入漏勺沥油。
（3）另起锅，放入熟猪油烧至120℃，下虾籽煸香，放葱末，烹入绍酒、酱油、肉清汤，下入面筋、冬笋、白糖。汤沸后，改用小火烧5～8分钟，加入味精，以湿淀粉勾芡，淋花椒油搅匀，盛入

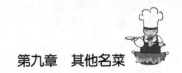

汤盘即成。

质量标准：色泽黄亮，面筋油滑柔润而有咬劲，多孔而富含卤汁，汁浓味醇，飘溢一股虾籽的鲜香。

工艺关键：虾子要漂洗干净，煸炒时火力不要太猛。

龙凤腿

"龙凤腿"是江苏名菜。此菜将猪网油包虾仁、鸡脯肉等（网油是指猪板油上的一层油衣，因形似网状故称网油）插一小段鸡腿骨成鸡腿状，喻"凤"，将龙虾片炸后喻"龙"，突出香松脆鲜。

主　　料：浆虾仁150克，生鸡脯肉150克，火腿15克，水发香菇15克，熟青豆20克，猪网油400克，龙虾片10片。

配　　料：鸡腿骨10根，鸡蛋2只，面包屑100克。

调　　料：精盐3克，黄酒10克，味精1克，葱末1克，干淀粉50克，甜面酱（或辣酱油）1小碟，色拉油1500克，芝麻油10克。

烹饪技法：炸。

工艺流程：加工主料→调味→制馅→网油包裹成形→挂糊→滚上面包屑→油炸→装盘。

制作方法：

（1）将鸡脯肉、火腿、香菇各切成青豆大小的丁，加入浆虾仁150克、青豆20克、黄酒10克、精盐3克、味精1克、葱末1克、芝麻油10克拌和，作馅心待用。

（2）网油用温水浸洗，再用清水洗净，揿去水摊平，切成边长10厘米的正方形。在网油上撒上干淀粉，将馅心匀放在网油中间，鸡腿骨放在网油的一角（露出有骹骨的一端），将网油包成"鸡腿形"。

（3）将鸡蛋2只磕入碗中打散，加干淀粉调成全蛋糊。把"鸡腿"逐只拖上蛋糊，再滚上面包屑待用。

（4）炒锅洗净上火烧热，放入色拉油1500克（约耗150克），待油温升至150℃时，将鸡腿逐只投入锅中，炸至金黄色捞出；待油温升至180℃时，再放入"鸡腿"复炸至浮起皮脆时起锅，绕盘四周围成圆形。

（5）旺火热油，将龙虾片放入140℃油锅中，炸至膨起，装在盘中间，跟作料1小碟上席。

质量标准：形似鸡腿，外香松脆，里鲜肥嫩。

工艺关键：主料要切成丁，不宜剁成泥；制作的馅心不可太稀，否则不易成形；网油用温水浸洗，一方面洗去脏物，另一方面使之回软；鸡蛋应先打散，再加水与干淀粉调成全蛋糊，否则不易调匀；应掌握糊的厚薄，过薄不易裹上，难以达到脆的要求，过厚则成菜易发硬；过油炸时，应逐个入锅，以免相互粘连，注意火候不能过高，因馅心为生胚，故第一次炸时，须使其成熟。

豉汁蟠龙鳝

"豉汁蟠龙鳝"是广东名菜，是将白鳝宰净切成连串不断的段，蟠于盘中，用豉汁等作料拌匀，蒸熟而成，其状如蟠龙，故名。"大鳝"是广东人对鳗鱼的俗称，是一种热带海水鱼类，每年入冬后，母鱼便从江河游到深海产卵，孵化出鱼苗后，又成群结队回游到江河发育生长。所以，地处珠江口的中山、番禺等地，每年冬季便是捕大鳝旺季。大鳝不但善泳，且逆流而上的本领特强，瀑布也能攀过，所以许多地方都能找到大鳝行踪。栖息于内河浅水的鳝鱼，体小、量少、皮色也浅，通常称为白鳝。

主　　料：净大鳝1条（约重750克）。

调　　料：精盐 7.5 克，白糖 2.5 克，豆豉 2.5 克，蒜茸 2.5 克，深色酱油 2.5 克，椒米 2.5 克，胡椒粉 0.25 克，味精 6 克，湿淀粉 5 克，花生油 75 克，芝麻油 2.5 克。

烹饪技法：蒸。

工艺流程：选料→治净→切配→调味→蒸制→成菜。

制作方法：

（1）将鳝用精盐（或白醋）洗去黏液，每隔 4 厘米切一刀，但只切断脊骨，不断肚皮，成节状，从刀口处取出内脏，洗净。

（2）将豆豉洗净，剁烂，加入蒜茸、椒米、酱油、白糖、精盐、味精、胡椒粉等料，将鳝拌匀，再放入湿淀粉，拌匀，然后置于盘中，盘成蟠龙形，淋上芝麻油和花生油，再放入蒸笼用旺火蒸约 10 分钟至熟即成。

质量标准：肉质爽滑，肉味鲜美，有浓郁的豉汁芳香。

工艺关键：豉汁呈棕黑色，有浓郁的豆豉清香。原料用豆豉 500 克、花生油 75 克、老抽 3 克、白糖 20 克、味精 20 克、精盐 2.5 克。制法是将豆豉洗干净，用刀剁烂，在锅中炒干，放入花生油，上笼蒸透，然后加入老抽、白糖、味精、食盐等调匀。

潮州炒烤鳗

"潮州炒烤鳗"是广东名菜。鳗鱼统称为鳗鲡，分为河鳗和海鳗。其体细长，前部呈圆筒状，后部稍侧扁，头中等，眼小，嘴尖而扁，下颌长于上颌，鳞小埋于皮下，呈席纹状排列，臀和尾鳍相连，胸鳍小而圆，无腹鳍，体背为黑灰色，腹部白色。产于海中者，可溯游到淡水里生活，成熟后又回到海里产卵。其营养丰富，肉质鲜嫩。

主　　料：鳗鱼 1 条（约重 750 克）。

配　　料：冬笋 50 克，北菇 40 克。

调　　料：精盐 3 克，白糖 5 克，姜汁酒 25 克，生抽 8 克，葱 50 克，姜 25 克，味精 3 克，胡椒粉 1 克，麦芽糖 30 克，生粉 5 克，植物油 750 克（约耗 50 克），蚝油 5 克，二汤 100 克，麻油 4 克，铁针 3 根。

烹饪技法：烤、浸炸、炒。

工艺流程：选料→浇烫→治净→切配→腌制→上麦芽糖→晾干→烤制→改刀→浸炸→炒制→调味→勾芡→成菜。

制作方法：

（1）鳗鱼置一水池中，用滚水反复浇烫至表面发白，取出，用布擦去表面黏液，然后用小尖刀顺腹部从腮部划至尾部，再贴脊骨从头至尾划开，使脊骨与肉分离，再用小刀片去脊骨，斩下头、尾。

（2）麦芽糖与清水拌匀，上火烧开。鳗鱼肉用精盐、姜汁酒、味精、葱、姜、腌制 2 小时，再用 3 根铁钎顺长串好，用铁钩钩住，鳗鱼肉表面淋麦芽糖，挂在通风处风干（约 10 小时），再置于挂炉内烤至香（呈红色，约 15 分钟）。

（3）冬笋切"日"字片；北菇发好，斜切厚片；葱切大葱段；姜切姜花。

（4）烤鳗冷却后抽去铁签，斜切宽 1.5 厘米的菱形块。

（5）炒锅坐油，烧至 150℃，投入烤鳗，浸炸约 10 分钟，至烤鳗膨胀鼓起捞出。

（6）炒锅落底油，下葱、姜、冬笋、北菇煸香，下烤鳗，烹姜汁酒、二汤、精盐、蚝油、生抽、白糖、胡椒粉，用中火炒至汁浓时，用生粉勾芡，淋麻油推匀，即可装盘。

质量标准：潮州菜偏重香、浓、鲜、甜的特点，色泽红亮，口味咸鲜，葱姜味浓，酥香滑爽。

工艺关键：加工鳗鱼，不可划破皮，保持形状完整，用开水烫时，注意水温，不可将表皮烫破；串鳗鱼肉时，将鳗鱼肉拉直，因为烤时可能出现回缩现象；烤鳗鱼用中小火，火大，鳗鱼肉焦煳，且上色太深；此菜的关键在于炸制，油温过高，烤鳗色黑变苦，油温过低烤鳗鼓不起来，口感不脆。

黄焖鳗鱼

"黄焖鳗鱼"是江苏名菜。河鳗,背黑亮,腹白色,俗称"粉鳗"。鳗,具有补虚赢、祛风湿之功效,且补而能消,含有丰富的蛋白质、脂肪、钙、磷、铁及维生素 E 等,为高级食用鱼之一。苏州菜以炖、焖、煨、焙烹调见长,"黄焖"取其成菜色棕黄而得名。"黄焖河鳗"为苏州"松鹤楼菜馆"名菜,据《醇华馆饮食脞志》称,"以城中松鹤楼最腴美"。并与"黄焖着甲"、"黄焖栗子鸡"并称"三黄焖"。一般是大锅烹制,小锅分次复烧后上席,味更浓厚。

主　　料:活鳗鱼750克。
配　　料:水发木耳15克,笋片30克。
调　　料:精盐3克,白糖12.5克,黄酒100克,酱油50克,冰糖30克,葱结1克,姜片5克,芝麻油10克,色拉油60克,大蒜瓣50克,生猪板油丁12.5克,水淀粉15克,红米水20克,荤白汤750克。

烹饪技法:黄焖。
工艺流程:宰杀鳗鱼→烫制→整理→切配→入锅垫→焖制→定碗→复入锅中→勾芡→装盘。
制作方法:
(1)在鳗鱼头部横割一刀,出尽血,挖去鳃,放入钵内。
(2)在钵内倒入60℃左右的热水将鳗鱼泡烫一下,轻轻抹去鱼身黏液及污水(切勿损破鱼皮),剪去鱼鳍。
(3)在胸鳍及肛门处各横割一刀,以切断肠脏为度。用竹筷伸入腹内卷出脏肠,斩下鱼尾。将鳗鱼切成6厘米长的段,再逐段用筷子卷净内部,洗净,滤去水,将鱼段竖立排放在锅垫上,鱼头、鱼尾在鳗段四周。
(4)取炒锅一只洗净上火烧热,投入色拉油25克,待油热,投入葱结10克及姜片,待葱、姜变黄,夹出,放在鳗鱼上。
(5)将鳗鱼连锅垫平放入锅中,加黄酒75克盖上锅盖焖片刻,加汤500克,沸后加油10克、红米水、酱油20克及冰糖、精盐、大蒜瓣、猪板油丁,烧至鳗鱼上色时转文火,焖45分钟左右,至鱼熟烂。
(6)原锅转旺火,再加油10克,收稠汤汁,去葱、姜及鳗鱼头、尾,将大蒜瓣、猪油丁放在扣碗底,鳗鱼段用尖头筷取出(勿碰破鳗皮)放入扣碗,侧面朝上摆整齐,再倒入汤汁。
(7)另取一炒锅洗净,置旺火上烧热,加油25克,烧热放葱末5克,待葱起香,入木耳、笋片,加酒、酱油、白糖及白汤250克,并将木耳、笋推在一边,将鳗鱼及汤汁复扣到锅中,旺火烧透,转文火烧至汤汁稠浓,转旺火加水淀粉勾芡,浇麻油拖入盘中,仍使鳗鱼侧面朝上排齐,木耳及笋片摆在上面。
质量标准:色呈酱红,皮肥肉白,嫩而细腻,甜中带咸。
工艺关键:热水泡烫鳗鱼时,水温切勿过高,否则,加工时会将鱼皮勒掉,影响美观;抹鱼身时,需轻抹,不可损伤鱼皮;鳗鱼去内脏不能剖腹取,须用卷出法,否则加热后,肚膛会向两侧翻卷;鳗鱼加工成段时,要求长短一致;烹调前,需将鳗鱼段放在锅垫上,否则加热后易粘底烧焦,影响口感;如果选用野生鳗鱼,则焖烧时间要长。

绣球银耳

"绣球银耳"是浙江名菜。此菜选用上等银耳,银耳又称白木耳、雪耳,因晶莹透白,色白如银,形似耳朵而得名。中医认为,银耳味甘性平,具有滋阴、润肺、止咳、养胃、生津、益

气等功能，是传统滋补佳品。此菜配以虾仁、鱼肉等多种原料，用清汤提鲜，成菜形美味佳。

主　　料：水发银耳 250 克，海鳗肉 100 克，虾仁 100 克，生猪肥膘 100 克。
配　　料：熟火腿 15 克，鸡蛋皮 10 克，菠菜叶 10 克。
调　　料：精盐 5 克，胡椒粉 1 克，味精 2 克，葱姜水 25 克，清汤 150 克，鸡蛋清 2 个，湿淀粉 30 克，熟鸡油 10 克。
烹饪技法：蒸。
工艺流程：银耳初步处理、成形→配料切成丝→鳗鱼肉、虾仁、肥膘加工成胶→鱼虾胶拌入耳中成银耳糊→成形→点缀→蒸制→调味→勾芡→浇汁。
制作方法：
（1）剪去银耳黄根，洗净，撕成小朵；菠菜叶、熟火腿、鸡蛋皮切成细丝；将海鳗肉、虾仁、猪肥膘合在一起制成泥，放入盛器，加鸡蛋清、葱姜汁水、精盐 3 克、味精 1 克、胡椒粉、湿淀粉 20 克和清水 150 克，搅拌上劲，放入银耳拌匀，即成银耳糊。
（2）取腰盘 1 只，抹上熟鸡油，将银耳糊挤成圆球（22 颗），置盘内，再缀上火腿丝、鸡蛋皮丝、菠菜叶丝成绣球状，蒸熟取出。炒锅内加入清汤、精盐 2 克、味精 1 克，烧沸，勾薄芡，淋上熟猪油，浇在银耳球上即成。
质量标准：形似球，状若花，色彩雅丽，质地嫩滑，滋味鲜美。
工艺关键：银耳撕成小朵，保持自然形状；海鳗肉、虾仁中掺入猪肥膘，增加香味，并使口感滋润；放绣球银耳的盘内应抹上熟鸡油，以防蒸熟后绣球粘在盘上，影响成形；勾薄芡，浇在绣球上，使成菜晶莹光亮。

扣三丝

"扣三丝"是上海名菜，为夏令时菜，是选用火腿、鸡脯肉、冬笋等蒸制而成的汤菜。此菜刀工精细，造型美观，给人以赏心悦目之感。"扣"就是按设计好的图案，先将加工成形的原料放入碗内，加热成后再翻扣出来的一种造型方法。这种方法多用于蒸制的造型菜肴。

主　　料：熟猪坐臀肉 120 克，熟火腿丝 30 克，熟鸡脯肉丝 20 克，熟笋丝 50 克。
配　　料：生肉丝 100 克，水发冬菇 10 克，豆苗 10 克。
调　　料：精盐 6 克，黄酒 3 克，味精 2 克，肉清汤 750 克，熟猪油 5 克。
烹饪技法：蒸。
工艺流程：配料切丝→三丝等分→扣碗→调味→加汤→旺火蒸制→扣入盘内→肉清汤调味→浇入汤盘中。
制作方法：
（1）熟猪坐臀肉片下肥膘，然后，将肥、瘦肉分别切成 6 厘米长的细丝；冬菇去蒂、洗净，顶朝下放在小碗底中间；熟火腿丝分成 3 份，成三角排在碗边；鸡脯肉丝、笋丝各分成 3 份，分别排在火腿丝旁边（使碗边排满）。然后将坐臀肉的瘦肉丝抖松，放在碗中心，压结实，再放上肥膘肉丝，加入精盐 3 克、味精 1 克、肉清汤 50 克，上笼用旺火蒸 15 分钟，出笼，翻扣在大汤盘中。
（2）炒锅置旺火上，放入剩下的肉清汤，下生肉丝搅拌散，烧开，待肉丝浮上汤面，用漏勺捞出（肉丝起吊汤作用，菜肴中就不用了），撇净浮沫，加入精盐、味精，淋入熟猪油，浇在三丝上面即成。
质量标准：刀工精细，整齐美观，汤汁澄清，口味鲜香。
工艺关键：丝切得越细越好，三丝粗细均匀；三丝分布均等，丝形排列整齐；旺火蒸，时间不宜过长；汤要清，口味清鲜。

卤煮黄香管

"卤煮黄香管"是河南名菜。"卤煮"是豫菜传统的烹饪技法，用这种方法烹制菜肴，必须用豆豉或西瓜豆瓣酱调味。黄香管，亦称黄桑管、管脡、猪管，是猪硬肋处的大动脉管。

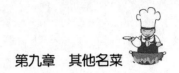

清代童岳荐《调鼎集》有煨猪管、五香管丝、炒猪管、脍猪管烹饪菜肴的记述。本菜是将猪管寸断以箸穿入，面上横勒三五刀，又直分两开如蜈蚣形状，加群菜脍或油炸亦可。

主　　料：黄香管 16 根。
配　　料：豆豉 20 克，水发木耳 10 克，水发玉兰片 15 克。
调　　料：精盐 2 克，味精 4 克，湿淀粉 5 克，葱丝 5 克，姜丝
　　　　　5 克，绍酒 5 克，清汤 100 克，熟猪油 50 克，芝麻
　　　　　油 8 克。
烹饪技法：煮、蒸、烧。
工艺流程：选料→治净→煮制→剞花刀→蒸制→烧制→调味→勾
　　　　　芡→成菜。
制作方法：
(1) 将黄香管洗净，择去油脂和杂物，用筷子翻转过来，在汤锅
　　内煮透捞出，剞成蜈蚣形花纹，截成 5 厘米长的段，放入碗里，加入葱、姜，添入清汤，上笼
　　蒸透取出。
(2) 炒锅置旺火上，添入熟猪油，烧至 180℃，将豆豉、葱、姜丝放入炸出香味，添入清汤，放入精
　　盐 2 克、玉兰片 15 克、木耳 10 克、黄香管同烧。汤沸时，勾入湿淀粉，至汁浓，淋上芝麻油
　　即成。
质量标准：软烂利口，酱香回甜。
工艺关键：洗涤黄香管时采用翻洗法，去净油渍和杂物；煮、蒸技法的运用，既可使原料成熟，又
　　　　　可起到去异味增香味的效果。

盘兔

"盘兔"是古菜名，是河南名菜。在北宋时期，以兔肉为馔的野味已成为冬令佳肴，《东京梦华录》则把它列冬月之首；南宋此菜已登上了达官显贵的大雅之堂；元代忽思慧称之为奇珍异馔，并载入《饮膳正要》；明代开国宰相刘基将此菜收入《多能鄙事》的烹饪法之中。"盘兔"经三朝而不衰，历千年而不废，足见其风味宜人，具有旺盛的生命力。此菜由开封"又一新饭店"特级烹调师高士选等人于 1984 年挖掘研制成型。

主　　料：净兔肉 400 克，一窝丝面条 150 克。
配　　料：白萝卜 100 克。
调　　料：精盐 3 克，味精 2 克，绍酒 10 克，鸡蛋清 2 个，湿淀粉 25 克，葱白 25 克，胡椒粉 2 克，
　　　　　清汤 150 克，熟猪油 750 克（约耗 50 克），花生油 750 克（约耗 50 克）。
烹饪技法：炸、炒。
工艺流程：将兔肉切丝、萝卜丝→上浆→滑油→炒制→调味→勾芡→盛入"鸟巢"。
　　　　　将"一窝丝"放入特制漏勺→炸制→拼摆。
制作方法：
(1) 将兔肉、白萝卜分别切成 4 厘米长、0.1 厘米厚的细丝，鸡蛋清、湿淀粉 20 克调成浆，把兔肉
　　丝放入抓均匀。葱白切丝。
(2) 炒锅置旺火上，放入花生油烧至 180℃，将一窝丝面条（约 15 克）放在特制的漏勺内，下锅炸
　　成鸟巢形，呈柿黄色时捞出，共炸制 10 个。
(3) 另起锅上火，放入熟猪油，烧至 150℃，放入兔肉丝过油，滑透以后（约 1 分钟）倒出沥油。
(4) 再起锅上火，加少许熟猪油，旺火烧 150℃，下葱丝炒出香味，再先后投入萝卜丝、兔肉丝，随
　　即下入精盐、味精、胡椒粉翻炒均匀，添入清汤，用绍酒把湿淀粉 5 克澥开，勾入锅内，待汁
　　浓时，盛入"鸟巢"内装盘，即可食用。
质量标准：鲜嫩香辣。
工艺关键：切兔肉丝和萝卜丝要做到长短粗细一致；炸制"一窝丝"要控制好油温，防止上色不一；
　　　　　炒制兔肉丝和萝卜丝时，用绍酒把湿淀粉澥开勾入锅内，是豫菜操作的一项技术要点。

蟠龙菜

　　"蟠龙菜"是湖北钟祥的传统名菜。相传明朝嘉靖帝朱厚熜登基前，皇族早有明争暗斗。章太后迫于政势，密诏给三位藩王："先到（京城）为君，后到为臣。"朱厚熜的王府离京城最远，为了赶时间，幕客严嵩献策，让朱厚熜假扮钦犯上囚车，日夜兼程赶往京城。朱厚熜乃藩王世子，平日奢华，坐囚车容易，可途中进粗食就难。他命府中厨师做一道"吃鱼肉而不见鱼肉"的菜，若做不出，性命难保。有位名叫詹多的厨师，虽然心灵手巧，也没能做得一道符合要求的菜。一天，詹妻见丈夫天晚还未回家，就带了煮熟的红苕（即红薯）给丈夫吃。夫妻俩互相推让，不小心弄破了红苕皮。詹多灵机一动，悟出了配方！众厨师齐心协力，用鱼、肉、蛋做出了吃鱼肉而不见鱼肉的"红苕"，也有人称之为"红萝卜"。朱厚熜吃着美味可口的"红苕"进京做了皇帝，即为嘉靖。詹多奉命进京为皇帝做菜，他对"红苕"加以改进，更名为"蟠龙菜"，即蟠龙所食之菜，嘉靖吃了新的"蟠龙菜"，赞不绝口，命人记入宫中食谱。从此"蟠龙菜"便成了明宫佳肴。现在已成为钟祥每家每户饭桌上都能见到的传统特色菜。

　　主　　料：猪瘦肉 500 克，鱼肉 350 克。
　　配　　料：猪肥肉 150 克，鸡蛋 4 个。
　　调　　料：精盐 8 克，绍酒 10 克，味精 3 克，淀粉 150 克，葱花 5 克，姜末 5 克，鸡清汤 50 克，芝麻油 75 克，熟猪油 15 克。
　　烹饪技法：蒸。
　　工艺流程：选料→剁茸→浸漂→制茸→卷制→蒸制→切片→装碗→再蒸制→扣入盘中→浇汁→成菜。
　　制作方法：
　　（1）将鱼肉剁成茸，猪肥肉切成丝，猪瘦肉剁成茸，放入清水中浸泡去掉血水至肉茸呈粉白色时，倒入纱布袋内，挤干。
　　（2）把肉茸、鱼茸加水、精盐 5 克、淀粉 100 克、鸡蛋清 1 个及味精搅拌上劲，再将猪肥膘肉丝倒一起拌匀。
　　（3）鸡蛋打入碗内，加淀粉 75 克、清水 50 克搅成蛋液。炒锅置中火上，摊成蛋皮 2 张，每张从中间切成 4 块。
　　（4）将蛋皮用干淀粉抹匀，把鱼、肉糊均匀地抹在蛋皮上，卷成长筒蛋卷四条。笼屉内先用芝麻油抹匀，再放入蛋卷。
　　（5）在旺火沸水锅上蒸半小时取出晾凉，切成 3 毫米厚的蛋卷片。取碗一只，抹上猪油，将蛋卷码入再蒸 15 分钟。
　　（6）将蛋卷翻扣入盘。炒锅置火上，加鸡汤、精盐、味精烧开后勾芡，淋入熟猪油浇在上面即可。
　　质量标准：形似蟠龙，白中透黄，质地软嫩，咸鲜适口。
　　工艺关键：制茸时，鱼肉去刺、白筋，猪肥瘦肉漂净血污；搅拌上劲，防止出水；制卷时要卷紧。

腊味合蒸

　　"腊味合蒸"是湖南名菜。每年冬至以后，湖南民间有腌制腊鱼、腊肉、腊鸡等腌腊食品的习惯。经烟熏之后的腌腊制品，具有独特的腊香、烟香味，且耐贮藏。"腊味合蒸"以腊肉、腊鸡、腊鱼为主料蒸制而成，是湖南民间冬春季节家餐或筵席上的常用菜品。

主　　料：腊猪肉 200 克，腊鸡肉 200 克，腊鲤鱼 200 克。
调　　料：白糖 15 克，味精 1 克，熟猪油 25 克，肉清汤 25 克。
烹饪技法：蒸。
工艺流程：选料→洗净→蒸制→切配→定碗→再蒸→成菜。
制作方法：
（1）用温水将腊肉、腊鸡、腊鱼洗净，盛入瓦钵中上笼蒸熟取出。
（2）将腊肉去皮，腊鸡去骨，腊鱼去鳞。将腊肉、腊鸡、腊鱼切成
　　　4 厘米长、0.7 厘米厚的片，且大小相同。
（3）将腊肉、腊鸡、腊鱼分别皮朝下三等分整齐排放碗内，加熟猪油、白糖和调有味精的肉清汤上
　　　笼蒸烂，取出翻扣在大瓷盘中即成。
质量标准：色泽深红，片、条一致，拼摆整齐；味咸鲜甜，腊香、烟香浓郁，质软烂不腻。
工艺关键：腊肉、腊鸡、腊鱼用温水反复几次洗净，去净杂质；拼摆入碗做到三等分。

红烧香竹鼠

　　"红烧香竹鼠"是广西名菜。当地有"一鼠胜三鸡"的古老说法，现为广西昭平县"杏花
酒家"的名牌菜。竹鼠属哺乳纲竹鼠科，其形大如兔，体胖（一般长约 30 厘米），背部呈棕
灰色，腹部呈灰色，耳和眼较小，四肢和尾也很短。常居山中土穴，以芝根、鲜竹为食，广
西昭平县山中所产，质量最佳，其个肥大，肉质细嫩，滋味鲜美，蛋白质含量丰富，是一种
营养价值很高的野味，现已采用人工饲养。

主　　料：竹鼠 1 只。
调　　料：精盐 50 克，白糖 25 克，三花酒 150 克，生油 500 克，酱油 25 克，醋 10 克，香葱 30 克，
　　　　　生姜 35 克，味精 10 克，大茴 10 克，小茴香 10 克，丁香 5 克，甘松 5 克，陈皮 5 克，
　　　　　草果 25 克，麻油 5 克。
烹饪技法：炸、红烧。
工艺流程：选料→宰杀→治净→煲制→上色→炸制→烧制→调味→成菜。
制作方法：
（1）先将竹鼠褪毛，开膛，掏净内脏然后把其放入锅中加清水用猛火烧沸，改用文火煲至竹鼠皮下
　　　能插入筷子时捞起，用粗针插遍全身。
（2）再用白糖和醋抹于皮面。起油锅烧至 180℃，将竹鼠入油锅炸至皮呈黄色，出锅。倒出余油换以
　　　汤水，加入各种配料，烧开后放进炸好的竹鼠，加盖焖至肉不韧；捞起用花生油抹皮面，斩成
　　　原形拼于椭圆形碟上；以锅内原汁勾芡淋于面上，加小麻油即成。
质量标准：色泽红润，色、香、味、形俱佳。
工艺关键：宰杀竹鼠时，血水放净，以避免成品带有腥味；炸制竹鼠的目的是使外皮上色，所
　　　　　以油温宜高；此菜刀功讲究，要先把碎骨和碎肉放在盘底，将其斜刀切成小块，覆
　　　　　于上面。

大良炒鲜奶

　　"大良炒鲜奶"是广东名菜。此菜因首创于顺德县大良镇而得名。大良附近多土阜山丘，
岗草茂盛，所饲养的本地水牛，产奶虽少，但质量较高，水分少，油脂大，特别香浓，由其
制成的牛乳饼、双皮奶等饮食品为食客所喜爱。尤其是"大良炒鲜奶"以其特有的风味而饮
誉中外。

主　　料：鲜牛奶 250 克。

配　　料：熟瘦火腿 15 克，蟹肉 25 克，鸡肝 25 克，鸡蛋清 250 克，虾仁 25 克，炸榄仁 25 克。

调　　料：精盐 4 克，味精 3.5 克，干淀粉 2 克，熟猪油 500 克。

烹饪技法：软炒。

工艺流程：选料→切配→熟处理→炒制→成菜。

制作方法：

（1）火腿切成约 1.5 厘米见方的小粒。鸡肝切成长、宽各 2 厘米的片。

（2）将鸡肝放入沸水锅滚至刚熟，倒入漏勺沥去水。用中火烧热炒锅，下油 250 克，烧至 120℃，放入虾仁、鸡肝过油至熟，倒入笊篱沥去油。

（3）用中火烧热炒锅，下牛奶，烧至微沸盛起，将已用牛奶调匀的干淀粉、鸡蛋清、鸡肝、虾仁、蟹肉、火腿一并倒入拌匀。

（4）用中火烧热炒锅，下油搪锅后倒回油盆，再下油 25 克，放入已拌料的奶中，边炒边翻动，边加油 2 次（每次 20 克），炒成糊状，再放入榄仁，淋油一钱，炒匀上碟。

质量标准：成品似山形，鲜爽软韧，呈乳白色，鲜明油亮。

工艺关键：先用牛奶与干淀粉调匀，避免淀粉成粒状。炒奶时要顺一方向搅动，下油分量适中，否则不能保持光亮润滑；宜用中火，火过则易泻水，装盘不能堆成山形，影响美观及口感。

竹荪烩鸡腰

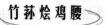

"竹荪烩鸡腰"是云南名菜。竹荪是云南名贵野生食用菌，素有"真菌之花"、"菌中皇后"等美称。菌生长在湿热地区的竹林落叶层下，常于夏秋季节采摘食用，色泽洁白，口感软脆，鲜美清香，竹荪食法多样，更宜于做汤。

主　　料：鸡腰子 250 克，干竹荪 30 克。

配　　料：火腿 25 克，胡萝卜 25 克，蛋黄糕 25 克，莴笋 25 克。

调　　料：精盐 6 克，味精 3 克，香油 4 克。

烹饪技法：蒸。

工艺流程：选料→洗净→切配→蒸制→调味→成菜。

制作方法：

（1）干竹荪用凉水发透，淘洗干净，捞入热水锅中余后，取出改刀。

（2）胡萝卜、莴笋分别在热水锅中焯熟，过凉，切成象眼块；云腿、蛋黄糕切片。

（3）鸡腰清洗干净，用鸡清汤余熟，捞入冷水中过凉；用刀从余熟的鸡腰中间划一刀口，撕去薄膜，沿刀再平片为两半，入碗；加鸡清汤 100 毫升、精盐，上笼蒸 10 分钟。

（4）炒锅置旺火，加入鸡清汤，下云腿、蒸蛋黄糕、胡萝卜、莴笋，待烧开后撇去浮沫，将竹荪挤去水放入，加精盐、味精、胡椒粉调味，起锅入汤碗，将蒸好的鸡腰连汁倒入，淋上香油即成。

质量标准：汤清鲜美，鸡腰软烂，竹荪脆嫩，咸鲜适口。

工艺关键：竹荪用凉水泡约 2～3 小时，胀透后，用清水反复洗净泥沙和杂质，即可用凉水泡上待用。

清蒸石蹦

"清蒸石蹦"是云南著名汤菜。石蹦学名双团棘胸蛙，喜居海拔 1 200～2 400 米的小溪内，以水生昆虫为食。其体长一般达 100 毫米左右，头较扁，后肢强壮，皮肤粗糙，背部圆疣排列纵行，疣上有小黑刺，背部呈深灰棕色或黄棕色，此菜用鸡汤与石蹦蒸制而成。

主　　料：石蹦 600 克。

配　　料：火腿 25 克，蛋黄糕 25 克。

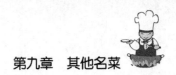

调　　料：精盐 10 克，味精 2 克，胡椒粉 3 克，小葱 20 克，鸡油 10 克，姜 15 克，鸡清汤 550 克。

烹饪技法：蒸。

工艺流程：选料→宰杀→治净→切配→漂洗→调味→蒸制→成菜。

制作方法：

（1）将石蹦宰杀撕去皮，从腹部切开掏出内脏，斩去头、爪，带骨斩为 3～4 厘米大小的块，用清水漂净；熟云腿和老蛋黄糕切丝；葱、姜切为细丝。

（2）石蹦放入汤碗中，加鸡清汤 550 毫升，加葱、姜、云腿、老蛋黄糕、胡椒粉，上笼用旺火蒸 20 分钟左右。

（3）蒸后取出加精盐、味精调味，淋上鸡油即成。

质量标准：汤清，肉质滋嫩，味道鲜美。

工艺关键：旺火蒸 15 分钟左右，出笼后加精盐和味精调味。

袈裟牛肉

"袈裟牛肉"因采用蛋皮包裹，经油炸后颜色金黄，如同和尚的袈裟而得名。菜肴的外皮酥软，肉馅香嫩，略带花椒香味，是佐酒佳肴。

主　　料：牛肉（肥瘦）125 克，鸡蛋 200 克。

配　　料：玉米淀粉 30 克，小麦面粉 15 克。

调　　料：精盐 3 克，酱油 10 克，花椒粉 1 克，大葱 10 克，姜 2 克，味精 1 克，椒盐 15 克，花生油 75 克，香油 5 克。

烹饪技法：炸。

工艺流程：选料→剁牛肉→制馅→摊鸡蛋皮→卷制→炸制→成菜。

制作方法：

（1）将牛肉剁馅，姜、葱分别洗净切成米。

（2）牛肉馅加入姜米、葱米、花椒面、精盐、酱油、香油、味精搅拌成馅。

（3）把一个鸡蛋磕入碗内，加入面粉调成糊，其余鸡蛋磕入碗内，加精盐、淀粉抽打均匀。

（4）炒勺置微火上，抹一层油擦净，将鸡蛋倒入转匀，摊成薄鸡蛋皮 2 张。

（5）将鸡蛋皮平铺，上抹匀蛋糊，将肉馅平摊在一张蛋皮上抹平，再把另一张蛋皮盖上按实，切成象眼块。

（6）将切好的袈裟肉放入热油锅中炸至金黄色，外皮微焦，即可捞出装盘。

质量标准：外皮酥软，肉馅香嫩。

工艺关键：炸制时火要小，小心不要炸糊；食时佐以椒盐。

肉丝拉皮

"肉丝拉皮"选用猪精肉、绿豆淀粉和适令蔬菜为原料，辅以多种调味品，采用拌的技法制成，是东北脍炙人口的名小吃，更是东北脍炙人口的冷食佐酒佳肴。以绿豆淀粉制作的拉皮，色泽晶莹透亮，入口滑爽、劲道，质感细腻，深受消费者喜爱。

主　　料：猪瘦肉 750 克。

配　　料：水发海米 25 克，绿豆芽 150 克，水萝卜 100 克，海蜇头 100 克，菠菜 100 克，香菜 25 克。

调　　料：辣椒油 10 克，绿豆淀粉 100 克，酱油 30 克，醋 15 克，蒜泥 15 克，芝麻油 10 克，芝麻酱 30 克，白矾 3 克。

烹饪技法：拌。

工艺流程：选料→切配→滑油→配料切丝→焯水→制粉皮→切条→装盘→围配料→调味→浇汁。

制作方法：

（1）把猪瘦肉片成薄片切成丝，炒勺放火上加底油烧热，放入肉丝煸炒熟备用。

（2）将海蜇头洗净切成丝后，用沸水略焯捞出，控净水；黄瓜洗净切成丝；绿豆芽洗净，放入沸水锅中焯熟捞出，沥净水；菠菜用水洗净，放入沸水锅中焯透后，入冷水中投凉捞出，沥净水，切成长条；水萝卜洗净后切成细丝。

（3）绿豆淀粉加入适量清水、白矾和精盐调和均匀，倒入旋子内入沸水锅中旋成熟粉皮，取出入凉水中投凉捞出，切成长条。

（4）把绿豆粉皮抓入盘中，然后将黄瓜丝、绿豆芽、水萝卜丝、蜇头丝、菠菜条分别整齐地码入盘中粉皮的周围，再把肉丝放入盘内中间。

（5）分别加上适量芝麻酱、辣椒油、蒜泥、酱油、醋、芝麻油、水发海米、香菜即成。

质量标准：色泽鲜艳，酸辣适口，夏食消暑，清凉滋润。

工艺关键：切丝要整齐一致，保证质量；突出酸辣口味，是东北人喜爱的风格。

金钱鹿肉

"金钱鹿肉"是黑龙江传统名菜，以梅花鹿肉为主料，以鲜榆黄蘑等为辅料，通过蒸、酿、炸等技法烹制而成。此菜制作精巧，形如金钱，鲜嫩醇美，咸香适口。旧时关东地区商贾大宴，必见此菜，恭喜发财，图个吉利。

主　　料：鹿肉1 000克。

配　　料：芹菜25克，猪肥膘肉150克，鸡泥子100克，鲜榆黄蘑10株。

调　　料：精盐2克，绍酒15克，味精2克，鸡蛋清1个，湿淀粉30克，熟猪油1 000克（约耗30克）。

烹饪技法：蒸、炸。

工艺流程：选料→治净鹿肉→切配→腌渍→造型→蒸制→炸制→组拼→成菜。

制作方法：

（1）将鹿肉用清水洗净，切成直径约2厘米的圆片，放入瓷盆中；芹菜切成末，加绍酒、精盐、味精一同腌渍3小时。

（2）每3片鹿肉、1片猪肥膘肉用竹签穿起来，可穿成10串，上屉蒸15分钟。

（3）用鸡蛋清将鸡泥子澥开，加精盐、味精、湿淀粉搅拌均匀，做成10个丸子。

（4）将鲜榆黄蘑洗摘干净。在蘑菇中间切成方眼，将做成的10个鸡泥丸子，逐个放到鲜榆黄蘑上，入屉蒸5分钟即成"金钱"。

（5）炒勺内放热猪油烧至180℃时，将蒸好的鹿肉串放入油中炸至金黄色，捞出，抽掉竹签，装入盘的中间，四周摆上蒸好的"金钱"即可。

质量标准：制作精巧，形如金钱，鲜嫩醇美，咸香适口。

工艺关键：鹿肉要蒸透入味；蒸、炸操作中，注意鹿肉成熟度；制作"金钱"要形象逼真。

筏子肉团

"筏子肉团"因形似当地水上运输工具羊皮筏子而得名。回族和撒拉族群众在自己的节日喜欢选用羊肉制作，而汉族多在春节时选用猪肉制作。

主　　料：羊肉800克。

配　　料：羊小肠50克，羊网油1张，琼脂100克，青菜叶20克。

调　　料：精盐5克，料酒40克，酱油30克，花椒粉5克，葱末30克，姜末30克，辣椒油3克。

烹饪技法：煮、蒸。

工艺流程：选料→剁肉→制馅→造型→煮制→蒸制→装盘→调味→成菜。

制作方法：

（1）将肥瘦羊肉剁成馅，加入精盐、葱末、姜末、花椒粉、酱油、干淀粉搅拌均匀；把网油清洗干净，将制好的馅装入网油内，用清除异味后的小肠捆扎成长圆形，似羊皮筏子的肉团，入锅煮熟；取琼脂加清水熬化，点入青菜叶汁，倒入大园盘内晾凉。

（2）将煮熟的肉团，放入盘中上笼蒸1小时取出，移置于琼脂凉盘中即成，随菜带上辣椒油、酱油。

质量标准：鲜嫩清香，肥而不腻。

工艺关键：选用肥瘦相间的羊肉为好；入锅煮时，不要煮太久。

竹荪肝膏汤

"竹荪肝膏汤"是四川名菜。竹荪是寄生在枯竹根部的一种名贵的菌类，历史上列为"宫廷贡品"，近代作为国宴名菜，同时也是食疗佳品。

主　　料：猪肝茸250克，竹荪10克。

调　　料：精盐4克，料酒15克，葱、姜各5克，味精15克，胡椒粉1.5克，蛋清2个。

烹饪技法：蒸。

工艺流程：选料→切配→漂洗→调味→蒸制→成菜。

制作方法：

（1）先将水发竹荪用刀切去两头，切成3厘米段，再切成条；猪肝制茸；姜切片。

（2）将葱切成斜片，放入猪肝茸中，用手勺加少许汤搅匀，加精盐、胡椒粉、料酒搅匀后，过细箩去渣。

（3）将蛋清打散，放入调好的猪肝茸里搅匀，加入水淀粉搅匀，用保鲜膜密封，放蒸锅蒸至断生。

（4）竹荪放入冷水焯水，焯透捞出。放在蒸好的猪肝上，冲入调好的汤，撒上香菜即成。

质量标准：肝膏细嫩，味鲜浓醇。

工艺关键：猪肝一定要捶细，肝渣要处理干净；蒸猪肝时应掌握好蒸的时间。

拔丝麻仁海参

拔丝麻仁海参属于湘菜，主要原料是海参、芝麻，菜品色泽金黄，外焦酥，内柔软，香甜可口。

主　　料：水发海参500克。

配　　料：鸡蛋1个，小麦面粉100克，熟白芝麻50克。

调　　料：花生油100克，料酒20克，盐5克，大葱10克，姜10克，白砂糖120克，淀粉40克。

烹饪工艺：拔丝。

制作方法：

（1）葱和姜拍破；鸡蛋磕在碗里，放面粉、湿淀粉、适量的水调制成糊。

（2）将海参清洗净，切成5厘米长、1厘米见方的条，下入开水锅内加料酒、盐、葱、姜，烧开氽过捞出，沥干水。

（3）食用时，将海参条放入鸡蛋糊内裹上糊，下入六成热油锅炸至焦酥呈金黄色，倒入漏勺沥油；锅内留30克油，放入白糖用温火炒到溶化呈浅黄色就能拔出丝来，倒入炸好的海参条，撒上芝麻仁，裹上糖汁，装入抹油的盘内，另上两碗冷开水（以免糖粘筷子）。

质量标准：色泽金黄，外焦酥，内柔软，香甜可口。

工艺关键：熬糖时，注意火候，不能过老或过嫩，否则影响拔丝效果。

复习与思考

一、填空题

1. "珍珠元鱼"是辽宁名菜，选用＿＿＿＿份重量＿＿＿＿公斤左右的元鱼为佳，素有"桂花时节甲鱼肥"的美誉。

2. 林蛙俗称蛤士蟆，雌蛙的＿＿＿＿＿＿干制后为蛤士蟆油，不仅营养丰富，还有药用功效，常食可补虚强身，养肺滋肾，是难得的珍品。

3. "翡翠蹄筋"是宁夏著名传统清真名菜，以＿＿＿＿＿＿为主料。

4. 虫草，即冬虫夏草，是我国特有的名贵滋补药材，与人参、鹿茸齐名，生长在我国西南部＿＿＿＿＿＿的高山峻岭之上。

5. "五丝驼峰"是以骆驼脊背上的"＿＿＿＿＿＿"为主料，以色彩各异、质感相近的五种原料作配料，运用＿＿＿＿＿＿的烹饪技法，经过精细加工而成的名菜。

6. 虾籽即雌虾的＿＿＿＿＿＿，形小色红，透亮而味鲜。

7. 鳗鱼统称为鳗鲡，分为＿＿＿＿＿＿和＿＿＿＿＿＿。

8. "扣三丝"是上海名菜，为夏令时菜，是选用＿＿＿＿＿、＿＿＿＿＿、＿＿＿＿＿等蒸制而成的汤菜。

9. "卤煮"是＿＿＿＿＿＿传统的烹饪技法。用这种方法烹制菜肴，必须用豆豉或西瓜豆瓣酱调味。

10. 黄香管，亦称黄桑管、管脡、猪管，是猪硬肋处的＿＿＿＿＿＿。

11. 竹荪是云南名贵野生食用菌，常于＿＿＿＿＿＿季节采摘食用，色泽洁白，口感软脆，鲜美清香，竹荪食法多样，更宜于做汤。

12. 石蚌学名＿＿＿＿＿＿，喜居海拔1 200～2 400米的小溪内，以水生昆虫为食。其体长一般达100毫米左右。

13. "腊味合蒸"以＿＿＿＿＿、＿＿＿＿＿、＿＿＿＿＿为主料蒸制而成，是湖南民间冬春季节，家餐或筵席上的常用菜品。

14. 苏州菜以炖、焖、煨、焐烹调见长，"黄焖"取其成菜＿＿＿＿＿＿而得名，"黄焖河鳗"为苏州"松鹤楼菜馆"名菜，并与"＿＿＿＿＿"、"＿＿＿＿＿"并称"三黄焖"。

二、简答题

1. 鹿筋在加工处理时应注意什么？
2. 简述制作"大良炒鲜奶"的工艺关键。
3. 在处理加工竹荪时应注意什么？
4. 制作"蟠龙菜"的工艺关键是什么？
5. 简述制作"卤煮黄香管"的方法。

参 考 文 献

[1]　周三金. 中国名菜精粹[M]. 长沙：湖南科学技术出版社，1990.

[2]　徐文苑. 中国饮食文化概论[M]. 北京：清华大学出版社，2005.

[3]　中国烹饪百科全书编委会. 中国烹饪百科全书[M]. 北京：中国大百科全书出版社，1995.

[4]　黄明超，谢定源. 中国名菜[M]. 北京：中国轻工业出版社，2000.

[5]　冉先德. 中国名菜·松辽风味[M]. 北京：中国大地出版社，1997.

[6]　黄明超. 中国名菜[M]. 北京：中国轻工业出版社，2003.

[7]　楼望皓. 新疆美食[M]. 乌鲁木齐：新疆人民出版社，2006.

[8]　杨东起. 中国名菜谱[M]. 北京：中国财政经济出版社，1988.

[9]　周三金. 上海菜的历史及其文化内涵[EB/OL]. http://www.c1.nyin.com，2007.

[10]　姜习，等. 中国烹饪百科全书[M]. 北京：中国大百科全书出版社，1999.

[11]　高启东. 中国烹调大全[M]. 哈尔滨：黑龙江科学技术出版社，1990.

[12]　河南商业管理委员会，河南省烹饪学会. 中国名菜菜谱·河南风味[M]. 北京：中国财政经济出版社，1992.

[13]　陈贞. 中国厨师之乡烹饪大典[M]. 武汉：武汉出版社，2003.

[14]　韩玉明. 四季素菜谱[M]. 呼和浩特：内蒙古人民出版社，1982.

[15]　李常友. 中国素菜集锦[M]. 西安：陕西科学技术出版社，2004.

[16]　王圣果，戴桂宝. 烹饪学基础[M]. 杭州：浙江大学出版社，2005.

[17]　李志刚. 烹饪学概论[M]. 北京：中国财政经济出版社，2001.

[18]　冉先德. 中国名菜·巴蜀风味[M]. 北京：中国大地出版社，1997.

[19]　冉先德. 中国名菜·滇黔风味[M]. 北京：中国大地出版社，1997.

[20]　晓书，李凯. 四川名菜[M]. 成都：四川科学出版社，2003.

[21]　丁宏斌，白剑波. 清真菜精选[M]. 西安：陕西摄影出版社，1994.

[22]　杨东起. 中国名菜谱丛书[M]. 北京：中国财政经济出版社，1992.

[23]　谢定源. 中国名菜[M]. 北京：高等教育出版社，2003.